普通高等学校化工类专业系列教材

化工安全工程

纪红兵　门金龙　编著

科学出版社
北京

内 容 简 介

本书聚焦化学工程与技术和安全科学与工程学科交叉融合形成化工安全学科的特点，从化工过程安全出发，介绍危险化学品基本性质和危险特性，阐述泄漏、扩散模式及泄漏控制技术，讲解燃烧、爆炸理论与防火防爆措施，探讨化工工艺生产过程、化工操作过程和典型压力容器设备的安全技术，阐明化工本质安全化的设计原则和策略，介绍化工园区事故风险管理和应急救援体系构建，并对职业卫生与防护进行详细阐述，拓展化工安全信息化与智慧园区。编写过程中注重加强化工工艺、化工本质安全化与智能化的新思想、新观点和新方法介绍，并实用性地编入了典型化工工艺、化工园区事故案例与应急处置方式。

本书可作为高等学校化学化工类、安全科学与工程类和消防工程等相关工程类专业的本科生教材，也可作为化工、安全、消防、防灾减灾、应急管理等研究人员的参考书，以及生产经营单位安全管理及技术人员的培训教材。

图书在版编目（CIP）数据

化工安全工程/纪红兵，门金龙编著. —北京：科学出版社，2023.10
普通高等学校化工类专业系列教材
ISBN 978-7-03-074310-7

Ⅰ. ①化… Ⅱ. ①纪… ②门… Ⅲ. ①化工安全-高等学校-教材
Ⅳ. ①TQ086

中国版本图书馆 CIP 数据核字(2022)第 235533 号

责任编辑：陈雅娴 李丽娇 / 责任校对：杨 赛
责任印制：赵 博 / 封面设计：黄华斌

科 学 出 版 社 出版
北京东黄城根北街 16 号
邮政编码：100717
http://www.sciencep.com
保定市中画美凯印刷有限公司印刷
科学出版社发行 各地新华书店经销
*
2023 年 10 月第 一 版 开本：787 × 1092 1/16
2024 年 12 月第三次印刷 印张：16 1/2
字数：422 000

定价：69.00 元

（如有印装质量问题，我社负责调换）

“普通高等学校化工类专业系列教材”
编写委员会

总　序

近十几年是国内外工程教育研究与实践的一个快速发展期，尤其是国内工程教育改革，从教育部立项重大专项对工程教育进行专门研究与探索，到开展工程教育认证，再到2016年6月我国成为《华盛顿协议》正式成员，我国的工程教育正向国际化、多元化、产学研一体化推进。在工程教育改革的浪潮中，我国的化工高等教育取得了一系列显著的成果，从各级教学成果奖中化工类专业的获奖项目占比可见一斑。尽管如此，在当前国家推动创新驱动发展等一系列重大战略背景下，工程学科及相应行业对人才培养又提出更高要求，新一轮的“新工科”研究与实践活动已经启动，在此深化工程教育改革的良好契机下，每位化工人都应积极思考，我们的高等化工工程教育如何顺势推进专业改革，进一步提升人才培养质量。

专业教育改革成果很重要的一部分是要落实到课程教学中，而教材是课程教学的重要载体，因此，建设适应新形势的优秀教材也是教学改革的重要组成部分。为此，科学出版社联合教育部高等学校化工类专业教学指导委员会以及国内部分院校，组建了“普通高等学校化工类专业系列教材”编写委员会(以下简称“编委会”)，共同研讨新形势下专业教材建设改革。编委会成员均参与了所在院校近年来化工类专业的教学改革，对改革动向及发展趋势有很好的把握，同时经过多次编委会会议讨论，大家集各院校改革成果之所长，对建设突出工程案例特色的系列教材达成了共识。在教材中引入工程案例，目的是阐述学科的方法论，训练工程思维，搭建连接理论与实践的桥梁，这与工程教育改革要培养工程师的思想是一致的。

工程素养的培养是一项系统工程，需要学科内外基础知识和专业知识的系统搭建。为此，编委会对国内外高等学校化工类专业的教学体系进行了细致研究，确定了系列教材建设计划，统筹考虑化工类专业基础课程和核心专业课程的覆盖度。对专业基础课教材的确定，基本参照国内多数院校的课程设置，符合当前的教学实际，同时对各教材之间内容衔接的科学性、合理性和可行性进行了整体设计。对核心专业课教材的确定，在立足当前各院校教学实际的基础上，充分考虑了学科发展和国家战略及产业发展对专业人才培养的新需求，以发挥教材内容更新对新时期人才培养质量提升的支撑作用。

将工程案例引入课程和教材，是本系列教材的创新探索。这也是一项系统工程，因为实际工程复杂多变，而教学需要从复杂问题中抽离出其规律及本质，做到举一反三。如何让改编的案例既体现工程复杂性和系统性，又符合认知和教学规律，需要编写者解放思想、改变观念，既要突破已有教材设计思路和模式的束缚，又能谨慎下笔。对此，系列教材的编写者进行了有益的尝试。在不同分册中，读者将看到不同的案例编写模式。学科不断发展，工程案例也不断推陈出新。本系列教材在给任课教师提供课程教学素材的同时，更希望能给任课教师以启发，希望任课教师在组织课程教学过程中，积极尝试新的教学模式，不断积累案例教学经验，把提高化工类专业学生工程素养作为一项长期的使命。

教学改革需要一代代教师坚持不懈地努力，需要不断探索、总结和反思，希望本系列教材能够给各院校教师以借鉴和启迪，切实推动化工高等教育质量不断迈上新台阶。在针对化工类专业构建一套体系、内容和形式较为新颖的教材目标指引下，我们组建了一支强大的编委会队伍，为推进这项工作，大家群策群力，积极分享教育教学改革成功经验和前瞻性思考，在此我代表编委会对各位委员及参与各分册编写的所有教师致以衷心的感谢。同时，也希望以本系列教材建设为契机，以编委会为平台，加强化工类高等学校本科人才培养、师资培训、课程建设、教材及教学资源建设等交流与合作，携手共创化工的美好明天。

王静康
中国工程院院士
2017年7月

前言

化工事故是人们从事石油和化学工业生产中较为常见的灾害性事故。随着石油、煤炭、天然气等化工高危行业步入园区化、产业化、规模化发展，面对全国区域性化工企业密集化、设备大型化、关联复杂化，化工事故灾难威胁日益严重，安全监管与事故应急救援面临巨大压力和新的挑战。化工事故不仅造成人员伤亡、经济损失、环境污染等一系列安全环保问题，还会造成严重的社会影响。近年来，我国连续发生多起严重的化工事故，人们的生命财产和生产过程均造成重大损失。迅速采取有效措施、减少化工事故发生频率、降低化工事故的危害程度，已成为人们普遍关心的问题。因此，加强以化学工业为中心的安全工程教育具有十分重要的现实意义。

化工安全工程强调从系统安全的角度阐述生产过程中的化工安全问题。本书运用安全工程学的观点，根据我国化学工业的特点，简要介绍化工安全工程的基本理论，讨论典型化学工业中危险化学品的火灾爆炸性质。结合典型工艺、设备设施和生产场所，分析化工生产过程中的安全原理与方法，并对如何使用相关的防治技术，如何辨识、分析及处置化工安全风险进行讨论，以便从总体上把握化工安全工程的方向，达到化工事故防治的科学性、合理性和有效性的统一。

本书在教育部高等学校化工类专业教学指导委员会指导下进行编写，同时参考了教育部高等学校安全科学与工程类专业教学指导委员会的《安全工程本科专业规范》和《安全工程专业(本科)培养目标、业务范围及课程设置》。在系统论述化工安全工程基础的同时，注重加强对交叉性化工安全学科的新思想、新观念和新方法的介绍，并编入了典型的化工安全生产事故案例分析及与化工安全相关的重要数据，目的是增强人们对化工安全的认识，提高人员安全素质及安全技能水平。

在本书编写过程中，“普通高等学校化工类专业系列教材”编委会积极组织专家对本书的编写大纲和书稿进行审核，广东省本科高校化工与制药类专业教学指导委员会也通过举办系列化工安全新工科教学研讨会对本书内容进行研讨，在此对编委会和各位专家表示诚挚的谢意。

本书引用了部分文献资料，为体现原作者的研究贡献，在参考文献中均尽力给予客观全面的说明，以示作者感谢之意。

由于作者水平有限，书中难免存在一些疏漏和不足之处，恳请读者和有关专家批评指正。

纪红兵

2023年1月

目 录

第1章 绪 论

本章概要·学习要求

本章讲述了化学工业的发展、安全在化学工业中的重要性、化学工业事故的特点、化学工业事故的预防和控制原则、化学工业发展面临的新要求。通过本章学习，要求学生了解化工事故特点，掌握预防和控制措施。

化学工业作为国民经济的基础和支柱产业，在国民经济中占有极其重要的地位。当今世界，化工产品涉及国民经济、国防建设、资源开发和人类衣食住行的各个方面，对解决人类社会所面临的人口、资源能源和环境的可持续发展等重大问题起到十分重要的作用。化学工业是工业革命的助手、农业发展的支柱、国防建设的利器、战胜疾病的工具、改善生活的手段。

化工生产过程工艺复杂，操作要求严格，一般在高温、高压下进行，且大部分物料具有易燃、易爆、有毒、有害和腐蚀性强等特点，极大地增加了事故发生的可能性和事故后果的严重程度。与其他工业相比，化学工业本身面临着不可忽视的安全与环境污染等重要问题。作为未来化工及相关行业的从业者和与化学工业生产直接相关的人员，了解化工安全基本问题、掌握化工安全基础知识、树立化工安全生产意识显得尤为重要。

1.1 化学工业发展概述

现代化学工业始于18世纪的法国，随后传入英国。19世纪，以煤为基础原料的有机化学工业在德国迅速发展起来，但煤化学工业的规模并不大，主要着眼于各种化学产品的开发，化工过程开发主要是以工业化学家率领、机械工程师参与的模式进行，技术人员的专业是按其从事的生产产品分类，如染料、化肥、炸药等。直到19世纪末，化学工业萌芽阶段的工程问题才得以用化学加机械的方式解决。19世纪末20世纪初，石油的开采和大规模石油炼厂的兴建为石油化学工业的发展和化学工程技术的产生奠定了基础，与以煤为基础原料的煤化学工业相比，炼油业的化学背景相对简单。因此，急需对工业过程本身进行研究，以适应大规模生产的需要，形成了以美国“单元操作”（unit operation）等为主要标志的现代化学工业背景。

1888年，美国麻省理工学院开设了世界上最早的化学工程专业，随后宾夕法尼亚大学、法国土伦·瓦尔大学和美国密歇根大学也先后设置了化学工程专业，该时期化学工程教育的基本内容是工业化学和机械工程；1915年12月，麻省理工学院的A. D. Little首次正式提出了单元操作的概念；20 世纪 20 年代，石油化学工业的崛起推动了各种单元操作的研究；20 世纪 30 年代以后，化学机械从纯机械时代进入以单元操作为基础的化工机械时代；20 世纪 40 年代，因战争需要，流化床催化裂化制取高级航空燃料油、丁苯橡胶的乳液聚合以及曼哈顿工程三项重大工程同时在美国出现，前两项是用 20 世纪 30 年代逐级放大方法完成的，逐级放大的比例一般不超过 50：1，但因曼哈顿工程时间紧迫和放射性的危害，必须采用较高的放大比例，如 1000：1 或更高，这要求更加坚实的放大实验理论基础和更为严谨的单元操作的理论。

20 世纪 60 年代初，新型高效催化剂的发明、新型高级装置材料的出现以及大型离心压缩机的研究成功，开启了化工装置大型化的进程，把化学工业推向新的高度。此后，化学工业过程开发周期可缩短至 4～5 年，放大倍数达 500～20000 倍。化学工业过程开发是指把化学实验室的研究结果转变为工业化生产的全过程，包括实验室研究、模试、中试、设计、技术经济评价和试生产等。化学工业过程开发的核心内容是放大，且可以用电子计算机进行数学模拟放大。化学工程基础研究的进展和放大经验的积累，使过程开发能够按照科学的方法进行，取代了盲目的、逐级的中间试验，成为收集或产生关联数据的场所，也成为检验数学模型和设计计算结果的场所。20 世纪最后几十年的发明和发现多于过去两千年的总和，化学工业也是如此，在这几十年中在世界范围取得了长足进展，很大程度上满足了农业对化肥和农药的需求。随着化学工业的发展，天然纤维已丧失了传统的主宰地位，人们对纤维的需要有近 2/3 是由合成纤维提供的。塑料和合成橡胶渗透到国民经济的各个部门，在材料工业中已占据主导地位，医药合成从数量到质量都有较大发展。化学工业的发展速度已显著超过国民经济的平均发展速度，化工产值在国内生产总值中所占的比例不断增加，化学工业已发展成为国民经济的支柱产业。

20 世纪 70 年代后，现代化学工程技术渗入各加工领域，生产技术面貌发生了显著变化，化学工业同时面临来自能源、原料和环保三大方面的挑战，迫切需要进入一个新的高级发展阶段。在原料和能源供应日趋紧张的条件下，化学工业正在通过技术进步尽量减少对原料和能源的消耗：为了满足整个社会日益增长的能源需求，化学工业正在努力提供新的技术手段，用化学的方法为人类提供更多更新的能源；为了自身的发展，化学工业正在开辟新的原料来源，为以后的发展奠定丰富的原料基础。20 世纪 90 年代，随着电子计算机的发展和应用，化学工业正在进入高度自动化的阶段，一些激光、模拟酶的应用等高新技术使化学工业的生产效率显著提高，技术面貌发生根本性变化。今后，高效、低碳、节能、安全、洁净的绿色化工将全面取代传统化工，使化学工业走向可持续发展之路。

1.2 安全在化学工业中的重要性

安全是人类最重要、最基本的需求，安全是民生之本、和谐之基，安全生产始终是各项工作的重心，在化工生产过程中安全更是重中之重。随着化工企业规模不断扩大，带来巨大经济效益的同时，化工安全问题也日益突出。积极研究安全管理工作，做好对化工生产细节的监管，是实现化工行业可持续发展、保障人民生命财产安全的重要举措。

化工生产的原料和产品多为易燃、易爆、有毒及有腐蚀性的物质，化工生产具有高温、高压或深冷、真空等特点，化工生产过程多是连续化、集中化、自动化、大型化，化工生产中安全事故主要源自泄漏、燃烧、爆炸、毒害等。因此，化工行业已成为危险源高度集中的行业。由于化工生产中各个环节不安全因素较多且相互影响，一旦发生事故，危险性和危害性大，后果严重，因此要求化工生产的管理人员、技术人员及操作人员均必须熟悉和掌握相关的安全知识和事故防范技术，并具备一定的安全事故处理技能。化工生产中安全的重要性主要体现在以下几个方面。

1. 安全管理

安全文化在安全生产中占据极其重要的地位，管理是其核心，加强安全管理，加强危险源、事故隐患的排查整治，减少安全事故的发生，及时妥善处理安全事故，减轻安全事故严重程度，减少事故带来的损失，使工程项目顺利进行，是工程管理中不可忽视的一个重要环节。

（1）安全管理的主要内容是为贯彻执行国家安全生产的方针、政策、法律和法规，确保生产过程中的安全而采取的一系列组织措施；安全管理是坚持以人为本，贯彻“安全第一、预防为主、综合治理”的意识，依法建立健全具有可操作性、合理、具体、明确的安全生产规章制度，使之有效、合理、充分地发挥作用，及时消除事故隐患，保障项目的施工生产安全。但实际生产中，因受到雇主的利益和人们的思想惯性、惰性等的抵触，且员工的安全意识普遍薄弱，安全工作开展较为艰难，经常出现“说起来重要、干起来次要、忙起来不要”的现象，导致企业的安全隐患问题突出。

（2）工艺规程、安全技术规程及操作规程是化工企业安全管理的重要组成部分，化工厂“三大规程”是指导生产、保障安全必不可少的作业法则，具有科学性、严肃性、技术性、普遍性，是衡量一个生产企业科学管理水平的重要标志。然而，部分企业忽视这个关键点，一味追求企业的生产效益，是典型的化工生产“法盲”，殊不知“三大规程”中的相关规定是总结众多企业的生产实验、实践，依据生命和血的事故教训编写出来的，具有其特殊性和真实性。多次违章必然发生事故，多次小事故的发生必然酝酿着重大事故，因此在生产中应严禁违章作业，杜绝事故的发生，做到安全工作超前管理，安全事故超前预防。

2. 安全措施

在作业前应采取必要的安全措施，针对不同的生产特点要采取不同的安全防范措施。例如，工厂在检修浓硫酸计量槽的作业中，因不了解浓硫酸的特性，对该计量槽进行水洗后动焊，结果造成爆炸事故，事故后果是一人死亡和多人受伤，厂房部分受损。分析事故原因：浓硫酸对钢材不腐蚀，在其表面形成氧化膜，起到保护作用，而用水稀释后，稀硫酸与计量槽的钢材发生化学反应，产生氢气，最终酿成了事故。在这起事故中，施工作业前应做好预防措施，彻底清洗计量槽并进行惰性气体或空气吹扫，动火前一定要进行气体取样分析，确保安全后才能进行动焊作业。

3. 安全技术

生产过程中存在的一些不安全因素危害工人的身心健康和生命财产安全，容易引发各种事故。为了预防或消除对工人健康有害的影响和各类事故的发生，改善劳动条件，应采取各种技术措施和组织措施，这些措施综合起来称为安全技术。

安全技术是劳动保护科学的重要组成部分，是一门涉及范围广、内容丰富的边缘性学科，安全技术是生产技术发展过程中形成的一个分支，它与生产技术水平紧密相关。随着化工生产的不断发展，化工安全技术也不断充实和提高，安全技术的作用在于消除生产过程中的各种不安全因素，保护劳动者的安全和健康，预防伤亡事故和灾害性事故的发生。采取以预防工伤事故和其他各类生产事故为目的的安全技术措施内容包括：

（1）直接安全技术措施，即使生产装置本质安全化。

（2）间接安全技术措施，如采用安全保护和保险装置等。

（3）提示性安全技术措施，如使用警报信号装置、安全标志等。

（4）特殊安全措施，如限制自由接触的技术设备等。

（5）其他安全技术措施，如预防性实验、作业场所的合理布局、个体防护设备等。

综上所述，安全技术所阐述的问题和采取的措施是以技术为主，是借安全技术达到劳动保护目的，同时涉及有关劳动保护法规和制度、组织管理措施等方面。因此，安全技术对于实现化工安全生产、保护职工的安全和健康发挥着重要作用。

1.3 化学工业事故特点

能够引起人身伤害、导致生产中断或国家财产损失的事件称为事故。为方便管理，一般把事故分为以下几类：

（1）生产事故。在生产过程中，由于违反工艺规程、岗位操作法或操作不当等，造成原料、半成品或成品损失的事故，称为生产事故。

（2）设备事故。对于化工生产装置、动力机械、电器及仪表装置、运输设备、管道、建筑物、构筑物等，由各种原因造成损坏、损失或减产等事故，称为设备事故。

（3）火灾、爆炸事故。凡发生着火、爆炸，造成财产损失或人员伤亡的事故均属于此列。

（4）质量事故。凡产品或半成品不符合国家或企业规定的质量标准，基建工程不按设计施工或工程质量不符合设计要求，机、电设备检修质量不符合要求，原料或产品保管不善或包装不良而变质，采购的原料不符合规格要求而造成损失，影响生产和检修计划的完成等，均为质量事故。

（5）其他事故。凡其他原因影响或客观上未认识到，以及自然灾害造成的各种不可抗拒的灾害性事故，称为其他事故。

化工事故的特征基本上是由所用原料特征、加工工艺方法和生产规模所决定的，为了预防事故，就必须了解化工生产的一些特点。化工生产的特点如下：

（1）火灾、爆炸、中毒事故多且后果严重。很多化工原料本身易燃、易爆、有毒、有腐蚀性，这是导致火灾、爆炸、中毒事故频发的一个重要原因。我国近 30 年的统计资料表明，化工火灾、爆炸事故的死亡人数占因工死亡人数的 13.8%，居第一位；中毒窒息事故占 12%，居第二位。化工生产中，反应器、压力容器的爆炸不仅会造成巨大的损害，而且会产生巨大的冲击波，对附近建筑物产生巨大的冲击力，导致其崩裂、倒塌。生产中管线和设备的损坏会导致大量易燃气体或液体泄漏，泄漏的气体在空气中形成蒸气云团，并与空气混合达到爆炸下限，且会受风向影响出现随风扩散，在遇到明火的时候就会发生爆炸。

多数化学物品对人体有害，生产中由于设备密封不严，特别是在间歇操作中泄漏的情况很多，极易造成操作人员的急性和慢性中毒。如今化工装置规模的大型化使得大量化学物质处于工艺过程中或储存状态，一旦发生泄漏，人员很难逃离并可导致中毒。

（2）正常生产时易发生事故。统计资料显示，正常生产时发生事故造成的死亡占因工死亡总数的 66.7%，而非正常生产活动仅占 12%。由于化工生产本身具有涉及危险品多、生产工业条件要求苛刻及生产规模大型化等特点，极易发生生产事故。例如，化工生产中有许多副反应发生，有些机理尚不完全清楚，有些则是在危险边缘进行生产的，这些生产条件稍有波动就容易引发严重事故。化学工艺中影响参数的干扰因素很多，设定的参数容易发生偏移，容易出现生产失调或失控现象，导致事故发生。此外，由于人员素质或人机工程设计等方面的问题，在操作过程中也会发生误操作，从而导致事故发生。

（3）多米诺事故特点。多米诺效应的核心是事故扩展传播与后果影响扩大，包含三个基本要素：①初始事故场景及其物理影响，如火灾热辐射、爆炸冲击波、爆炸碎片等；②潜在的二次或一阶扩展事故场景，源于初始事故的扩展传播，危险化学品发生泄漏，使后果影响扩大；③后果影响扩大的目标设备或单元。

从初始爆炸事故中碎片抛射影响并引发多米诺效应的角度，需要注意的细节风险规避主要有以下几点：①在罐区建设施工方案中尽可能地加大储罐间距，降低抛射破坏风险；②合理安排不同类型储罐的排布，如高压储罐不采用紧邻排列、易燃易爆物储罐间尽量插入非同类型物料储罐，并在罐体周边设置防护网等简单防护措施；③在条件允许的情况下，考虑采用可有效降低碎片冲击能的外部涂装防护措施等。

（4）化工设备自身问题多。化工设备的材质和加工缺陷以及易蚀的特点会导致化工生产事故频发。化工设备一般在严苛的生产条件下运行，腐蚀介质的作用，振动、压力波动造成的疲劳，高低温对材料性质的影响等，都是应引起高度重视的安全问题。化工设备在制造时除了选择正确的材料，还要求有正确的加工方法，防止设备在制造过程中劣化而成为安全隐患。化工设备中高负荷的塔槽、压力容器、反应釜、经常开闭的阀门等在运转一定时间后，常出现多发故障或集中发生故障的情况，这是因为设备进入寿命周期的故障频发阶段。针对以上情况，化工企业应重点加强对生产设备的监测、维护以及停产维修，及时更换到期的化工设备。

1.4 化学工业事故的预防和控制

1.4.1 化学工业安全事故的预防和控制原则

根据化工生产事故发生的原因和特点，采取相应的措施预防和控制化工安全事故的发生。主要预防和控制措施如下：

（1）科学规划及合理布局。要求对化工企业的选址进行严格规范，充分考虑企业周围环境条件、散发可燃气蒸气和可燃粉尘厂房的设置位置、风向、安全距离、水源情况等因素，尽可能地设置在城市的郊区或城市的边缘地区，从而减轻事故发生后的危害。

（2）建厂审核和设备选型。化工企业的厂房车间等应按国家有关规范要求和生产工艺进行设计，充分考虑防火分隔、通风、防泄漏、防爆等因素。同时，设备的设计、选型、选材、布置及安装均应符合国家规范和标准，根据不同工艺流程的特点，选用相应的防爆、耐高温或低温、耐腐蚀、满足压力要求的材质，采用先进技术进行制造和安装，从而消除先天性火灾隐患。

（3）生产设备的管理。设备材料经过一段时间的运行，受高温、高压、腐蚀影响后，会出现性能下降、焊接老化等情况，可能引发压力容器及管道爆炸事故。此外，还要做好生产装置系统的安全评价。

（4）标准化安全操作。化工生产过程中的安全操作包括很多方面：首先，必须严格执行工艺技术规程，遵守工艺规范；其次，严格执行安全操作规程，保证生产安全进行，员工人身不受到伤害；最后，还应做到在发现紧急情况时，尽最大可能妥善处理，防止事态扩大，并及时向上级相关部门报告。

（5）强化教育培训并做好事故预案。化工企业从业人员要确保持证上岗并相对稳定，企业要严格执行员工的全员消防安全知识培训、特殊岗位安全操作规程培训、处置事故培训等，要制定事故处置应急预案并进行演练，不断提高员工业务素质水平和生产操作技能，提高员工事故状态下的应变能力。

（6）落实安全生产责任制并杜绝责任事故。从领导到管理人员，明确并落实安全生产责任制，特别是强化各生产经营单位的安全生产主体责任，加大责任追究力度，对严重忽视安全生产的，不仅要追究事故直接责任人的责任，同时要追究有关负责人的领导责任，防止因为管理松懈、违章指挥、违章作业和违反劳动纪律等造成事故。化工安全生产职责的明确、责任制度的落实、管理环节的严格，可以极大程度地减少责任事故的发生。

（7）强化安全生产检查。每年组织有关部门对化工企业进行各种形式的安全生产检查，及时发现企业存在的各种事故隐患，开出整改通知书，责令企业限期整改，并在安全生产监管部门监督整改的基础上进行及时复查，形成闭环管理，防止出现脱节。有关部门应狠抓整改落实工作，对整改不及时的企业加大监督，暂扣安全生产许可证，明确一旦发生事故，将从重从严追究有关责任。

另外，还应重视常规检查，提高安全生产事故预见性和应急处理能力，牢记化工生产“安全为天、安全出速度、安全出效益”这一宗旨，强化安全管理，严格控制重大化工危险源，采取一定的预防和控制措施，保证化工生产安全有序进行。

1.4.2 化学工业生产的安全技术措施

安全技术措施是为消除生产过程中各种不安全、不卫生因素，防止伤害和职业性危害，改善劳动条件和保证安全生产，在工艺、设备、控制等各方面采取的一些技术上的措施。安全技术措施是提高设备装置本质安全化的重要手段。“本质安全化”一词源于防爆电气设备，这种电气设备没有任何附加的安全装置，完全利用本身构造的设计，限制电路在低电压和低电流下工作，防止产生高热和火花而引起火灾或引燃爆炸性混合物。设备和装置的本质安全化是指对机械设备和装置安装自保系统，即使人操作失误，其本身的安全防护系统能自动调节和处理，以保护设备和人身安全。安全技术措施必须在设备装置和工程设计时就予以考虑，并在制造或建设时给予解决和落实，使设备和装置投产后能安全、稳定地运转。

不同的生产过程存在的危险因素不完全相同，需要的安全技术措施也有所差异，必须根据各种生产的工艺过程操作条件，使用的物质（含原料、半成品、产品）、设备以及其他有关设施，在充分辨识潜在危险和不安全部位的基础上，选择适用的安全技术措施。安全技术措施包括预防事故发生和减少事故损失两个方面，这些措施归纳起来主要有以下几类：

（1）减少潜在危险因素。在新工艺、新产品的开发时，尽量避免使用具有危险性的物质、工艺和设备，即尽可能用不燃和难燃的物质代替可燃物质，用无毒和低毒物质代替有毒物质，以减少火灾、爆炸、中毒事故的发生。这种减少潜在危险因素的方法是预防事故的根本措施之一。

（2）降低潜在危险因素的数值。潜在危险因素往往达到一定的程度或强度才能施害，通过一些方法降低它的数值，使之处在安全范围以内就能防止事故发生。例如，作业环境中存在有毒气体，可安装通风设施，降低有毒气体的浓度，使之达到容许值以下，就不会影响人身安全和健康。

（3）隔离操作或远距离操作。由事故致因理论得知，伤亡事故的发生必须是人与施害物相互接触，如果将两者隔离开来或保持一定距离，就会避免人身事故的发生或减弱对人体的危害。例如，对放射性、辐射和噪声等所采取的提高自动化生产程度、设置隔离屏障、防止人员接触危险有害因素都属于这方面的措施。

（4）联锁。当设备或装置出现危险情况时，以某种方法强制一些元件相互作用，以保证安全操作。例如，当检测仪表显示出工艺参数达到危险值时，与之相连的控制元件就会自动关闭或调节系统，使之处于正常状态或安全停车。目前由于化工、石油化工生产工艺越来越复杂，联锁的应用也越来越多，安全防护装置的意义更为重要，可有效地防止人的误操作。

（5）设置薄弱环节。在设备或装置上安装薄弱元件，当危险因素达到危险值之前这个地方预先破坏，将能量释放，防止重大破坏事故发生，如在压力容器上安装安全阀或爆破膜，在电气设备上安装保险丝等。

（6）坚固或加强。有时为了提高设备的安全程度，可增加安全系数，加大安全裕度，提高结构的强度，防止因结构破坏而导致事故发生。

（7）封闭。封闭是将危险物质和危险能量局限在一定范围内，防止能量逆流，可有效地预防事故发生或减少事故损失。例如，使用易燃、易爆、有毒、有害物质时，把它们封闭在容器、管道中，不与空气、火源和人体接触，就不会发生火灾、爆炸和中毒事故；将容易发生爆炸的设备用防爆墙围起来，一旦爆炸，破坏能量不至于波及周围的人和设备。

（8）警告牌示和信号装置。警告可以提醒人们注意，及时发现危险因素或危险部位，以便及时采取措施，防止事故发生。警告牌示是利用人们的视觉引起注意，警告信号则可利用听觉引起注意。目前，应用信号装置比较多的是可燃气体、有毒气体检测报警仪，它既有光也有声的报警，可以从视觉和听觉两个方面提醒人们注意。

此外，还有生产装置的合理布局、建筑物和设备间保持一定的安全距离等其他方面的安全技术措施。随着科学技术的飞速发展，更为智能、先进的安全技术措施将会不断应用在生产生活中。

1.5 化学工业发展的新要求

装置规模的大型化、生产过程的连续化无疑是化工生产发展的方向，但要充分发挥现代化工生产优势，必须实现安全生产，确保长期、连续、安全运行，减少经济损失。

化工装置大型化使得加工能力显著增大，大量化学物质都处在工艺过程中，增加了物料外泄的危险性。化工生产中的物料多半本身就是能源和毒性源，一旦外泄就会造成重大事故，给生命财产安全和环境都带来灾难。这就需要对过程物料和装置结构材料进行更为详尽的考察，对可能的危险做出准确的评估并采取恰当的对策，对化工的加工工艺也提出了更高的要求。

新材料的合成、新工艺和新技术的采用都可能带来新的危险性。面对从未经历过的新的工艺过程和新的操作时，更加需要辨识危险，对危险进行定性和定量评价，并根据评价结果采取优化的安全措施。因此，安全评价技术的重要性越来越突出。

1. 加强化工安全控制

（1）树立安全意识。员工自身安全意识的高低是决定化工生产安全管理水平高低的关键因素。在日常生产过程中，需要按时进行员工安全意识的培训，要求员工从思想上重视安全管理工作的重要性，才能做好化工安全生产管理工作。通过建立全员安全责任制或定期开展思想教育等方式，对员工进行全面的监督和管理，要求所有人员将安全管理理念融入化工生产的各个环节，才能营造安全高效的化工生产环境。

（2）运用新型技术。新技术、新工艺的推广和应用推动了各个行业的全面发展和进步，而我国化工行业的发展同样离不开新技术和新工艺的支持。化工生产企业应以科技创新的原则和要求，研究更多安全管理控制技术，做好重大危险源的监管工作，充分发挥信息化安全管理控制体系的优势，控制化工生产的各个环节，促进化工生产水平的稳步提升。

（3）生产设备性能的优劣是影响化工生产效率和质量的关键因素。生产设备在投入使用一段时间后，难免会受到温度、压力、人员误操作等各方面因素的影响而出现各种故障问题，给化工生产埋下巨大的安全隐患，所以化工企业应该根据自身生产的实际情况和安全管理的要求，做好生产设备的检修工作。在设备检修过程中发现故障或者安全隐患，必须及时采取相应措施解决，避免由于设备故障隐患影响安全生产。另外，化工生产企业在定期开展设备安全检查与管理工作时，还应建立完善的台账管理制度，做好设备状态的记录工作，才能及时发现和解决化工生产设备存在的问题。

2. 提升安全生产基础

根据统计，我国危化品生产经营单位近30万家，其中安全保障能力差的小化工企业占80%以上，部分化工企业安全设计标准低、工艺技术落后、设备设施简陋、自动化程度低，成为事故发生的潜在隐患，因此，发挥科技兴安是提升化工安全生产水平的根本途径。当前安全科技服务的领域主要包括：

（1）本质安全化设计和研究。通过实验和软件进行工艺安全性、设备设施可靠性以及装置布局合理性的分析论证，需要针对危险反应及物质的特性进行大量研究，开发出更具本质安全化的生产工艺，评估生产过程中的风险，制定合理有效的安全生产措施和风险应对方法；提升设备抗风险能力，需要对安全仪表系统进行可靠性、完整性的评估，优化装置布局，降低事故后果程度。

（2）装备开发与应用。开发智能移动巡检手持终端、有毒有害气体监测仪、泄漏探测报警仪等智能监测检测装备；开发各类高效堵漏器材、危险化学品快速洗消装备、消防应急便携设备、消防机器人等应急处置装备，设计和制造性能良好、安全可靠的新型化工设备，从而提升工艺控制自动化的水平。

（3）建立统一联动的共享管理平台。建立安全监管的信息化平台，及时动态更新，数据共享，运用大数据和云计算等现代技术，融合专家库模块远程协助，进行智慧型决策，从而提高管理科学性，优化管理体系建设。

3. 融合绿色发展理念

采用低碳资源和绿色工艺提高产品的环保性能，结合污染源头管控和末端治理提升企业智能化管理水平，需要做到以下几点：

（1）优化原料结构。减少高碳资源消费，提高资源利用率，利用海外低碳资源，拓宽化工产业原料渠道。

（2）改造生产工艺。革新技术、改良装备，优化系统工程，实现能量高效利用和绿色生产过程控制。

（3）完善供销链条。完善产业储存、生产、转运、分销、零售和售后服务等整套供销链条，形成安全、绿色、经济的供销链。

（4）节能环保。要做到源头管控和末端治理相结合，源头强化资源清洁高效利用，末端强化“三废”集中处理和回收循环。

总之，化工企业在日常生产过程中必须引进新理念、新技术，加强生产质量的同时注意保护环境，这对于推动企业长远发展具有重要意义。

复习思考题

1-1 简述化学工业生产事故的特点。

1-2 化学工业安全生产对策措施有哪些？

1-3 化学工业生产的危险因素有哪些？

1-4 化学工业发展的新要求有哪些？

第 2 章　危险化学品

本章概要 · 学习要求

本章主要讲述了危险化学品相关理论基础，危险化学品安全标签及标识特点，储存、运输和经营危险化学品的安全技术要求。通过本章学习，要求学生了解安全标签及标识，理解危险化学品储存、运输、经营的相关要求。

化学品通常具有易燃易爆、有毒有害、腐蚀及放射性等危险特性，使得化学工业事故尤其是危险化学品火灾、爆炸、中毒等事故频繁发生。因此，清楚地认识危险化学品，了解其类别、性质及危害性，应用相应的科学手段进行有效的防范管理，掌握危险化学品的相关知识，加强危险化学品安全管理，是化学工业安全领域的工作重点之一。本章主要介绍危险化学品的分类及特性、危险化学品的安全基础知识及安全管理。

2.1　危险化学品分类及特性

危险化学品是指具有毒害、腐蚀、爆炸、燃烧、助燃等性质，对人体、设施、环境具有危害的剧毒化学品和其他化学品。危险化学品具有爆炸、易燃、毒害、感染、腐蚀、放射性等危险特性，在生产、储存、运输、使用和处置过程中，容易造成人身伤亡、财产损失和环境污染，因此对于危险化学品需要特别防护。

我国是化工大国，主要化工产品的生产能力位居世界前列，其中绝大多数属于危险化学品。随着危险化学品产量及用量的不断增大，危险化学品产业呈现规模大型化、装置设备复杂化、工艺运行专业化等特点。据统计，目前全国有近 30 万家危险化学品生产经营单位，700 多个各类化工园区和化工基地，10 万多家具有一定规模的化工企业。因此，做好危险化学品的安全管理，促进化工安全、持续、稳定、健康发展，对国家和人民具有十分重要的意义。

2.1.1　危险化学品的分类

目前，危险化学品的分类方法主要有如下几种。

对于现有化学品，可以依据《化学品分类和标签规范》（GB 30000—2013，2～29 部分）和《危险化学品目录》（2022 版）确定其危险性类别和项别。

对于新化学品，应首先检索文献，利用文献数据对其危险性进行初步评价，然后进行针对性实验。对于没有文献资料的危险品，需要进行全面的物化性质、毒性、燃爆、环境方面的试验，然后依据《化学品分类和标签规范》（GB 30000—2013，2～29部分）和《危险货物分类和品名编号》（GB 6944—2012）两个国家标准进行分类。

对于常见危险化学品，其燃烧爆炸危险性数据可以通过试验获得，而毒性数据的获取需要较长时间，并且实验费用相对较高，进行全面试验并不现实。为此，可采用推算法对混合物的毒性进行推算。

按我国目前已公布的法规、标准，参考《危险货物分类和品名编号》（GB 6944—2012）、《危险货物品名表》（GB 12268—2012）和《化学品分类和危险性公示 通则》（GB 13690—2009），将危险化学品主要分为八大类，每一类又分为若干项。

（1）爆炸品。爆炸品指在外界作用下（如受热、摩擦、撞击等）能发生剧烈的化学反应，瞬间产生大量的气体和热量，使周围的压力急剧上升，发生爆炸，对周围环境、设备、人员造成破坏和伤害的物品。

爆炸品在国家标准中分6项：①具有整体爆炸危险的物质和物品，如高氯酸；②具有迸射危险，但无整体爆炸危险的物质和物品；③具有燃烧危险并有局部爆炸危险或迸射危险，或这两种危险都有但无整体爆炸危险的物质和物品，如二亚硝基苯；④无重大危险的物质和物品，如四唑并-1-乙酸；⑤有整体爆炸危险的非常不敏感物质；⑥无整体爆炸危险的极端不敏感物品。

（2）压缩气体和液化气体。该类物品是指压缩气体、液化气体、溶解气体和冷冻液化气体、一种或多种气体与一种或多种其他类别物质的蒸气混合物、充有气体的物品和气雾剂，或符合下述两种情况之一者：①在50℃时，蒸气压力大于300kPa的物质；②20℃时在101.3kPa标准压力下完全是气态的物质。

该类物品当受热、撞击或强烈震动时，容器内压力会急剧增大，致使容器破裂爆炸，或致使气瓶阀门松动漏气、酿成火灾或中毒事故。该类物品分为3项：①易燃气体，在20℃和101.3kPa条件下，爆炸下限小于或等于13%的气体或爆炸极限（燃烧范围）大于或等于12%的气体，如氢气、一氧化碳、甲烷等；②具有毒性或腐蚀性，对人类健康造成危害的气体，及急性半数致死浓度LC_{50}值小于或等于5000mL/m^{3}的毒性或腐蚀性气体，如一氧化氮、氯气、氨气等；③非易燃无毒气体，如窒息性气体、氧化性气体及不属于第①、②项的气体，如压缩空气、氮气等。

（3）易燃液体。该类物品包括易燃液体和液态退敏爆炸品。

易燃液体是指易燃的液体或液体混合物，或是在溶液或悬浮液中有固体的液体，其闭杯试验闪点不高于60℃，或开杯试验闪点不高于65.6℃。易燃液体还包括满足下列条件之一的液体：①在温度等于或高于其闪点的条件下提交运输的液体；②以液态在高温条件下运输或提交运输，并在温度等于或低于最高运输温度下放出易燃蒸气的物质。

液态退敏爆炸品是指为抑制爆炸性物质的爆炸性能，将爆炸性物质溶解或悬浮在水中或其他液态物质后而形成的均匀液态混合物。

（4）易燃固体、自燃物品和遇湿易燃物品。该类物品易于引起和促成火灾，按其燃烧特性分为以下3项。

易燃固体、自反应物质和固态退敏爆炸品。易燃固体是易于燃烧的固体和摩擦可能起火的固体；自反应物质是指即使没有氧气（空气）存在，也容易发生激烈放热分解的物质；固态退敏爆炸品是指为抑制爆炸性物质的爆炸性能，用水或乙醇湿润爆炸性物质或用其他物质稀释爆炸性物质后，而形成的均匀固态混合物。

易于自燃的物质，包括发火物质和自热物质。发火物质是指即使只有少量与空气接触，不到 5min 时间便燃烧的物质，包括混合物和溶液（液体或固体）；自热物质是指发火物质以外的与空气接触便能自己发热的物质。

遇水放出易燃气体的物质，指遇水放出易燃气体，且该气体与空气混合能形成爆炸性混合物的物质，如钾、钠等。

（5）氧化剂和有机过氧化物。该类物品具有强氧化性，易引起燃烧、爆炸，按其组成分为两项：①氧化性物质，指本身未必燃烧，但通常因放出氧可能引起或促使其他物质燃烧的物质，如过氧化钠、高氯酸钾等；②有机过氧化物，指含有二价过氧基（—O—O—）结构的有机物，其本身易燃易爆、极易分解，对热、震动和摩擦极为敏感，如过氧化苯甲酰、过氧化甲乙酮等。

（6）毒性物质和感染性物质。毒性物质是指经吞食、吸入或与皮肤接触后可能造成死亡或严重受伤或损害人类健康的物质。感染性物质是指已知或有理由认为含有病原体的物质。

（7）腐蚀性物质。腐蚀性物质是指通过化学作用使生物组织接触时造成严重损伤或在渗漏时会严重损害甚至毁坏其他货物或运载工具的物质。例如，硫酸、硝酸、盐酸、氢氧化钾、氢氧化钠、次氯酸钠溶液、氧化铜、氯化锌等。

（8）放射性物质。放射性物质是指任何含有放射性核素并且其活度浓度和放射性总活度都超过《放射性物质安全运输规程》（GB 11806—2019）规定限值的物质，如金属铀、六氟化铀、金属钍等。

2.1.2 危险化学品的主要特性

1. 爆炸品

爆炸品的主要危险特性有如下几种：

（1）爆炸性。爆炸品都具有化学不稳定性，在一定外因的作用下，能以极快的速度发生猛烈的化学反应，产生的大量气体和热量在短时间内无法逸散开，致使周围的温度迅速升高并产生巨大的压力而引起爆炸，如黑火药的爆炸。

（2）敏感性。任何一种爆炸品的爆炸都需要外界供给一定的能量——起爆能。不同的爆炸品所需的起爆能不同，所需的最小起爆能即为该爆炸品的敏感度（简称感度）。起爆能与敏感度成反比，起爆能越小，敏感度越高。

（4）不稳定性。爆炸性物质除具有爆炸性和对撞击、摩擦、温度敏感之外，还有遇酸分解、受光线照射分解、与某些金属接触产生不稳定的盐类等特性，这些特性都具有不稳定性。

2. 压缩气体和液化气体

对于压缩气体和液化气体，其主要危险特性有如下几种：

（1）可压缩性。一定量的气体在温度不变时，所加的压力越大，其体积就会变得越小，若继续加压气体将会压缩成液态，这就是气体的可压缩性。气体通常以压缩或液化状态储存于容器中，并且在管道内进行输送的过程中大多数是处于一定的压力下。

（2）膨胀性。气体在光照或受热后，温度升高，分子间的热运动加剧，体积增大，若在一定容器内，气体受热的温度越高，其膨胀后形成的压力越大，这就是气体受热的膨胀性。

此外，对于不同类型的气体，还具有燃烧性、爆炸性、毒害性、氧化性和窒息性等危险特性。

3. 易燃液体

（1）高度易燃性。易燃液体的主要特性是具有高度易燃性，其主要原因是闪点低。

（2）易爆性。易燃液体挥发性大，当盛放易燃液体的容器有破损或不密封时，挥发出来的易燃蒸气扩散到存放或运载该物品的库房或车厢的整个空间，与空气混合，当浓度达到爆炸极限时，遇明火或火花即能引起爆炸。

（3）高度流动扩散性。易燃液体的黏度一般很小，本身极易流动，即使容器只有极细微的裂纹，易燃液体也会渗到容器壁外，并源源不断地挥发，使空气中的易燃液体蒸气浓度增高，从而增加了燃烧爆炸的危险性。

（4）受热膨胀性。易燃液体的膨胀系数比较大，受热后体积容易膨胀，同时蒸气压随之升高，从而使密封容器中内部压力增大，造成“鼓桶”甚至爆裂，在容器爆裂时会因产生火花而引起燃烧爆炸。

（5）忌氧化剂、酸。易燃液体与氧化剂或有氧化性的酸类（特别是硝酸）接触，能发生剧烈反应而引起燃烧爆炸。因此，易燃液体不得与氧化剂及有氧化性的酸类接触。

（6）毒性。大多数易燃液体及其蒸气有不同程度的毒性，如丙酮、甲醇、苯、二硫化碳等。不但吸入其蒸气会中毒，有的经皮肤吸收也会造成中毒事故。

4. 易燃固体、自燃物品和遇湿易燃物品

1）易燃固体主要特性

易燃固体容易被氧化，受热易分解或升华，遇火种、热源会引起强烈、连续的燃烧。

易燃固体与氧化剂接触反应剧烈，因而易发生燃烧爆炸。例如，红磷与氯酸钾接触，硫碳粉与氯酸钾或过氧化钠接触，均易发生燃烧爆炸。

易燃固体对摩擦、撞击、震动也很敏感。例如，红磷、闪光粉等受摩擦、震动、撞击等能起火燃烧甚至爆炸。

有些易燃固体与酸类（特别是氧化性酸）反应剧烈，会发生燃烧爆炸。例如，遇浓硝酸（特别是发烟硝酸）反应猛烈从而发生爆炸。

许多易燃固体有毒，或其燃烧产物有毒或有腐蚀性，如白磷（P_4）、五硫化二磷（P_2S_5）等。

2）易自燃的物质的主要特性

易自燃的物质大多数具有易氧化、分解的性质，且燃点较低。在发生自燃前，一般经过缓慢的氧化过程，同时产生一定热量，当产生的热量越来越多，积热使温度达到该物质的自燃点时便会自发地着火燃烧。

此外，一些遇湿易燃物品还具有腐蚀性或毒性，如硼氢化合物有剧毒等。

5. 氧化剂和有机过氧化物

氧化剂中的无机过氧化物均含有过氧基，很不稳定，易分解放出原子氧，其余的氧化剂则分别含有高价态的氯、溴、碘、氮、硫、锰、铬等元素，这些高价态的元素都有较强的获得电子的能力。因此，氧化剂最突出的性质是遇易燃物品、可燃物品、有机物、还原剂等会发生剧烈化学反应，引起燃烧爆炸。

氧化剂遇高温易分解放出氧和热量，极易引起燃烧爆炸。特别是有机过氧化物分子组成中的过氧基不稳定，易分解放出原子氧，而且有机过氧化物本身就是可燃物，易着火燃烧，受热分解的生成物又均为气体，更易引起爆炸。所以，有机过氧化物比无机氧化剂有更大的火灾、爆炸危险。

许多氧化剂如氯酸盐类、硝酸盐类、有机过氧化物等对摩擦、撞击、震动极为敏感。

6. 毒害品

（1）毒性。毒性物质的主要特性就是毒性，少量进入人体即能引起中毒，而且其侵入人体的途径很多，经皮肤、口服和吸入其蒸气都会引起中毒。

（2）溶解性。毒性物质的溶解性可表现为水溶性和脂溶性，大部分有毒品易溶于水，在水中溶解度越大的有毒品对人的危险性越大。有些有毒品不溶于水，但能溶于脂肪中，表现为脂溶性，具有脂溶性的有毒品可经表皮的脂肪层侵入人体而引起中毒。

（3）挥发性。液体有毒品都具有挥发性，挥发性越大，空气中的含毒浓度越高，就越容易引起中毒。

7. 腐蚀品

（1）强烈的腐蚀性。对人体，设备、建筑物、构筑物，车辆、船舶的金属结构都易造成腐蚀破坏。

（2）氧化性。腐蚀性物质如浓硫酸、硝酸、氯磺酸、高氯酸、漂白粉等都是氧化性很强的物质，与有机化合物、还原剂等接触易发生强烈的氧化还原反应，放出大量的热，容易引起燃烧。

（3）稀释放热性。多种腐蚀品遇水放出大量的热，易燃液体四处飞溅造成人体灼伤。

（4）毒性。多数腐蚀品有不同程度的毒性，有的还是剧毒品，如氢氟酸、溴素、五溴化磷等。

（5）易燃性。部分有机腐蚀品遇明火易燃烧，如冰醋酸、乙酸酐、苯酚等。

8. 放射性物质

图 2-1　放射性物质标识

具有放射性，能自发地不断放出人们的感觉器官不能察觉到的射线的物质称为放射性物质。放射性物质放出的射线分为四种：α 射线、β 射线、γ 射线和中子流。这些射线在人体内达到一定的剂量时，容易使人患放射性病，甚至导致死亡。

许多放射性物质毒性很大，如钋-210、镭-226、镭-228、钍-230等都是剧毒的放射性物质，钠-22、钴-60、锶-90、碘-131、铅-210等为高毒的放射性物质。放射性物质标识如图 2-1 所示。

2.1.3 危险特性符号

根据国家标准，水陆、空运危险货物的外包装需拴挂、印刷或标打不同标识，如爆炸品、遇水燃烧品、有毒品、剧毒品、腐蚀性物品、放射性物品等。危险特性符号是用来标识化学品和其他物品危险性的符号。其中常见的危险特性符号如表 2-1 所示。

表 2-1 危险特性符号

序号	危险特性	象形图	序号	危险特性	象形图	序号	危险特性	象形图
1	激光		5	非游离辐射		9	注意	
2	放射性	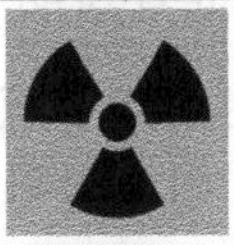	6	生物危害		10	电离辐射	
3	海啸		7	警告		11	光辐射	
4	磁场		8	高压电		12	化学武器	

2.2 化学品安全技术说明书

1. 化学品安全技术说明书的概念

化学品安全技术说明书（简称“安全技术说明书”）在国际上称为化学品安全信息卡，简称 MSDS 或者 SDS，是一份关于危险化学品燃爆、毒性和环境危害以及安全使用、泄漏应急处理、主要理化参数、法律法规等方面信息的综合性文件。作为对用户的一种服务，生产企业应随化学商品向用户提供安全技术说明书，使用户明了化学品的有关危害，使用时能主动进行防护，起到减少职业危害和预防化学事故的作用。

2. 化学品安全技术说明书的主要作用

安全技术说明书作为最基础的技术文件，主要用途有：①是化学品安全生产、安全流通、安全使用的指导性文件；②是应急作业人员进行应急作业时的技术指南；③为危险化学品生产、处理、储存和使用各环节制定安全操作规程提供技术信息；④是化学品登记注册的主要基础文件和基础资料；⑤是企业安全生产教育的主要内容。

安全技术说明书不可能将所有可能发生的危险及安全使用的注意事项全部表示出来，加之作业场所情形各异，所以安全技术说明书仅是提供化学商品基本安全信息，并非产品质量的担保。

3. 化学品安全技术说明书的内容

根据《化学品安全技术说明书　内容和项目顺序》（GB/T 16483—2008），安全技术说明书主要由四部分组成，根据其所属关系的不同，又细分为16项。

1）紧急事态下首先需要知道是什么物质、有哪些危害

包括安全技术说明书内容的（1）～（3）部分。

（1）化学品及企业标识。主要标明化学品名称，该名称应与安全标签上的名称一致，建议同时标注供应商的产品代码。与此同时，还应标明供应商的名称、地址、电话号码、应急电话等。此项还应说明化学品的推荐用途和限制用途。

（2）危险性概述。应标明化学品主要的物理和化学危险性信息，以及对人体健康和环境影响的信息，如果该化学品存在某些特殊的危险性质，也应在此处说明。如果已经根据《全球化学品统一分类和标签制度》（GHS）对化学品进行了危险性分类，应标明 GHS 危险性类别，同时应注明 GHS 的标签要素。GHS 分类未包括的危险性（如粉尘爆炸危险）也应在此处注明，同时应注明人员接触后的主要症状及应急综述。

（3）成分/组成信息。该部分应注明该化学品是物质还是混合物。如果是物质，应提供化学名或通用名、美国化学文摘社（CAS）登录号及其他标识符。如果某种物质按 GHS 分类标准分类为危险化学品，则应列明包括对该物质的危险性分类产生影响的杂质和稳定剂在内的所有危险组分的化学名或通用名以及浓度或浓度范围。如果是混合物，不必列明所有组分。如果按 GHS 标准被分类为危险的组分，并且其含量超过了浓度限值，应列明该组分的名称信息、浓度或浓度范围。对已经识别出的危险组分，也应该提供被识别为危险组分的化学名或通用名、浓度或浓度范围。

2）危险情形已经发生时应该怎么做

包括安全技术说明书内容的（4）～（6）部分。

（4）急救措施。该项应说明必要时应采取的急救措施及应避免的行动，文字应易于被受害人和（或）施救者理解。根据不同的接触方式将信息细分为：吸入、皮肤接触、眼睛接触和食入。该项还应简要描述接触化学品后的急性和迟发效应、主要症状和对健康的主要影响，必要时应采取的急救措施及应避免的行动。如有必要，还应包括对保护施救者的忠告和对医生的特别提示，给出及时的医疗护理和特殊的治疗。

（5）消防措施。该项应说明合适的灭火方法和灭火剂，如有不合适的灭火剂也应在此处标明。还应标明化学品的特别危险性（如产品是危险的易燃品），特殊灭火方法及保护消防人员特殊的防护装备。

（6）泄漏应急处理。该项是指化学品泄漏后现场可采用的简单有效的应急措施、注意事项和消除方法，包括：作业人员防护措施、防护装备和应急处置程序、环境保护措施、泄漏化学品的收容、清除方法和所使用的处置材料，以及防止发生次生危害的预防措施。

3）预防和控制危险发生

包括安全技术说明书内容的（7）～（10）部分。

（7）操作处置与储存。操作处置部分应描述安全处置注意事项，包括防止化学品人员接触、防止发生火灾和爆炸的技术措施，提供局部或全面通风，防止形成气溶胶和粉尘的技术措施等，还应包括防止直接接触不相容物质或混合物的特殊处置注意事项。储存部分应描述安全储存的条件（适合的储存条件和不适合的储存条件）、安全技术措施、同禁配物隔离储

存的措施、包装材料信息（建议的包装材料和不建议的包装材料）。

（8）接触控制和个体防护。列明容许浓度，如职业接触限值或生物限值。减少接触的工程控制方法。如可能，列明容许浓度的发布日期、数据出处、试验方法及方法来源。列明推荐使用的个体防护设备，如呼吸系统防护、手防护、眼睛防护、皮肤和身体防护，应标明防护设备的类型和材质。化学品若只在某些特殊条件下才具有危险性，如量大、高浓度、高温、高压等，应标明这些情况下的特殊防护措施。

（9）理化特性。该项应提供以下信息：化学品的外观与性状，如物态、形状和颜色；气味；pH，并指明浓度；熔点/凝固点；沸点、初沸点和沸程；闪点；燃烧上下极限或爆炸极限；蒸气压；蒸气密度；密度/相对密度；溶解性；*n*-辛醇/水分配系数；自燃温度；分解温度。如有必要，应提供下列信息：气味阈值；蒸发速率；易燃性（固体、气体），也应提供化学品安全使用的其他资料，如放射性或体积密度等。

（10）稳定性和反应性。该项应描述化学品的稳定性和在特定条件下可能发生的危险反应。应包括以下信息：应避免的条件（如静电、撞击或震动）；不相容的物质；危险的分解产物，一氧化碳、二氧化碳和水除外。填写此项时应考虑提供化学品的预期用途和可预见的错误用途。

4）其他一些关于危险化学品安全的主要信息

包括安全技术说明书内容的（11）～（16）部分。

（11）毒理学信息。该项应全面、简洁地描述使用者接触化学品后产生的各种毒性作用。主要包括：急性毒性，皮肤刺激或腐蚀，眼睛刺激或腐蚀，呼吸或皮肤过敏，生殖细胞突变性，致癌性，生殖毒性，特异性靶器官系统毒性——次性接触，特异性靶器官系统毒性——反复接触，吸入危害，还可以提供毒代动力学、代谢和分布信息等。

（12）生态学信息。该项提供化学品的环境影响、环境行为和归宿方面的信息。例如，化学品在环境中的预期行为，可能对环境造成的影响/生态毒性；持久性和降解性；潜在的生物累积性；土壤中的迁移性。

（13）废弃处置。该项包括为安全和有利于环境保护而推荐的废弃处置方法信息。这些处置方法适用于化学品（残余废弃物），也适用于任何受污染的容器和包装。提醒下游用户注意当地废弃处置法规。

（14）运输信息。该部分包括国际运输法规规定的编号与分类信息，这些信息应根据不同的运输方式进行区分。提供使用者需要了解或遵守的其他与运输或运输工具有关的特殊防范措施。也可增加其他相关法规的规定。

（15）法规信息。该项应标明使用本 SDS 的国家或地区中，管理该化学品的法规名称。提供与法律相关的法规信息和化学品标签信息。提醒下游用户注意当地废弃处置法规。

（16）其他信息。该部分应进一步提供上述各项未包括的其他重要信息。例如，可以提供需要进行的专业培训、建议的用途和限制的用途等，参考文献可在该部分列出。

4. 化学品安全技术说明书的编写要求

（1）安全技术说明书提供的化学品的 16 项内容，每项内容的标题、编号和前后顺序不应随意变更。对 16 项内容可以根据内容细分出小项；与 16 项内容不同的是，这些小项不编号。

（2）安全技术说明书 16 项内容下面填写的相关信息应真实可靠。如果某项无数据，应写明无数据原因。16 项内容中，除（16）“其他信息”外，其余部分不能留下空项。SDS 中信息的来源一般不用详细说明，最好提供信息来源，以便阐明依据。

（3）安全技术说明书的首页应注明 SDS 编号、最初编制日期、修订日期（版本号），在每页上应注明化学品名称、最后修订日期、SDS 编号和页码，页码中应包括总的页数，或者显示总页数的最后一页。

（4）安全技术说明书正文的书写应简明扼要、通俗易懂。推荐采用常用词语；安全技术说明书应使用用户可接受的语言书写。

2.3 危险化学品储存安全要求

2.3.1 危险化学品储存发生火灾的主要原因分析

分析研究危险化学品储存发生火灾的原因，对加强危险化学品的安全储存管理是十分有益的。凡是与空气中的氧气或其他氧化剂发生剧烈化学反应的都是可燃物，帮助和支持燃烧的物质称为助燃物，主要是空气中的氧，凡是能引起可燃物质燃烧的热能都称为着火源。总结多年的经验和案例，危险化学品储存发生火灾的原因主要有以下 9 种情况。

（1）着火源控制不严。着火源包括明火焰、赤热体、火星和火花、化学能等，危险化学品的储存过程中的着火源主要有两个方面：一是外来火种，如烟囱飞火、汽车排气管的火星、库房周围的明火作业、烟头等；二是内部设备不良、操作不当引起的电火花、撞击火花和太阳能、化学能等。例如，电气设备、装卸机具不防爆或防爆等级不够，装卸作业使用铁质工具碰击打火，露天存放时太阳的暴晒，易燃液体操作不当产生静电放电等。

（2）性质相互抵触的物品混存。出现危险化学品的禁忌物料混存，往往是由于经办人员缺乏知识或者有些危险化学品出厂时缺少鉴定；也有的企业因缺少储存场地而任意临时混存，造成性质抵触的危险化学品因包装容器渗漏等发生化学反应而起火。

（3）产品变质。有些危险化学品已经长期不用，仍废置在仓库中，加之不及时处理，往往因变质而引起事故。

（4）养护管理不善。仓库建筑条件差，不适应所存物品的要求，如不采取隔热措施，使物品受热；因保管不善，仓库漏雨进水使物品受潮；盛装容器破漏，使物品接触空气或易燃物品的蒸气扩散和积聚等均会引起着火或爆炸。

（5）包装损坏或不符合要求。危险化学品容器包装损坏，或者出厂的包装不符合安全要求，都会引起事故。

（6）违反操作规程。搬运危险化学品没有轻装、轻卸；或者堆垛过高不稳，发生倒塌；或在库内改装打包、封焊修理等违反安全操作规程造成事故。

（7）建筑物不符合存放要求。危险品库房的建筑设施不符合要求，造成库内温度过高、通风不良、湿度过大、漏雨进水、阳光直射，有的缺少保温设施，使物品达不到安全储存的要求而发生火灾。

（8）雷击。危险品仓库一般设在城镇郊外空旷地带的独立建筑物内，或是露天的储罐、堆垛区，十分容易遭雷击。

（9）着火扑救不当。因不熟悉危险化学品的性能和灭火方法，着火时使用不当的灭火器材使火灾扩大，造成更大的危险。

2.3.2 储存危险化学品的基本要求

1. 储存要求

（1）危险化学品必须储存在经省、自治区、直辖市人民政府经济贸易管理部门或者设区的市级人民政府负责危险化学品安全监督管理综合工作的部门审查批准的危险化学品仓库中。未经批准不得随意设置危险化学品储存仓库。储存危险化学品必须遵照国家法律、法规和其他有关的规定。

（2）《危险化学品安全管理条例》第二十二条要求，危险化学品必须储存在专用仓库、专用场地或者专用储存室（以下统称专用仓库）内，储存方式、方法与储存数量必须符合国家标准，并由专人管理。

（3）《危险化学品安全管理条例》第二十二条规定：剧毒化学品以及储存数量构成重大危险源的其他危险化学品必须在专用仓库内单独存放，实行双人收发、双人保管制度。储存单位应当将储存剧毒化学品以及构成重大危险源的其他危险化学品的数量、地点以及管理人员的情况，报当地公安部门和负责危险化学品安全监督管理综合工作的部门备案。

（4）《危险化学品安全管理条例》第二十三条规定：危险化学品专用仓库，应当符合国家标准对安全、消防的要求，设置明显标志。危险化学品专用仓库的储存设备和安全设施应当定期检测。《危险化学品仓库储存通则》（GB 15603—2022）规定：储存危险化学品的仓库和作业场所应设置明显的安全标志。

（5）《危险化学品安全管理条例》第四十八条规定：危险化学品生产、储存企业以及使用剧毒化学品和数量构成重大危险源的其他危险化学品的单位，应当向国务院经济贸易综合管理部门负责危险化学品登记的机构办理危险化学品登记。

（6）《危险化学品仓库储存通则》（GB 15603—2022）对入库作业、在库管理、出库作业、个体防护、安全管理、人员与培训等内容都进行了规范。

（7）危险化学品露天堆放，应符合防火、防爆的安全要求，爆炸物品、一级易燃物品、遇湿燃烧物品、剧毒物品不得露天堆放。

（8）储存方式：按照 GB 15603—2022，根据危险化学品品种特性实施隔离储存、隔开储存、分离储存。

（9）各类危险品不得与禁忌物料混合储存，灭火方法不同的危险化学品不能同库储存（禁忌物料配置见 GB 18265—2019）。

（10）储存危险化学品的建筑物、区域内严禁吸烟和使用明火。

（11）《危险化学品安全管理条例》第五十条明确：危险化学品单位应当制定本单位事故应急救援预案，配备应急救援人员和必要的应急救援器材、设备，并定期组织演练。危险化学品事故应急救援预案应当报设区的市级人民政府负责危险化学品安全监督管理综合工作的部门备案。

2. 储存安排及储存限量

（1）危险化学品储存安排取决于危险化学品分类、分项、容器类型、储存方式和消防要求。

（2）储存要求及储存类别见表 2-2。

表 2-2 储存要求及储存类别

储存要求	储存类别			
	露天储存	隔离储存	隔开储存	分离储存
平均单位面积储存量/（t/m^2）	1.0～1.5	0.5	0.7	0.7
单一储存区最大储量/t	2000～2400	200～300	200～300	400～600
垛距限制/m	2	0.3～0.5	0.3～0.5	0.3～0.5
通道宽度/m	4～6	1～2	1～2	5
墙距宽度/m	2	0.3～0.5	0.3～0.5	0.3～0.5
与禁忌品距离/m	10	不得同库储存	不得同库储存	7～10

（3）遇火、遇热、遇潮能引起燃烧、爆炸或发生化学反应，产生有毒气体的危险化学品不得在露天或在潮湿、积水的建筑物中储存。

（4）受日光照射能发生化学反应引起燃烧、爆炸、分解、化合或能产生有毒气体的危险化学品应储存在一级建筑物中，其包装应采取避光措施。

（5）爆炸物品不准和其他类物品同储，必须单独隔离限量储存。

（6）压缩气体和液体气体必须与爆炸性物品、氧化剂、易燃物品、自燃物品、腐蚀性物品隔离储存。易燃气体不得与助燃气体、剧毒气体同储；氧气不得和油脂混合储存，盛装液化气体的容器属于压力容器的，必须有压力表、安全阀、紧急切断装置，并定期检查，不得超装。

（7）易燃液体、遇湿易燃物品、易燃固体不得与氧化剂混合储存，具有还原性氧化剂应单独存放。

（8）有毒物品应储存在阴凉、通风、干燥的场所，不要露天存放，不要接近酸类物质。

（9）腐蚀性物品，包装必须严密，不允许泄漏，严禁与液化气体和其他物品共存。

3. 危险化学品的养护

（1）危险化学品入库时，应严格检验商品质量、数量、包装情况、有无泄漏。

（2）危险化学品入库后应根据商品的特性采取适当的养护措施，在储存期内定期检查，做到一目两检，并做好检查记录。发现其品质变化、包装破损、渗漏、稳定剂短缺等及时处理。

（3）库房温度、湿度应严格控制，经常检查，发现变化及时调整。

4. 危险化学品出入库管理

（1）储存危险化学品的仓库必须建立严格的出入库管理制度。

《危险化学品安全管理条例》第二十二条明确规定：危险化学品出入库，必须进行核查登记。库存危险化学品应当定期检查。

《危险化学品安全管理条例》第十九条规定：剧毒品的生产、储存、使用单位，应当对剧毒化学品的产量、流向、储存量和用途如实记录，并采取必要的保安措施，防止剧毒化学品被盗、丢失或者误售、误用；发现剧毒化学品被盗、丢失或者误售、误用时，必须立即向当地公安部门报告。

（2）危险化学品出入库前均应按合同进行检查验收、登记，验收内容包括：①商品数量；

②包装；③危险标志（包括安全技术说明书和安全标签）。经核对后方可入库、出库，当商品性质未弄清时不准入库。

（3）进入危险化学品储存区域的人员、机动车辆和作业车辆，必须采取防火措施。进入危险化学品库区的机动车辆应安装防火罩。机动车装卸货物后，不准在库区、库房、货场内停放和修理。汽车、拖拉机不准进入易燃易爆类物品库房。进入易燃易爆类物品库房的电瓶车、铲车应是防爆型的；进入可燃固体物品库房的电瓶车、铲车，应装有防止火花溅出的安全装置。

（4）装卸、搬运危险化学品时应按照有关规定进行，做到轻装、轻卸。严禁摔、碰、撞击、拖拉、倾倒和滚动。

（5）装卸对人身有毒害及腐蚀性物品时，操作人员应根据危险条件，穿戴相应的防护用品。装卸毒害品人员应具有操作毒品的一般知识。

（6）装卸易燃易爆物料时，装卸人员应穿工作服，戴手套、口罩等必需的防护用具，操作中轻搬轻放、防止摩擦和撞击。装卸易燃液体需穿防静电工作服。禁止穿带铁钉鞋。大桶不得在水泥地面滚动。桶装各种氧化剂不得在水泥地面滚动。各项操作不得使用沾染异物和能产生火花的机具，作业现场须远离热源和火源。

（7）各类危险化学品分装、改装、开箱（桶）检查等应在库房外进行。

（8）不得用同一个车辆运输互为禁忌的物料。包括库内搬倒。

（9）在操作各类危险化学品时，企业应在经营店面和仓库，针对各类危险化学品的性质，准备相应的急救药品和制定急救预案。

5. 消防措施

（1）根据危险品特性和仓库条件，必须配置相应的消防设备、设施和灭火药剂，并配套经过培训的兼职和专职的消防人员。

（2）储存危险化学品建筑物内应根据仓库条件安装自动监测和火灾报警系统。

（3）储存危险化学品建筑物内，如条件允许，应安装灭火喷淋系统（遇水燃烧危险化学品，不可用水扑救的火灾除外）。

6. 人员培训

（1）仓库工作人员应进行培训，经考试合格后持证上岗。

（2）对危险化学品的装卸人员进行必要的教育，使其按照有关规定进行操作。

（3）仓库的消防人员除了具有一般消防知识之外，还应进行在危险化学品库工作的专门培训，使其熟悉各区域储存的危险化学品种类、特性、储存地点、事故的处理程序及方法。

2.3.3 储存易燃易爆品的要求

《易燃易爆性商品储存养护技术条件》（GB 17914—2013）对易燃易爆品的储存提出了详细的要求。

1. 建筑等级

应符合《建筑设计防火规范》（GB 50016—2014）中的要求，库房耐火等级不低于二级。

2. 库房条件

（1）应干燥，易于通风、密闭和避光，并应安装避雷装置；库房内可能散发（或泄漏）可燃气体、可燃蒸气的场所应安装可燃气体检测报警装置。

（2）各类商品依据性质和灭火方法的不同，应严格分区、分类和分库存放。易爆性商品应储存于一级轻顶耐火建筑的库房内。低、中闪点液体，一级易燃固体，自燃物品，压缩气体和液化气体类应储存于一级耐火建筑的库房内。遇湿易燃商品、氧化剂和有机过氧化物应储存于一、二级耐火建筑的库房内。二级易燃固体、高闪点液体应储存于耐火等级不低于二级的库房内。易燃气体不应与助燃气体同库储存。

3. 安全条件

（1）商品应避免阳光直射，远离火源、热源、电源及产生火花的环境。

（2）除按国家标准 GB 17914—2013 中的“危险化学商品混存性能互抵表”分类储存外，以下品种应专库储藏。①爆炸品：黑色火药类、爆炸性化合物应专库储存；②压缩气体和液化气体：易燃气体、助燃气体和有毒气体应专库储存；③易燃液体均可同库储存，但灭火方法不同的商品应分库储存；④易燃固体可同库储存，但发乳剂 H 与酸或酸性商品应分库储存；⑤硝酸纤维素酯、安全火柴、红磷及硫化磷、铝粉等金属粉类应分库储存；⑥自燃物品：黄磷，烃基金属化合物，浸动、植物油制品需分别专库储存；⑦遇湿易燃物品应专库储存；⑧氧化剂和有机过氧化物，一、二级无机氧化剂与一、二级有机氧化剂应分库储存，氯酸盐类、高锰酸盐、亚硝酸盐、过氧化钠、过氧化氢等应分别专库储存。

4. 环境卫生条件

（1）库房周围无杂草和易燃物。

（2）库房内地面无漏撒商品，保持地面与货垛清洁卫生。

5. 温湿度条件

易燃易爆品温湿度条件见表 2-3。

表 2-3 易燃易爆品温湿度条件

类别	品名	温度/℃	相对湿度/%
爆炸品	黑火药、化合物	≤32	≤80
	水作稳定剂的	≥1	<80
压缩气体和液体气体	易燃、不燃、有毒	≤30	—
易燃液体	低闪点	≤29	—
	中高闪点	≤37	—
易燃固体	易燃固体	≤35	—
	硝酸纤维素酯	≤25	≤80
	安全火柴	≤35	≤80
	红磷、硫化磷、铝粉	≤35	<80

续表

类别	品名	温度/℃	相对湿度/%
自燃物品	黄磷	＞1	—
	羟基金属化合物	≤30	≤80
	含油制品	≤32	≤80
遇湿易燃物品	遇湿易燃物品	≤32	≤75
氧化剂和有机过氧化物	氧化剂和有机过氧化物	≤30	≤80
	过氧化钠、镁、钙等	≤30	≤75
	硝酸锌、钙、镁等	≤28	≤75
	硝酸铵、亚硝酸钠	≤30	≤75
	盐的水溶液	＞1	—
	结晶硝酸锰	＜25	—
	过氧化苯甲酰	2～25	—
	过氧化丁酮等有机氧化物	≤25	—

2.3.4　储存毒害品的要求

《毒害性商品储存养护技术条件》（GB 17916—2013）对毒害品的储存提出了详细的要求。

1. 库房条件

库房干燥、通风，机械通风排毒应有安全防护和处理措施。

2. 建筑条件

库房耐火等级不低于二级。

3. 安全条件

（1）仓库应远离居民区和水源。

（2）商品避免阳光直射、暴晒，远离热源、电源、火源，在库内（区）固定和方便的位置配备与毒害性商品性质相匹配的消防器材、报警装置和急救药箱。

（3）不同种类的毒害性商品视其危险程度和灭火方法的不同应分开存放，性质相抵的毒害性商品不应同库混存。

（4）剧毒性商品应专库储存或存放在彼此间隔的单间内，并安装防盗报警器和监控系统，库门装双锁，实行双人双发、双人保管制度。

4. 环境卫生条件

库区和库房内保持整洁。对散落的毒害性商品应按照其安全技术说明书提供的方法妥善收集处理，库区的杂草及时分别清除。用过的工作服、手套等用品必须放在库外安全地点，妥善保管并及时处理。更换储存毒害性商品品种时，要将库房清扫干净。

5. 温湿度条件

库房温度不宜超过35℃。易挥发的毒害性商品，库房温度应控制在32℃以下，相对湿度应在85%以下。对于易潮解的毒害性商品，库房相对湿度应控制在80%以下。

2.3.5 储存腐蚀性物品的要求

《腐蚀性商品储存养护技术条件》(GB 17915—2013)对腐蚀品的储存提出了详细的要求。

1. 温湿度条件

腐蚀品温湿度条件见表2-4。

表2-4 腐蚀品温湿度条件

类别	主要品种	适宜温度/℃	适宜相对湿度/%
酸性腐蚀品	发烟硫酸、亚硫酸	0～30	≤80
	硝酸、盐酸及氢卤酸、氟硅（硼）酸、氯化硫、磷酸等	≤30	≤80
	磺酰氯、氯化亚砜、氧氯化磷、氯磺酸、溴乙酰、三氯化磷等多卤化物	≤30	≤75
	发烟硝酸	≤25	≤80
	溴素、溴水	0～28	—
	甲酸、乙酸、乙酸酐等有机酸类	≤32	≤80
碱性腐蚀品	氢氧化钾（钠）、硫化钾（钠）	≤30	≤80
其他腐蚀品	甲醛溶液	10～30	—

2. 库房条件

（1）应阴凉、干燥、通风、避光。应经过防腐蚀、防渗处理，库房的建筑应符合GB/T 50046—2018的规定。

（2）储存发烟硝酸、溴素、高氯酸的库房应干燥通风，耐火要求应符合GB 50016—2014的规定，耐火等级不低于二级。

（3）氢溴酸、氢碘酸应避光储存，溴素应专库储存。

3. 货棚、露天货场条件

货棚应干燥卫生。露天货场应防潮防水。

4. 安全条件

（1）腐蚀性商品应避免阳光直射、暴晒，远离热源、电源、火源，库房建筑及各种设备应符合GB 50016—2014的规定。

（2）腐蚀性商品应按不同类别、性质、危险程度、灭火方法等分区分类储存，性质和消防施救方法相抵的商品不应同库储存。

（3）应在库区设置洗眼器等应急处置设施。

5. 环境卫生条件

（1）库房应保持清洁。

（2）库区内的杂物、易燃物应及时清理，排水沟保持畅通。

2.3.6 废弃物处置

（1）废弃危险化学品的处置，依照有关环境保护的法律、行政法规和国家有关安全管理规定执行。

（i）《危险化学品安全管理条例》第六条中规定，环境保护主管部门负责废弃危险化学品处置的监督管理，组织危险化学品的环境危害性鉴定和环境风险程度评估，确定实施重点环境管理的危险化学品，负责危险化学品环境管理登记和新化学物质环境管理登记；依照职责分工调查相关危险化学品环境污染事故和生态破坏事件，负责危险化学品事故现场的应急环境监测。

（ii）《危险化学品安全管理条例》第二十七条规定，生产、储存危险化学品的单位转产、停产、停业或者解散的，应当采取有效措施，及时、妥善处置其危险化学品生产装置、储存设施以及库存的危险化学品，不得丢弃危险化学品；处置方案应当报所在地县级人民政府安全生产监督管理部门、工业和信息化主管部门、环境保护主管部门和公安机关备案。安全生产监督管理部门应当会同环境保护主管部门和公安机关对处置情况进行监督检查，发现未依照规定处置的，应当责令其立即处置。

（iii）《危险化学品安全管理条例》第九十九条规定，公众发现、捡拾的无主危险化学品，由公安机关接收。公安机关接收或者有关部门依法没收的危险化学品，需要进行无害化处理的，交由环境保护主管部门组织其认定的专业单位进行处理，或者交由有关危险化学品生产企业进行处理。处理所需费用由国家财政负担。

（iv）《大气污染防治法》第四十三条规定，钢铁、建材、有色金属、石油、化工等企业生产过程中排放粉尘、硫化物和氮氧化物的，应当采用清洁生产工艺，配套建设除尘、脱硫、脱硝等装置，或者采取技术改造等其他控制大气污染物排放的措施。

（v）《大气污染防治法》第四十八条规定，钢铁、建材、有色金属、石油、化工、制药、矿产开采等企业，应当加强精细化管理，采取集中收集处理等措施，严格控制粉尘和气态污染物的排放。工业生产企业应当采取密闭、围挡、遮盖、清扫、洒水等措施，减少内部物料的堆存、传输、装卸等环节产生的粉尘和气态污染物的排放。

（vi）《大气污染防治法》第四十九条规定，工业生产、垃圾填埋或者其他活动产生的可燃性气体应当回收利用，不具备回收利用条件的，应当进行污染防治处理。可燃性气体回收利用装置不能正常作业的，应当及时修复或者更新。在回收利用装置不能正常作业期间确需排放可燃性气体的，应当将排放的可燃性气体充分燃烧或者采取其他控制大气污染物排放的措施，并向当地生态环境主管部门报告，按照要求限期修复或者更新。

（vii）《固体废物污染环境防治法》第七十八条规定，产生危险废物的单位，应当按照国家有关规定制定危险废物管理计划；建立危险废物管理台账，如实记录有关信息，并通过国家危险废物信息管理系统向所在地生态环境主管部门申报危险废物的种类、产生量、流向、贮存、处置等有关资料。

（viii）《固体废物污染环境防治法》第八十六条规定，因发生事故或者其他突发性事件，造成危险废物严重污染环境的单位，应当立即采取有效措施消除或者减轻对环境的污染危害，及时通报可能受到污染危害的单位和居民，并向所在地生态环境主管部门和有关部门报告，接受调查处理。

（2）危险化学品处置基本方法：①埋藏法，一般用于处理放射性强度大、半衰期长的放射性废物；②焚烧法，一般用于易燃、可燃物质的废弃处置，如大多数有机废物的处理；③固化法，对难以用其他方法处理，一般不溶于水的物质可与砂土混合，水泥固化后深埋，达到稳定化、无害化、减量化的目的，如三氧化二砷的处理；④化学法，通过氧化还原反应、中和反应等使有毒物质变为无害物质，如氰化钠、废酸碱的处理等；⑤生物法，通过生物降解来解除毒性。

2.4 危险化学品运输安全要求

危险化学品运输中如防护不当，极易发生事故，并且事故所造成的后果较一般车辆事故更加严重。因此，对危险化学品运输的要求更高、更严格。

1. 运输的基本要求

（1）国家对危险化学品的运输实行资质认定制度，未经资质认定，不得运输危险化学品。

（2）托运危险物品必须出示有关证明，在指定的铁路、交通、航运等部门办理手续。托运物品必须与托运单上所列的品名相符，托运未列入国家品名表内的危险物品，应附交上级主管部门审查同意的技术鉴定书。

（3）危险物品的装卸人员，应按装运危险物品的性质，佩戴相应的防护用品，装卸时必须轻装、轻卸，严禁摔拖、重压和摩擦，不得损毁包装容器，并注意标志，堆放稳妥。

（4）危险物品装卸前，应对车（船）搬运工具进行必要的通风和清扫，不得留有残渣，对装有剧毒物品的车（船），卸车后必须洗刷干净。

（5）装运爆炸、剧毒、放射性、易燃液体、可燃气体等物品，必须使用符合安全要求的运输工具：禁止用电瓶车、翻斗车、铲车、自行车等运输爆炸物品。运输强氧化剂、爆炸品及用铁桶包装的一级易燃液体时，没有采取可靠的安全措施，不得用铁底板车及汽车挂车；禁止用叉车、铲车、翻斗车搬运易燃、易爆液化气体等危险物品；温度较高地区装运液化气体和易燃液体等危险物品，要有防晒设施；放射性物品应用专用运输搬运车和抬架搬运，装卸机械应按规定负荷降低25%；遇水燃烧物品及有毒物品，禁止用小型机帆船、小木船和水泥船承运。

（6）运输爆炸、剧毒和放射性物品，应指派专人押运，押运人员不得少于2人。

（7）运输危险物品的车辆，必须保持安全车速，保持车距，严禁超车、超速和强行会车。运输危险物品的行车路线，必须事先经当地公安交通管理部门批准，按指定的路线和时间运输，不可在繁华街道行驶和停留。

（8）运输易燃、易爆物品的机动车，其排气管应装阻火器，并悬挂“危险品”标志。

（9）运输散装固体危险物品，应根据性质，采取防火、防爆、防水、防粉尘飞扬和遮阳等措施。

（10）禁止利用内河以及其他封闭水域运输剧毒化学品。通过公路运输剧毒化学品的，托运人应当向目的地的县级人民政府公安部门申请办理剧毒化学品公路运输通行证。办理剧毒化学品公路运输通行证时，托运人应当向公安部门提交有关危险化学品的品名、数量、运输始发地和目的地、运输路线、运输单位、驾驶人员、押运人员、经营单位和购买单位资质情况的材料。

（11）运输危险化学品需要添加抑制剂或者稳定剂的，托运人交付托运时应当添加抑制剂或者稳定剂，并告知承运人。

（12）危险化学品运输企业，应当对其驾驶员、船员、装卸管理人员、押运人员进行有关安全知识培训。驾驶员、装卸管理人员、押运人员必须掌握危险化学品运输的安全知识，并经所在地设区的市级人民政府交通部门考核合格，船员经海事管理机构考核合格，取得上岗资格证，方可上岗作业。

2. 出车前要求

（1）运输危险货物车辆的有关证件、标志应齐全有效（车辆道路运输证核定经营范围、车辆标志牌是否与所装运危险货物类别项别相符），技术状况应为良好，并按照有关规定对车辆安全技术状况进行严格检查，发现故障应立即排除。

（2）运输危险货物车辆的车厢底板应平坦完好、栏板牢固。对于不同的危险货物，应采取相应的衬垫防护措施（如铺垫木板、胶合板、橡胶板等），车厢或罐体内不得有与所装危险货物性质相抵触的残留物。

（3）检查运输危险货物的车辆配备的消防器材，发现问题应立即更换或修理。

（4）根据所运危险货物特性，应随车携带遮盖、捆扎、防潮、防火、防毒等工、属具和应急处理设备、劳动防护用品。

（5）驾驶人员、押运人员应检查随车携带的"道路运输危险货物安全卡"是否与所运危险货物一致。

（6）装车完毕后，驾驶员应对货物的堆码、遮盖、捆扎等安全措施及对影响车辆起动的不安全因素进行检查，确认无不安全因素后方可起步。

（7）运输危险化学品的驾驶员、押运人员必须了解所运载的危险化学品的性质、危害特性、保障容器的使用特性和发生意外时的应急措施。

3. 运输途中要求

（1）运输危险货物过程中，押运人员应密切注意车辆所装载的危险货物。根据危险货物性质定时停车检查，发现问题及时会同驾驶人员采取措施妥善处理。驾驶人员、押运人员不得擅自离岗、脱岗。

（2）运输过程中若发生事故时，驾驶人员和押运人员应立即向当地公安部门及安全生产管理部门、环境保护部门、质检部门报告，并应看护好车辆、货物，共同配合采取一切可能的警示、救援措施。

（3）运输过程中需要停车住宿或遇有无法正常运输的情况时，应向当地公安部门报告。

（4）用于化学品运输工具的槽罐以及其他容器，必须依照《危险化学品安全管理条例》

的规定。由专业生产企业定点生产，并经检测、检验合格，方可使用。质检部门应当对前款规定的专业生产企业定点生产的槽罐以及其他容器的产品质量进行定期的或者不定期的检查。

（5）运输危险化学品的槽罐以及其他容器必须封口严密，能够承受正常运输条件下产生的内部压力和外部压力，保证危险化学品运输中不因温度、湿度或者压力的变化而发生任何渗（洒）漏。

（6）装运危险货物的罐（槽）应适合所装货物的性能，具有足够的强度，并应根据不同货物的需要配备泄压阀、防波板、遮阳物、压力表、液位计、导除静电等相应的安全装置，罐（槽）外部的附件应有可靠的防护设施，必须保证所装货物不发生“跑、冒、滴、漏”并在阀门口装置积漏器。

（7）运输危险化学品的车辆应专车专用，并有明显标志，要符合交通管理部门对车辆和设备的规定。

（8）应定期对装运放射性同位素的专用运输车辆、设备、搬动工具、防护用品进行放射性污染程度的检查，当污染量超过规定的允许水平时，不得继续使用。

（9）运输爆炸品和需凭证运输的危险化学品，应有运往地县、市公安部门的《爆炸品准运证》或《危险化学物品准运证》。

（10）通过航空运输危险化学品的，应按照国务院民航部门的有关规定执行。

对于包装货物运输、装卸，散装货物运输、装卸，集装箱货物运输、装卸和部分常见大宗危险货物运输、装卸的要求可参考《汽车运输、装卸危险货物作业规程》（JT 618—2004）。

2.5 典型案例分析与讨论

2015年以来，在危险化学品生产、运输、存放、废弃处置等环节共发生十几起重特大事故，造成了不可估计的损失。本节主要以8·12天津滨海新区爆炸事故为例进行总结性叙述。

1. 事故基本情况

2015年8月12日22时51分46秒，位于天津市滨海新区吉运二道95号的瑞海公司危险品仓库运抵区最先起火，23时34分06秒发生第一次爆炸，23时34分37秒发生第二次更剧烈的爆炸。事故现场形成6处大火点及数十个小火点，8月14日16时40分，现场明火被扑灭。

事故现场按受损程度，分为事故中心区、爆炸冲击波波及区。事故中心区为此次事故中受损最严重区域，面积约为54万m^2。两次爆炸分别形成一个直径15m、深1.1m的月牙形小爆坑和一个直径97m、深2.7m的圆形大爆坑。以大爆坑为爆炸中心，150m范围内的建筑被摧毁；参与救援的消防车、警车和位于爆炸中心南侧的顺安仓储有限公司、安邦国际贸易有限公司储存的7641辆商品汽车和现场灭火的30辆消防车在事故中全部损毁，邻近中心区的贵龙实业、新东物流、港湾物流等公司的4787辆汽车受损。

事故造成165人遇难，8人失踪，798人受伤住院治疗。截至2015年12月10日，事故调查组依据《企业职工伤亡事故经济损失统计标准》（GB/T 6271—1986）等标准和规定统计，已核定直接经济损失68.66亿元人民币，其他损失尚需最终核定。

2. 事故直接原因

事故调查组通过反复的现场勘验、检测鉴定、调查取证、模拟实验、专家论证，最终认定事故直接原因是：瑞海公司危险品仓库运抵区南侧集装箱内的硝化棉由于湿润剂散失出现局部干燥，在高温（天气）等因素的作用下加速分解放热，积热自燃，引起相邻集装箱内的硝化棉和其他危险化学品长时间大面积燃烧，导致堆放于运抵区的硝酸铵等危险化学品发生爆炸。

3. 事故企业存在的主要问题

瑞海公司违法违规经营和储存危险货物，安全管理极其混乱，未履行安全生产主体责任，致使大量安全隐患长期存在。下面主要列举 5 条进行详细说明，企业其他的问题及有关政府及部门和中介机构存在的问题详见官方事故调查报告。

（1）无证违法经营。按照有关法律法规，在港区内从事危险货物仓储业务经营的企业，必须同时取得《港口经营许可证》和《港口危险货物作业附证》，但瑞海公司在 2015 年 6 月 23 日取得上述两证前实际从事危险货物仓储业务经营的两年多时间里，除 2013 年 4 月 8 日至 2014 年 1 月 11 日、2014 年 4 月 16 日至 10 月 16 日期间依天津市交通运输和港口管理局的相关批复经营外，2014 年 1 月 12 日至 4 月 15 日、2014 年 10 月 17 日至 2015 年 6 月 22 日共 11 个月的时间里既没有批复，也没有许可证，违法从事港口危险货物仓储经营业务。

（2）严重超负荷经营、超量存储。瑞海公司 2015 年月周转货物约 6 万吨，是批准月周转量的 14 倍多。多种危险货物严重超超量储存，事发时硝酸钾存储量 1342.8 吨，超设计最大存储量 53.7 倍；硫化钠存储量 484 吨，超设计最大存储量 19.4 倍；氰化钠存储量 680.5 吨，超设计最大储存量 42.5 倍。

（3）违规混存、超高堆码危险货物。瑞海公司违反《港口危险货物安全管理规定》(交通运输部令 2012 年第 9 号)第 35 条第 2 款④和《危险货物集装箱港口作业安全规程》（JT 397—2007）第 5.3.4 的规定①以及《集装箱港口装卸作业安全规程》（GB 11602—2007）第 8.3 条②的规定，不仅将不同类别的危险货物混存，间距严重不足，而且违规超高堆码现象普遍，4 层甚至 5 层的集装箱堆垛大量存在。

（4）违规开展拆箱、搬运、装卸等作业。瑞海公司违反《危险货物集装箱港口作业安全规程》（JT 397—2007）第 6.1.4 条③，在拆装易燃易爆危险货物集装箱时，没有安排专人现场监护，使用普通非防爆叉车；对委托外包的运输、装卸作业安全管理严重缺失，在硝化棉等易燃易爆危险货物的装箱、搬运过程中存在用叉车倾倒货桶、装卸工滚桶码放等野蛮装卸行为。

（5）安全生产教育培训严重缺失。瑞海公司违反《危险化学品安全管理条例》（国务院令第 591 号）第 44 条②和《港口危险货物安全管理规定》（交通运输部令 2012 年第 9 号）第 17 条第 3 款③的有关规定，部分装卸管理人员没有取得港口相关部门颁发的从业资格证书，无证上岗。该公司部分叉车司机没有取得危险货物岸上作业资格证书，没有经过相关危险货物作业安全知识培训，对危险品防护知识的了解仅限于现场不准吸烟、车辆要带防火帽等，对各类危险物质的隔离要求、防静电要求、事故应急处置方法等均不了解。

4. 事故主要教训

事故企业严重违法违规经营；有关地方政府安全发展意识不强；有关地方和部门违反法定城市规划；有关职能部门有法不依、执法不严，有的人员甚至贪赃枉法；港口管理体制不顺、安全管理不到位；危险化学品安全监管体制不顺、机制不完善；危险化学品安全管理法律法规标准不健全；危险化学品事故应急处置能力不足。

5. 事故防范措施和建议

（1）优化安全监管。企业要结合自身实际情况，制定以及完善危险化学品管理制度和监督方法，为各项监督活动提供依据，保证各项监管工作的有序开展；针对有害、有毒、易爆、易燃的危险化学品储存进行动态管理，制定隐患排查和风险管控预防机制，对高危化学品储存进行专项管理。

（2）控制储存环境。储存区域除了要考虑储存温度、避光、避雨、防潮等基本建设要求外，还要着重考虑每种化学品独有的性质，做好危险化学品的警示标识，确保每种化学品存放时不会与周围存在的化学品或物质发生化学反应，储存要保证一定空间距离，尤其是易燃易爆物的周围不得堆放可燃物质，对于多硝基化合物、叠氮类化合物等易爆物质，必要的情况下设置防爆墙；储存爆炸性、毒害性及放射性的物质必须远离人员密集区域、交通干线以及国家重要设施和建筑物，同时要考虑发生事故后人员逃生及消防车辆进入现场的便捷性。

（3）加强设备安全。尤其要做好防雷、防静电等设施的安全维护，危险化学品仓库要采用不导热的耐火材料作屋顶和墙壁的隔热层，防止储存危险化学品的仓库温度过高；还要做好分类存放，严禁将各种性质相互抵触的危险化学品放在一起。

（4）建立信息化监测系统。由于危险化学品存储具有严格的规范要求，化工企业要依托大数据技术构建远程监测系统，应用实时监测技术，利用传感器节点、监控设备和传感器，对危险化学品的储存情况进行动态监测，通过对储存环境温度、湿度、空气成分等指标的监测，及时发现储存安全隐患。

复习思考题

2-1 如何认识危险化学品安全生产的重要性?

2-2 按照《危险化学品安全管理条例》，危险化学品分为哪几类?

2-3 危险化学品储存的基本要求有哪些?

2-4 危险化学品运输的基本要求有哪些?

2-5 危险化学品包装的基本安全要求有哪些?

2-6 处置危险化学品的基本安全要求有哪些?

2-7 危险化学品的经营条件有哪些?

第3章　泄漏与扩散

本章概要·学习要求

本章主要讲述泄漏的分类及分级、常见泄漏源、常见泄漏与扩散模型和危险化学品泄漏应急处置技术。通过本章学习，要求学生熟悉危险化学品泄漏控制措施，能够运用相关模型进行危险化学品泄漏与扩散的计算和分析。

化工企业生产过程中，多数物料具有腐蚀性，特别是高温、高压、生产链长和系统的长周期运行环境下，装置在生产、储运等环节通常容易发生泄漏，既损失物料，又污染环境，给企业安全生产带来极大危害。因此，学习常见的泄漏源，充分了解泄漏源分级，掌握危险化学品泄漏后的扩散范围及控制技术，有利于准确地掌握泄漏量大小，明确现场应急处置、控制措施与实施应急救援。本章利用传质学、流体力学、大气扩散学的基本原理描述可能的泄漏、扩散过程，为化工安全生产提供理论支持。

3.1　泄漏的定义及分级

1. 泄漏的定义

泄漏是指工艺介质的空间泄漏（外漏）或者一种介质通过连通的管道或设备进入另一种介质内（内漏）的异常状况。

2. 分类

根据危险化学品、易燃易爆油品、可燃粉尘泄漏可能导致的结果不同，将泄漏分为液体泄漏、气体泄漏和可燃粉尘泄漏。

3. 危害

易燃易爆介质泄漏可导致火灾、爆炸等恶性事故，有毒有害介质泄漏可导致职业病、中毒、窒息、死亡等事故。

4. 液体危险化学品泄漏分级

液体危险化学品和易燃易爆油品泄漏分为轻微泄漏、一般泄漏、严重泄漏和不可控泄漏四级。

（1）轻微泄漏是指静密封点的渗漏（无明显液滴）和滴漏（每 5min 大于 1 滴）以及动密封点每分钟滴漏超过指标 5 滴以内，一般是指由法兰密封面或垫片失效、阀门不严、密封失效或管线、设备上存在微小砂眼等导致的物料轻微外漏。轻微泄漏因泄漏量少、冷却散发快，一般不会导致着火、爆炸等事故。轻微内漏会导致高压侧介质对低压侧介质的轻微污染。

（2）一般泄漏是指静密封点泄漏速度小于 0.5 滴/s，但尚未形成连续液滴的状态，或动密封点每分钟滴漏超过 5 滴。一般泄漏会形成累积，落到高温管线或设备上可引起冒青烟或小火，短时间内一般不会造成较大危害。一般内漏会导致高压侧介质对低压侧介质的较小污染。

（3）严重泄漏是指密封点泄漏速度大于或等于 0.5 滴/s，并达到了液滴成线的状态，或动密封点每分钟滴漏超过 10 滴。严重泄漏可能会引发火灾，并导致周边管线、设备损坏，从而导致更大的火灾事故。严重内漏会导致高压侧介质对低压侧介质的较大污染。

（4）不可控泄漏指由密封失效或者管线、设备严重腐蚀穿孔、断裂导致的危险化学品突然大量泄漏。不可控泄漏会因泄漏介质或周边环境不同导致重大火灾、爆炸、人员窒息、中毒死亡等恶性事故，特别严重时还会对周边居民、厂矿企业、机关学校等造成严重威胁。不可控内漏会导致高压侧介质对低压侧介质的严重污染。

5. 气体危险化学品泄漏分级

气体危险化学品泄漏分为一般泄漏、严重泄漏和不可控泄漏三级。

（1）一般泄漏指管线、设备上有气体泄漏，用可燃气体和有毒有害气体检测仪能够检测出，但尚未达到超标的情况。一般泄漏短时间不会造成中毒、窒息或者爆炸等事故，但若不及时处理，则有可能导致泄漏增大，并引发着火、爆炸、中毒和窒息事故。

（2）严重泄漏指管线、设备上有气体泄漏，用可燃气体和有毒有害气体检测仪检测，达到超标的情况。严重泄漏根据泄漏气体的性质不同，有可能造成人员中毒、窒息及空间闪爆事故。严重内漏一般会导致高压侧气体介质大量进入低压侧介质中，并污染低压侧介质，或者导致气体从冷却介质中突然析出，引起爆炸、人员中毒或窒息。

（3）不可控泄漏指由密封失效或者管线、设备严重腐蚀穿孔、断裂导致的气态危险化学品突然大量泄漏。不可控泄漏根据泄漏气体的性质不同可造成剧烈闪爆、严重火灾、人员中毒或窒息等恶性事故，可能对周边居民、厂矿企业、机关学校等形成威胁，导致群死群伤或大面积人员中毒情况。

6. 可燃粉尘泄漏分级

可燃粉尘泄漏分为一般泄漏、严重泄漏和不可控泄漏三级。

（1）一般泄漏指可燃粉尘未明显从设备、管线中泄漏，但造成周边环境粉尘明显堆积。

（2）严重泄漏指可燃粉尘明显地从设备、管线中漏出，但并未达到该介质的爆炸下限且可燃粉尘堆积最大厚度小于 5mm（受限空间堆积最大厚度小于 2mm），或者泄漏堆积面积小于受限空间水平截面积的 20%。

（3）不可控泄漏指可燃粉尘从设备、管线中漏出，并达到或超过该介质的爆炸下限，或者可燃粉尘堆积最大厚度大于或等于 5mm（受限空间堆积最大厚度大于或等于 2mm），或者泄漏堆积面积大于或等于受限空间水平截面积的 20%。

3.2 常见的泄漏源

一般根据泄漏面积大小和泄漏持续时间长短将泄漏源分为两类：①小孔泄漏，通常为物料经较小的孔洞长时间持续泄漏，如反应器、储罐、管道上出现小孔，或阀门、法兰、机泵、传动设备等处密封失效；②大面积泄漏，指在很短时间内经较大孔洞泄漏大量物料，如大管径管线断裂、爆破片爆裂、反应器因超压爆炸等瞬间泄漏出大量物料。

图 3-1 所示为化工厂中常见的小孔泄漏，物质从储罐和管道上的孔洞和裂纹，以及法兰、阀门和泵体的裂缝，或严重破坏、断裂的管道中泄漏出来。

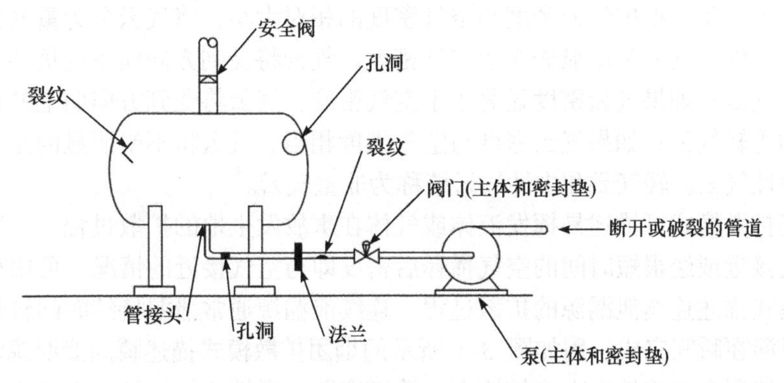

图 3-1 化工厂中常见的小孔泄漏

图 3-2 所示为物料的物理状态影响泄漏过程。对于储存于储罐内的气体或蒸气，裂缝导致气体或蒸气泄漏；对于液体，储罐内液面以下的裂缝导致液体泄漏。

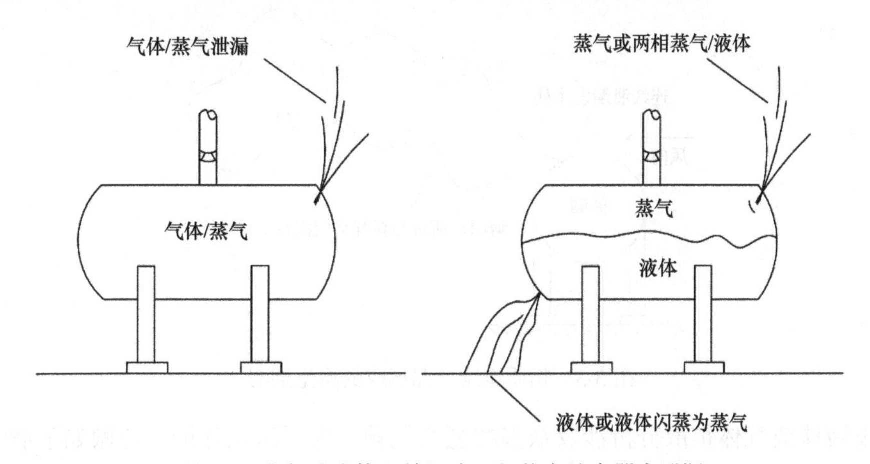

图 3-2 蒸气或液体以单相或两相状态从容器中泄漏

如果液体储存压力大于其大气环境下沸点所对应的压力，则液面以下的裂缝导致泄漏的液体一部分闪蒸为蒸气，由于液体的闪蒸，可能会形成小液滴或雾滴，并可能随风扩散，泄漏后的扩散过程较为复杂，在下节将重点介绍两类扩散模型；液面以上的蒸气空间的裂缝能够导致蒸气流或气液两相流的泄漏，这主要取决于物质的物理特性。

3.3 扩散模型

危险化学品泄漏分为气体、液体和固体泄漏，其中不易挥发性液体和固体泄漏发生重力沉降，其扩散过程相对简单，易挥发液体和气体泄漏后在空气中扩散过程极为复杂，扩散过程中的一些现象和规律还没有被人们很好地理解，扩散与泄漏是瞬间泄漏还是连续泄漏受气体密度、泄漏方向、涉及相变、液滴沉降、气象条件、地面性质等诸多因素的影响，并且人们所发展的扩散机理众多，使得这类危险化学品的泄漏和扩散研究十分复杂。

泄漏源的类型直接关系到扩散模型的选择，简单的扩散模型将泄漏源分为瞬间泄漏源和连续泄漏源两种类型。根据气云密度与空气密度的相对大小，将气云分为重气云、中性气云和轻气云三类。如果气云密度显著大于空气密度，气云将受到方向向下的负浮力作用，这样的气云称为重气云；如果气云密度显著小于空气密度，气云将受到方向向上的正浮力作用，这样的气云称为轻气云；如果气云密度与空气密度相当，气云将不受明显的浮力作用，这样的气云称为中性气云。轻气云和中性气云统称为非重气云。

利用大气扩散模式可描述易挥发液体或气体在事故发生地的扩散过程。一般对于泄漏物质密度与空气接近或经很短时间的空气稀释后密度即与空气接近的情况，可用如图 3-3 所示的烟羽扩散模式描述连续泄漏源的扩散过程。连续泄漏源通常泄漏持续时间较长。瞬间泄漏源的特点是泄漏在瞬间完成，用如图 3-4 所示的烟团扩散模式描述瞬间泄漏源泄漏物质的扩散过程。连续泄漏源如连接在大型储罐上的管道穿孔、柔性连接器处出现的小孔或缝隙、连续的烟囱排放等。瞬间泄漏源如液化气体钢瓶破裂、瞬间冲料形成的事故排放、压力容器安全阀异常起动。

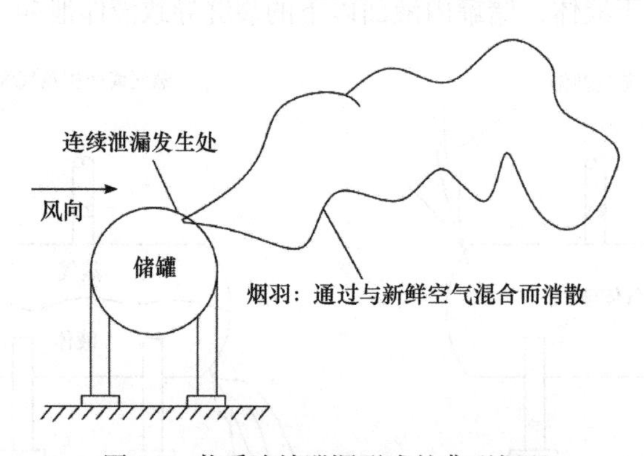

图 3-3 物质连续泄漏形成的典型烟羽

易挥发液体或气体扩散分析涉及众多的复杂问题，为了简化分析，特做如下假设：

（1）气云在平整、无障碍物的地面上空扩散。

（2）气云不发生化学反应和相变反应，也不发生液滴沉降现象。

（3）危险品泄漏速度不随时间变化。

（4）风向为水平方向，风速和风向不随时间、地点和高度变化。

（5）气云和环境之间无热量交换。

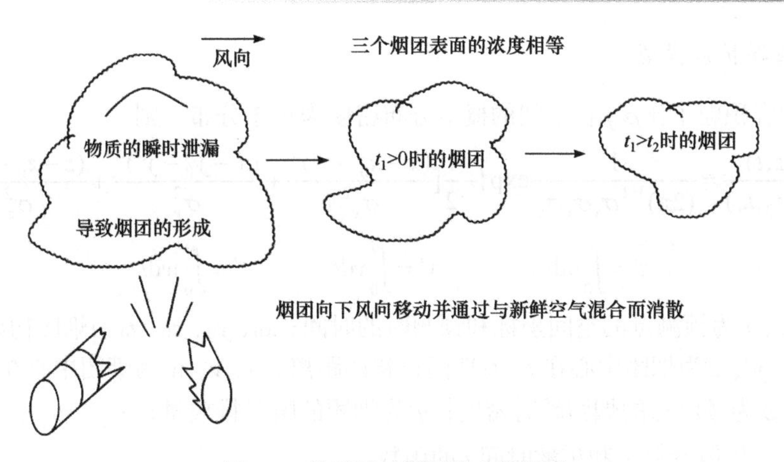

图 3-4 物质瞬时泄漏形成的烟团

3.3.1 非重气云扩散模型

高斯模型用来描述易挥发液体或气体泄漏形成的非重气云扩散行为，或描述重气云在重力作用消失后的远场扩散行为。为了便于分析，建立如图 3-5 的坐标系 $Oxyz$：其中原点 O 是泄漏点在地面上的正投影，x 轴沿下风向水平延伸，y 轴在水平面上垂直于 x 轴，z 轴垂直向上延伸。高斯模型还使用了如下假设：

（1）气云密度与环境空气密度相当，气云不受浮力作用。

（2）云团中心的移动速度或云羽轴向蔓延速度等于环境风速。

（3）云团内部或云羽横截面上浓度、密度等参数服从高斯分布（正态分布）。

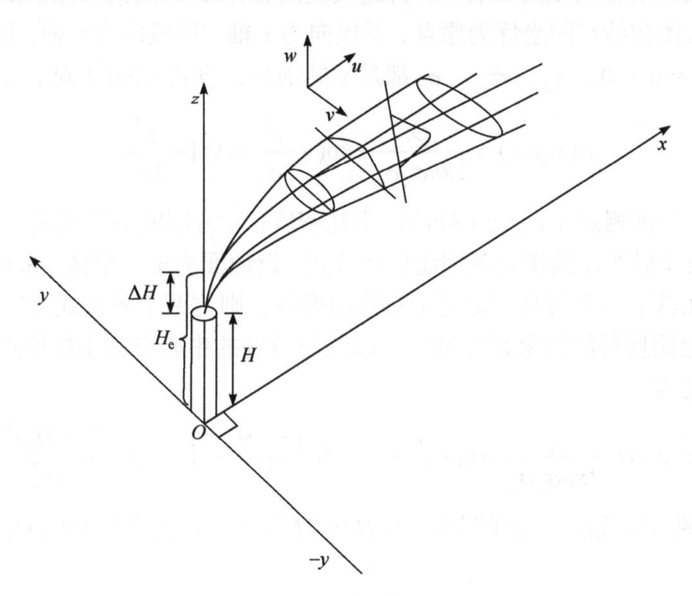

图 3-5 烟流扩散高斯模型的坐标系

根据烟流扩散的高斯模型（图 3-5），泄漏源下风向某点 (x, y, z) 在 t 时刻的密度用下面介绍的公式计算。

1. 瞬间泄漏扩散模型

假定单位容积粒子比ρ/q在空间的概率分布密度为正态分布，则

$$\frac{\rho(x,y,z,t)}{q(x_0,y_0,z_0,t_0)}=\frac{1}{(2\pi)^{3/2}\sigma_x\sigma_y\sigma_z}\exp\{-\frac{1}{2}[\frac{(x-x_0-x')^2}{\sigma_x^{\ 2}}+\frac{(y-y_0-y')^2}{\sigma_y^2}+\frac{(z-z_0-z')^2}{\sigma_z^2}]\} \quad (3\text{-}1)$$

$$x'=\int_0^t u\mathrm{d}t \qquad y'=\int_0^t v\mathrm{d}t \qquad z'=\int_0^t w\mathrm{d}t$$

式中，x、y、z、t为预测点的空间坐标和预测时的时间；x_0、y_0、z_0、t_0为烟团初始空间坐标和初始时间；x'、y'、z'为烟团中心在t～t_0期间迁移的距离；u、v、w为烟团中心在x、y、z方向的速度分量；ρ为预测点的烟团瞬时密度；q为烟团的瞬时排放量；σ_x、σ_y、σ_z为x、y、z方向的标准差（扩散参数）和扩散时间t的函数。

位于地面H_e高度处的瞬时泄漏浓度为

$$C(x,y,z,t,H_e)=\frac{2Q}{(2\pi)^{3/2}\sigma_x\sigma_y\sigma_z}\exp[-\frac{(x-ut)^2}{2\sigma_x^2}-\frac{y^2}{2\sigma_y^2}]\{\exp[-\frac{(z-H)^2}{2\sigma_z^2}]+\exp[-\frac{(z+H)^2}{2\sigma_z^2}]\} \quad (3\text{-}2)$$

式中，Q为泄漏源强，kg/s；其他符号意义同前。

2. 连续泄漏扩散模型

（1）连续排放源，泄漏源强Q恒定、有风且均匀稳定条件下，其最基本的非重气云扩散公式（不考虑地面与混合层顶的反射），将连续泄漏看作Δr时间内气团泄漏量为Δt的瞬时泄漏的叠加。以气云团初始空间坐标为原点，下风向为x轴，横风向为y轴，指向天顶为z轴。假设u为常数，$v=w=0$，σ_x、σ_y、σ_z都是x的函数，将式（3-1）对t从$-\infty$到t积分可得

$$\rho(x,y,z)=\frac{Q}{2\pi u\sigma_y\sigma_z}\exp(-\frac{y^2}{2\sigma_y^2})\exp(-\frac{z^2}{2\sigma_z^2}) \quad (3\text{-}3)$$

式中，$\rho(x,y,z)$为预测点(x,y,z)处的污染物密度；u为环境平均风速。

（2）考虑地面反射的连续排放源烟流扩散公式。设地面为全反射体，采用像源法，即假设地平线为镜面，在其下方有与真实源完全对称的虚源，则这两个源按式（3-3）叠加后的效果和真实源考虑到地面反射的结果是等价的。以地面位置的中心点为坐标原点，泄漏源下风向任一点的气云密度为

$$\rho(x,y,z)=\frac{Q}{2\pi u\sigma_y\sigma_z}\exp(-\frac{y^2}{2\sigma_y})\{\exp[-\frac{(z-H_e)^2}{2\sigma_z^2}]+\exp[-\frac{(z+H_e)^2}{2\sigma_z^2}]\} \quad (3\text{-}4)$$

式中，H_e为泄漏源有效高度，为泄漏源几何高度H与烟气抬升高度ΔH的和；u为环境平均风速。

高斯模式的成功运用是有一定假设前提的，使用时应注意以下问题：该模式较适用于估算较长时间内的平均密度，不能真实地估算非平稳状态下或短期的污染物密度涨落；该模式本身没有计入风向和风速变化，也未包括由风切变引起的湍流影响；该公式适用于平均风速大于2m/s的情况；在实际应用中，当需要考虑污染物在大气中比较复杂的实际散布过程和各种非理想情况时，应将高斯扩散的基本模式予以适当修正，以扩大其适用范围，如在较远距

离时的修正、在静风和很稳定条件下的修正以及城市、水上、不规则地形条件下的修正等（结合试验数据进行）。

3.3.2　重气云扩散模型

大多数易挥发液体或气体泄漏形成的气云是重气云。由于重气云密度显著大于环境空气密度，其扩散模式与非重气云明显不同，重气云扩散过程中横风向的蔓延特别快，而在垂直方向的蔓延非常缓慢，可能向上风向蔓延，而非重气云一般不会向上风向蔓延。如果扩散过程中遇到障碍物，重气云可能从旁边绕过而不是从顶上越过，非重气云不仅能从旁边绕过而且通常从顶上越过障碍物。描述重气云扩散的模型主要有盒子模型和平板模型，本节主要介绍盒子模型，不对平板模型进行阐述。

1. 盒子模型

盒子模型用于描述危险气体近地面瞬间泄漏形成的重气云团的运动，模型的核心是因空气进入而引起气云质量增加的速率方程。

除了本节第一部分提出的假设外，盒子模型还使用了如下基本假设：

（1）重气云团为正立的坍塌圆柱体，圆柱体初始高度等于初始半径的一半。

（2）在重气云团内部，温度、密度和危险气体浓度等参数均匀分布。

（3）重气云团中心的移动速度等于环境风速。

2. 扩散分析

坍塌圆柱体的径向蔓延速度由下式确定：

$$v_{\mathrm{f}} = \mathrm{d}r/\mathrm{d}t = \{g[(\rho_{\mathrm{p}} - \rho_{\mathrm{a}})/\rho_{\mathrm{a}}]h\}^{1/2} \tag{3-5}$$

式中，v_{f}为圆柱体的径向蔓延速度，m/s；r为圆柱体半径，m；h为圆柱体高度，m；t为泄漏后时间，s；ρ_{p}为泄漏后t时刻的云团密度，kg/m^3；ρ_{a}为空气密度，kg/m^3；g为重力加速度，9.8m/s^2。

由于假设重气云团和环境之间没有热量交换，重气云团的浮力将守恒，即

$$g[(\rho_{\mathrm{p}} - \rho_{\mathrm{a}})/\rho_{\mathrm{a}}]V = g[(\rho_{\mathrm{p}} - \rho_{\mathrm{a}})/\rho_{\mathrm{a}}]V_0 \tag{3-6}$$

$$V_0 = \frac{1000QR(T+273)}{pM}$$

$$\rho_0 = \frac{Q_0}{V_0}$$

式中，ρ_0为重气云团的初始密度，kg/m^3；Q_0为有毒气体的泄漏质量，kg，R为摩尔气体常量，通常取$R = 8.314$J/（mol·K）；T为当地温度，℃；p为当地大气压，Pa；M为泄漏气体的相对分子质量；V为重气云团的体积，m^3；V_0为重气云团的初始体积，m^3。

由式（3-6）可得到重气云团的初始半径r_0（m）：

$$r^2 = r_0^2 + 2\{g[(\rho_0 - \rho_{\mathrm{a}})/\rho_{\mathrm{a}}]V_0/\pi\}^{1/2}t \tag{3-7}$$

3. 转变点计算

随着空气的不断进入，重气云团的密度不断减小，重气坍塌引起的扩散逐步让位于环境湍流引起的扩散。不考虑重气云团与环境之间的热交换，重气云团浮力守恒，得到转变点对应的下风向距离 x_f 为

$$x_f = E_0^{2/3} V_0^{-1/3} (g\varepsilon_{cr})^{-2/3} \tag{3-8}$$

式中，x_f 为转变点对应的下风向距离，m；ε_{cr} 为 ε 的临界值；E_0 为重气云团浮力。

转变时所对应的泄漏时间 t_f 为

$$t_f = \frac{x_f}{v} \tag{3-9}$$

式中，t_f 为转变时所对应的泄漏时间，s；v 为环境风速，m/s。

因此，根据上述转变原则，重气云团密度的计算分为以下三种情况：

（1）如果泄漏持续时间 $t < t_f$，则采用瞬间泄漏的高斯模型进行计算。

（2）如果 $t > t_f$ 且 $x \geqslant V_0^{1/3}$，则采用式（3-8）进行计算。

（3）如果 $t > t_f$ 且 $x < V_0^{1/3}$，则云团的密度 $C = \rho_0$。

3.4 危险化学品泄漏事故应急处置技术

随着我国石油化学工业的飞速发展，作为化工生产的原料、中间体及产品的危险化学品种类不断增加，在生产、经营、储存、运输、使用和废弃处置等过程中发生的危险化学品泄漏事故也不断增多，据公安部消防局统计，近年全国综合性消防救援队伍和安全生产应急救援队伍平均每年参加处置的危险化学品泄漏事故多达近千起。泄漏事故发生后，一旦处置不当或不及时，很容易演变成燃烧、爆炸事故或中毒事故。据统计，几乎所有的重大灾害性事故都与危险化学品泄漏有关，事故给人民生命财产造成重大损失，给人类生存环境带来巨大威胁，并在一定时期内对社会秩序造成重大影响。

3.4.1 危险化学品泄漏事故概述

危险化学品泄漏事故是指盛装危险化学品的容器、管道或装置，在各种内外因素的作用下，其密闭性受到不同程度的破坏，导致危险化学品非正常向外泄放、渗漏的现象。危险化学品泄漏事故区别于正常的跑冒滴漏现象，其直接原因是在密闭体中形成了泄漏通道和泄漏体内外压力差。

1. 危险化学品泄漏事故后果分析

化学品固有的危险性决定了其泄漏后的表现，决定化学品表现的首要因素是化学品的状态和基本性质，其次是环境条件。按照状态，化学品通常分为气体（包括压缩气体）、液体（包括常温常压液体、液化气体、低温液体）和固体。决定化学品表现的基本性质包括温度、压力、易燃性、毒性、挥发性、相对密度等，一旦发生化学品泄漏事故，其不同的性质决定了不同的事故后果。

1）气体

气体泄漏后将扩散到周围环境并随风自由扩散，可燃气体泄漏后与空气混合达到燃烧或爆炸极限，遇到引火源就会发生燃烧或爆炸。发火时间是影响泄漏后果的关键因素，如果可燃气体泄漏后立即发火，则影响范围较小；如果可燃气体泄漏后与周围空气混合形成可燃云团，遇到引火源发生爆燃或爆炸（滞后发火），则破坏范围较大。有毒气体泄漏后形成云团并在空气中扩散，直接影响现场人员并可能波及居民区，扩散区域内的人、牲畜、植物都将受到有毒气体的侵害，并可能带来严重的人员伤亡和环境污染。在水中溶解的气体会对水生生物和水源造成威胁。气体的扩散区域以及浓度的大小取决于泄漏量、气象条件（如温度、风速风向等）、气体的相对密度、泄漏源高度、气体溶解度。

2）液体

工业化学品大多数是液体，液体泄漏到陆地上，将流向附近的低凹区域或沿斜坡向下流动，可能流入下水道、排洪沟等限制性空间，也可能流入水体；在水路运输中发生泄漏，液体可能直接泄入水体。液体泄漏后可能污染泥土、地下水、地表水和大气。可燃液体蒸气与空气混合并达到燃烧或爆炸极限，遇到引火源就会发生池火，有毒蒸气随风扩散，会对扩散区域内的人员造成伤害。水中泄漏物还将对水中生物和水源造成威胁，常温常压液体泄漏后聚集在防液堤内或地势低洼处形成液池，液体由于表面的对流而缓慢蒸发。液化气体泄漏后，有些在泄漏时将瞬时蒸发，没来得及蒸发的液体将形成液池，吸收周围的热量继续蒸发。液体瞬时蒸发的比例取决于物质的性质及环境温度，有些泄漏物可能在泄漏过程中全部蒸发，其表现类似于气体。低温液体泄漏后将形成液池，吸收周围热量而蒸发，其蒸发量低于液化气体、高于常温常压液体。影响液体泄漏后果的基本性质有泄漏量、蒸气压、闪点、沸点、溶解度、相对密度。

3）固体

与气体和液体不同的是，固体泄漏到陆地上一般不会扩散很远，通常形成堆块。但有几类物质的表现具有特殊性。例如，固体粉末大量泄漏时，能形成有害尘云，飘浮在空中，具有潜在的燃烧、爆炸和毒性危害可能；冷冻固体，当达到熔点时会熔化，其表现会像液体；可升华固体，当达到升华点时会升华，往往会像气体一样扩散；水溶性固体，泄漏时遇到下雨天将表现出液体的特性。固体泄漏到水体，将对水中生物和水源造成威胁，影响其后果的基本性质有溶解度、相对密度。

2. 危险化学品泄漏事故处置原则

发生危险化学品泄漏事故，应按照危险化学品事故应急处置程序组织救援。除了遵循危险化学品事故应急处置的基本原则外，还应遵循以下原则。

1）先询情、再行动原则

赶到泄漏事故现场的应急人员第一任务是了解事故基本情况，切忌盲目闯入实施救援，造成不必要的伤亡。首先挑选业务熟练、身体素质好、有较丰富实践经验的人员，组成精干的先遣小组，配备适当的个体防护装备、器材（不明情况下，配备一级或A级防护装备）；其次从上风、上坡处接近现场，查明泄漏源的位置、泄漏物质的种类、周围地理环境等情况并报现场指挥部；最后，指挥部综合各方面情况，调集有关专家，对泄漏扩散的趋势、泄漏可能导致的后果、泄漏危及周围环境的可能性进行判断，确定需要采取的应急处置技术，以及实施这些技术需要调动的应急救援力量，如消防特勤部队、企业救援队伍、防化兵部队等。

2）应急人员防护原则

由于危险化学品具有易燃、易爆、毒性、腐蚀性等危险性，因此应急人员必须进行适当的防护，防止危险化学品对自身造成伤害。通常根据泄漏事故的特点、引发物质的危险性，担任不同职责的应急人员可采取不同的防护措施。处于冷区的应急指挥人员、医务人员、专家和其他应急人员一般配备C级或D级防护装备；进入热区的工程抢险、消防和侦检等应急人员一般配备A级或B级防护装备；进入暖区进行设备、人员等洗消的应急人员一般配备C级防护装备。

3）火源控制原则

当泄漏的危险化学品是易燃、可燃品时，在泄漏可能影响的范围内，首先绝对禁止使用各种明火，尤其在夜间或视线不清的情况下，不得使用火柴、打火机等进行照明。同时，立即停止泄漏区周围一切可能产生明火或火花的作业；严禁启闭任何电气设备或设施；严禁处理人员将非防爆移动通信设备、无线寻呼机以及摄像机、闪光灯带入泄漏区。其次，处理人员必须穿防静电工作服、不带铁钉的鞋，使用防爆工具；对交通实行局部戒严，严格控制机动车进入泄漏区，如果有铁路穿过泄漏区，应在两侧适当地段设立标志，与铁路部门联系，禁止列车通行，并根据下风向易燃气体、蒸气检测结果，随时调整火源控制范围。

4）谨慎用水原则

水作为最常用、易得、经济的灭火剂常用于泄漏事故，用来冷却泄漏源、处理泄漏物、保护抢险人员。在处置泄漏事故前应通过应急电话联系权威的应急机构，取得水反应性、储运条件、环境污染等信息后，再决定是否能用水处理，尤其要注意处理遇水反应物质和液化气体的泄漏。

5）确保人员安全原则

处置泄漏事故的危险性大，难度也大，处置前要周密计划、精心组织，处置过程中要科学指挥、严密实施，确保参与事故处置人员的人身安全。

（1）应从上风、上坡处接近现场，严禁盲目进入。

（2）应急指挥部应设在上风处，救援物资应放于上风处，防止事故发生变化危及指挥部和救援物资的安全。

（3）根据接触危险化学品的可能性，不同人员需配备必要、有效的个人防护器具。

（4）实施应急处置行动时，严禁单独行动，要有监护人，必要时可用水枪掩护。

3. 危险化学品泄漏事故发生的主要原因

1）规划设计存在缺陷

选址不当，将重要的化工设施建在地震断裂带、易滑坡地带、雷击区、大风带区等，一旦地形、气象发生变化，化工设施遭到破坏，就会发生危险化学品泄漏事故。

2）设备、技术存在问题

盛装危险化学品的设备质量达不到有关技术标准的要求，表现在设备材料缺陷，如固有的裂缝、微孔、砂眼；加工焊接比较差，如焊接拼缝中存在气孔、夹渣或未焊透情况。化工装置区防爆炸、防火灾、防雷击等设施不齐全、不合理，维护管理不落实等；设备老化、带故障运行等造成阀体磨损、管道腐蚀而导致危险化学品泄漏。

3）交通事故

某些危险化学品运输单位不按规定申办准运手续，驾驶员、押运员未经专门培训，运输车辆达不到规定的技术标准，超限超载、混装混运，不按规定路线、时段运行，甚至违章驾驶等，都极易引发交通运输事故而导致危险化学品泄漏。

4）自然灾害

自然界的地震、海啸、台风、洪水、山体滑坡、泥石流、雷击及太阳黑子周期性的爆发引起地球大气环流变化等自然灾害，都会对化工企业造成严重的影响和破坏，由此导致的停电、停水使化学反应失控而发生火灾、爆炸，导致危险化学品泄漏。

3.4.2 危险化学品泄漏源控制技术

泄漏源控制技术是指通过适当的措施控制危险化学品的泄放，这是应急处理的关键。只有成功地控制泄漏源，才能有效地控制泄漏，特别是气体泄漏，应急人员唯一能做的是止住泄漏。如果泄漏发生在工艺设备或管线上，可根据生产情况及事故情况分别采取停车、局部打循环、改走副线、降压堵漏等措施控制泄漏源。如果泄漏发生在储存容器上或运输途中，可根据事故情况及影响范围采取外加包装、倒罐、堵漏等措施控制泄漏源。能否成功地控制泄漏源，取决于接近泄漏点的危险程度、泄漏孔的大小及形状、泄漏点处实际或潜在的压力、泄漏物质的特性。

1. 外加包装

最常见的外加包装是把小容器装入大容量容器中。外加包装是处置容器泄漏最常用的方法，特别是运输途中发生的容器泄漏。有些国家的运输危险化学品容器的车上配备大号的外包装空容器，以便应对各种原因导致的容器泄漏。

当容器发生泄漏时，应尽可能将泄漏部位调整向上，并移至安全区域，再转移物料或采取适当方法修补。若容器损坏较严重，既无法转移，又无法修补时，可将容器套装入事先准备的大容器中或就地将物料转移到安全容器。外加包装用的大容量容器应与处置的危险化学品相容，并符合有关部门的技术要求。

2. 工艺措施

工艺措施是有效处置化工泄漏事故的技术手段，一般在制订应急预案时已予以考虑。发生泄漏事故时，必须由技术人员和熟练的操作工人具体实施，工艺措施主要包括关阀断料、火炬放空、紧急停车等。

1）关阀断料

关阀断料是指通过关闭输送物料管道阀门，断绝物料源、制止泄漏的措施。关阀断料是处置工艺设备、管道泄漏最常用的方法。当工艺设备、管道发生泄漏时，如果泄漏部位上游有可以关闭的阀门，且阀门尚未损坏，应首先关闭有关阀门，泄漏自然会停止。

2）火炬放空

火炬放空是指通过相连的火炬放空总管将部分或全部物料烧掉，防止燃烧、爆炸发生的方法。火炬放空是石油化工企业应对紧急情况常采用的方法。

3）紧急停车

如果泄漏危及整个装置，视具体情况可以采取紧急停车措施，如停止反应，把物料退出装置区，送至罐区或火炬。

3. 堵漏

当管道、阀门或容器壁发生泄漏，无法通过工艺措施控制泄漏源时，可根据泄漏部位、泄漏情况采取适当的堵漏方法封堵泄漏口，控制危险化学品的泄漏。堵漏操作技术性强、危险性高，通常在带压状态下进行，实施前务必做好风险评估，努力做到万无一失。首先要对现场环境、泄漏介质、泄漏部位进行勘测，由专家、技术人员和岗位有经验的工人根据勘测情况共同研究制定堵漏方案，并由技术人员和熟练的操作工人严格按照堵漏方案具体实施。其次实施堵漏操作时，要以泄漏点为中心，在四周设置水幕、喷雾水枪或利用现场蒸汽管的蒸汽等对泄漏扩散的气体进行稀释或驱散，保护抢险人员。常用的堵漏方法有调整法、机械紧固法、焊接法、粘接法、强压注胶法、化学固结法等。实际应用时，应根据泄漏发生的部位、泄漏孔的大小及形状、泄漏点处实际或潜在的压力、泄漏物质的性质和现有装备，选择最安全、最有效的方法。

1）调整法

调整法是通过调整操作、调整密封件的预紧力度或调整个别部件的相对位置消除泄漏的方法，常用的调整法有关闭法、紧固法和调位法等。关闭法是对于关闭体不严导致管道内物料泄漏的情况采用的方法；紧固法是通过增加密封件的预紧力实现消漏目的，如紧固法兰的螺丝，进一步压紧垫片、填料或阀门的密封面等；调位法是通过调整零部件间的相对位置控制或减少非破坏性的渗漏，如调整法兰、机械密封等的间隙和位置。

2）机械紧固法

机械紧固法是对泄漏部位采取机械方法构成新的密封层来堵住泄漏的方法，常用于设备、管道、容器的堵漏。常用的机械紧固法主要有卡箍法、塞楔法和气垫止漏法。

（1）卡箍法。卡箍法是将密封垫压在管道的泄漏口处，再套上卡箍，上紧卡箍上的螺栓而达到止漏的方法，适用于中低压介质的堵漏。堵漏工具由卡箍、密封垫和紧固螺栓组成，密封垫材料有橡胶、聚四氟乙烯、石墨等，卡箍材料有碳钢、不锈钢、铸铁等，应根据泄漏介质的具体情况选用卡箍材料和密封垫材料。

（2）塞楔法。塞楔法是利用韧性大的金属、木质、塑料等材料制成的圆锥体楔或斜楔挤塞入泄漏孔、裂缝、洞内而止漏的方法，适用于常压或低压设备发生本体小孔、裂缝的泄漏。塞楔材料主要有木材、塑料、铝、铜、低碳钢、不锈钢等，塞楔的形式有圆锥塞、圆柱塞、楔式塞等，应根据漏口形状和泄漏介质的性质确定。

（3）气垫止漏法。气垫止漏法是通过特殊处理的、具有良好可塑性的充气袋（筒）在带压气体作用下膨胀，直接封堵泄漏处，从而控制危险化学品泄漏的方法，适用于低压设备、容器、管道本体孔洞、裂缝、管道端口的泄漏。一般来说，泄漏的介质为液体，温度不超过85～95℃。根据充气垫和泄漏口的相对位置，气垫止漏法分为气垫外堵法和气垫内堵法。

（i）气垫外堵法。气垫外堵法是先将密封垫压在泄漏口处，再利用固定带将充气袋牢固地捆绑在泄漏的设备上，最后通过充气源（如气瓶或脚踏气泵）给气袋充气，气袋鼓起，对密封垫产生压力，从而将泄漏口堵住，气垫的充气压力一般不超过0.6MPa。

（ii）气垫内堵法。气垫内堵法是将充气袋塞入泄漏口，然后充气使之鼓胀，而将漏口堵塞住。气垫内堵法适用于堵塞地下的排水管道、断裂的管道断口等，要求泄漏介质的压力低于1.0MPa。

3）焊接法

焊接法是利用热能使熔化的金属将裂纹连成整体焊接接头或在可焊金属的泄漏缺陷上加焊一个封闭板来堵住泄漏部位的方法。根据处理方法不同，焊接法分为逆向焊接法和引流焊接法。

（1）逆向焊接法。逆向焊接法是利用逆向焊接过程中焊缝和焊缝附近的受热金属均受到很大的热应力作用的规律，使泄漏裂纹在低温区金属的压应力作用下发生局部收严而止住泄漏，焊接过程中只焊已收严无泄漏的部分，并且采取收严一段焊接一段、焊接一段又会收严一段，如此反复进行，直到全部焊合。

（2）引流焊接法。引流焊接法是利用金属的可焊性，将装闸板阀的引流器焊在泄漏部位上，由引流通道及闸板阀将泄漏介质引出事故危险区域，待引流器全部焊牢后，关闭闸板阀，切断泄漏介质，达到密封的目的。

4）粘接法

粘接法是直接或间接地利用黏接剂堵住泄漏部位的方法，适用于不宜动火且其他方法难以奏效的部位堵漏。不同的黏接剂适用于不同的温度、压力和介质，一般不适用于高温高压的环境。粘接法包括填塞粘接法、顶压粘接法、紧固粘接法、磁力压固粘接法、引流粘接法、T形螺栓粘接法。

（1）填塞粘接法。依靠人手产生的外力，将事先调配好的某种胶黏剂压在泄漏部位上，形成填塞效应，强行止住泄漏，并借助此种胶黏剂能与泄漏介质共存形成平衡相的特殊性能，完成固化过程，达到堵漏的目的。

（2）顶压粘接法。利用大于泄漏介质压力的外力机构，首先迫使泄漏止住，然后对泄漏区域按粘接技术的要求进行必要的处理，如除锈、去污、打毛、脱脂等工序，再利用胶黏剂的特性将外力机构的止漏部件牢固地粘在泄漏部位上，待胶黏剂固化后，撤出外力机构，达到重新密封的目的。

（3）紧固粘接法。借助某种特制的卡具所产生的大于泄漏介质压力的紧固力，迫使泄漏停止，再利用胶黏剂或堵漏胶进行修补加固，达到堵漏目的。特制的卡具是根据泄漏部位的形状设计制作的。紧固粘接法进行堵漏作业结束后，其紧固机构是不能拆除的，必须靠其产生的紧固力来维持止住泄漏的密封比压，胶黏剂或堵漏胶只能起密封修补加固的作用。这是与顶压粘接法最大的不同之处。

（4）磁力压固粘接法。借助永磁材料产生的强大吸力使涂有胶黏剂或堵漏胶的非磁性材料与泄漏部位黏合而堵漏的方法，适用于处理温度小于150℃、压力小于2.0MPa的磁性材料上发生的泄漏。该法的核心是磁铁的性能，目前我国已将铷铁硼强磁材料应用到带压密封技术中，取得了较好的效果。应注意，使用该法时存在磁场，会影响周边仪器、仪表及其他需要防磁的设备。

（5）引流粘接法。利用胶黏剂的特性，首先将具有极好降压、排放泄漏介质作用的引流器粘在泄漏点上，待胶黏剂充分固化后，封堵引流孔，实现密封的目的。该法的核心是引流器，引流器的形状必须根据泄漏缺陷的部位确定、引流通道必须保证足够的泄流尺寸。引流粘接法处理温度小于 300℃、压力小于 1.0MPa，常用于石油化工装置的堵漏。

（6）T 形螺栓粘接法。在胶黏剂的配合下，利用 T 形螺栓的独特功能，使其自身固定在泄漏孔洞的内外壁面上，并通过螺栓的紧固力实现密封的目的。T 形螺栓粘接法只能用于孔洞大、压力低的介质（如水、空气、煤气等）输送管道或容器出现的泄漏。T 形螺栓粘接法的操作方法有内贴式和外贴式两种。内贴式适用于长孔及椭圆孔的带压密封作业，外贴式适用于不规则的圆形孔洞。

5）强压注胶法

强压注胶法首先在泄漏部位建造一个封闭的空腔或利用泄漏部位上原有的空腔，然后利用专门的注胶工具，把耐高温又具有受压变形的密封剂注入泄漏部位与夹具所形成的密封空腔内并使之充满，从而在泄漏部位形成密封层。在注胶压力远远大于泄漏介质压力的条件下，泄漏被强迫止住，密封剂在短时间内迅速固化，形成一个坚硬的新的密封结构，将漏口堵住，达到重新密封的目的。这种方法适用于本体泄漏、连接面泄漏、关闭件泄漏等几乎所有的泄漏，适用温度为–200～800℃，适用压力为 0～32MPa。

（1）注入工具。注入工具是强压注胶法堵漏的关键手段，市场上可见手动、风动、液压传动等多种注入工具，常用的是手动液压油泵和手动螺旋推进器，其附件包括压力表、高压软管、注胶枪、夹具、接头等。注胶枪的动力来自油泵和推进器，不同的操作压力需要不同的推力，选择时要留有充分的余地。

（2）密封剂料。密封剂料种类多样，用途各异，可根据使用场合、介质和操作条件选择不同配方的密封剂料。常用的密封剂料是固化性、弹性较好的物质，常用合成橡胶作为基体母料，与催化剂、固化剂、添加剂和固体填充物等调配制成。使用时，密封剂料先在注入点处得到热量软化，进入空腔后开始固化，随之硬化成型。密封剂料一般有热固性和非热固性两大类，品种齐全，基本上可以满足不同情况的要求。

6）化学固结法

针对堵漏材料耐温低、承压能力弱和容易发生二次漏失等问题研发了一种新型化学固结堵漏技术，该技术主要包含三部分，分别是正电黏结剂、流型调控剂、纳米固结剂。因为组分包含的纳米颗粒直径非常小且具有比较大的表面能，所以很容易进入漏失层，通过化学反应或氢键作用在裂缝开口处迅速地形成一层隔离膜，该隔离膜是一种“自适应”的封堵材料，自身的形状可随着裂缝宽度的改变而变化，能持续阻止压力的传递；同时，所包含的带正电的材料能与裂缝中带负电荷的黏土矿物产生正负电荷的相互吸引作用，迅速结合，在漏失缝的断面处形成化学吸附滞留层，增大了流动阻力，以此来增大堵漏浆的波及面积，降低堵漏浆的运移扩散，使封堵更加稳定。该技术可应用于大裂缝、溶洞以及多个漏失层位同时存在并且地层骨架强度低的漏失层堵漏。

4. 倒罐

倒罐是指通过人工、泵或加压的方法从泄漏或损坏的容器中转移出液体、气体或某些固体的过程。倒罐过程中所用的泵、管线、接头以及盛装容器应与危险化学品相匹配，当倒罐过程中有发生火灾或爆炸危险时，要注意电气设备的可靠性。

在无法实施堵漏且不及时采取措施随时可能有爆炸、燃烧或人员中毒危险的情况下，或虽已采取了简单堵漏措施但事故设备无法移离事故现场时，实施倒罐可以消除泄漏源，控制险情。储运设备发生泄漏时，通常采用该法控制泄漏源。

倒罐技术工艺复杂，对技术人员的要求很高，要根据现场情况选择合适的倒罐方法，并充分论证方法的可行性、安全性。实施倒罐时，要遵循已制订的方案，切忌为了加快倒罐速度，采取蒸气、加热带加热等措施，对生产设备实施倒罐时，要注意事故设备内的压力不能低于 0.1MPa，否则事故设备内出现负压，空气会倒灌入内，形成爆炸性混合气体。

5. 转移

当液化气体、液体槽车发生泄漏，堵漏方法不奏效又不能倒罐时，可将槽车转移到安全地点处置。首先应在事故点周围的安全区域修建围堤或处置池，然后将罐内的液体导入围堤或处置池内，再根据危险化学品的性质采用相应的处置方法。如泄漏的物质呈酸性，可先将中和药剂（碱性物质）溶解于处置池中，再将事故设备移入，进而中和泄漏的酸性物质。

6. 点燃

点燃是针对高蒸气压液体或液化气体采取的一种安全处置方法。当泄漏无法有效控制、泄漏物的扩散会引起更严重的灾害后果时，可采取点燃措施使泄漏出的易燃气体或蒸气在外来引火物的作用下形成稳定燃烧，控制、降低或消除泄漏毒气的毒害程度和范围，避免易燃和有毒气体扩散后达到爆炸极限而引发燃烧爆炸事故。实施点燃前必须做好充分的准备工作，首先确认危险区域内的人员已经撤离，其次担任掩护和冷却等任务的喷雾水枪手到达指定位置，检测泄漏周边地区已无高浓度混合可燃气体后，使用安全的点火工具操作。

常用的点燃方法有铺设导火索（绳）点燃、使用长杆点燃、抛射火种点燃、使用电打火器点燃。应根据泄漏发生的部位、易燃气体扩散范围等情况选择合适的点火方法，操作人员要做好个人安全防护、保证人身安全。

3.4.3 危险化学品泄漏物控制技术

泄漏物控制的主要目的是避免泄放的危险化学品引起火灾、爆炸以及对环境造成污染，带来次生灾害。一般泄漏物控制与泄漏源控制同时进行，采取何种措施控制泄漏物，取决于泄漏后化学品的表现。对于气体泄漏物，可以采取喷雾状水、释放惰性气体等措施，降低泄漏物的浓度或燃爆危害。喷雾状水的同时，筑堤收容产生的大量废水，防止污染水体。对于液体泄漏物，可以采取适当的措施如筑堤、挖沟槽等阻止其流动。若液体易挥发，可以使用覆盖和低温冷却技术，减少泄漏物的挥发，若泄漏物可燃，还可以消除其燃烧、爆炸隐患，最后需将限制住的液体清除，彻底消除污染。与液体和气体相比，陆地上固体泄漏物的控制要容易得多，只要根据物质的特性采取适当方法收集起来即可。泄漏物控制技术分为陆地泄漏物围堵、水体泄漏物拦截、蒸气/尘云抑制、泄漏物消除和泄漏物转移。

1. 陆地泄漏物围堵

1）修筑围堤

修筑围堤是控制陆地上的液体泄漏物最常用的方法，围堤通常使用混凝土、泥土和其他障碍物临时或永久建成，常用的围堤有环形、直线形、V 形等。通常根据泄漏物流动情况修筑围堤拦截泄漏物，如果泄漏发生在平地上，则在泄漏点周围修筑环形堤；如果泄漏发生在斜坡上，则在泄漏物流动的下方修筑V形堤。围堤也用来改变泄漏物的流动方向，将泄漏物导流到安全区域再处置。

2）挖掘沟槽

挖掘沟槽也是控制陆地上的液体泄漏物最常用的方法，通常也是根据泄漏物流动情况挖掘沟槽收容泄漏物。如果泄漏物沿一个方向流动，则在其流动的下方挖掘沟槽；如果泄漏物是四散而流，则围绕着泄漏区域挖掘环形沟槽。沟槽也用来改变泄漏物的流动方向，将泄漏物导流到安全区域再处置。

挖掘沟槽收容泄漏物的关键和修筑围堤一样，除了泄漏物本身的特性，也是确定沟槽的地点，它既要离泄漏点足够远，保证有足够的时间在泄漏物到达前挖好沟槽，又要避免离泄漏点太远，使污染区域扩大，带来更大的损失。挖掘沟槽可用的工具较多，如铁锹、铲子、挖土机等。如果泄漏物是易燃物，操作时要特别注意，避免发生火灾。

3）使用土壤密封剂

使用土壤密封剂的目的是避免液体泄漏物渗入土壤中污染泥土和地下水，一般泄漏发生后，应迅速在泄漏物要经过的地方使用土壤密封剂，防止泄漏物渗入土壤中。土壤密封剂既可以单独使用，也可以和围堤或沟槽配合使用；既可以直接撒在地面上，也可以带压注入地面下。

直接用在地面上的土壤密封剂分为反应性密封剂、不反应性密封剂和表面活性密封剂三类。常用的反应性密封剂有环氧树脂、脲、醛和尿烷，这类密封剂要求在现场临时制成，能在恶劣的气候下较容易地成膜，但有温度使用范围。常用的不反应性密封剂有沥青、橡胶、聚苯乙烯和聚氯乙烯，温度同样是影响这类密封剂使用的一个重要因素。

所有类型的土壤密封剂都受气温及降雨等自然条件的影响，土壤表层及底层的泥土组分决定了密封剂是否能有效地发挥作用，操作必须由受过培训的专业技术人员完成，使用的土壤密封剂必须与泄漏物相容。

2. 水体泄漏物拦截

1）修筑水坝

修筑水坝是控制小河流上的水体泄漏物最常用的拦截方法，水坝通常使用混凝土、泥土和其他障碍物临时或永久建成。通常在泄漏点下游的某一点横穿河床修筑水坝拦截泄漏物，拦截点的水深不能超过10m，坝的高度因泄漏物的性质不同而不同，对于溶于水的泄漏物，修筑的水坝必须能收容整个水体。对于在水中下沉而又不溶于水的泄漏物，只要能把泄漏物限制在坝根就可以，未被污染的水则从坝顶溢流通过；对于不溶于水的漂浮性泄漏物，以一边河床为基点修筑大半截坝，坝上横穿河床放置管子将出液端提升至与进液端相当的高度，这样泄漏物被拦截，未被污染的水则从河床底部流过。

在修筑水坝拦截水溶性泄漏物时，一般可视现场情况采取上下游同时作业的方法。一方面组织人手沿河修筑拦河坝，阻止污染的河水下泄；另一方面在上游新开一条河道，让上游来的清洁水改走新河道，绕过事故污染地带，减轻拦河坝的压力。修筑水坝受许多因素的影响，如河流宽度、水深、水的流速、材料等，特别是客观地理条件，有时限制了水坝的使用。

2）挖掘沟槽

挖掘沟槽是控制泄漏到水体的不溶性沉块最常用的方法，通常只能在水深不大于15m的区域挖掘沟槽。风、波浪、水流都对挖掘作业有影响，有时甚至使挖掘作业无法进行，从而限制了此法的使用。

在水体中挖掘沟槽必须使用挖土机械如陆用挖土机、掘土机及水力式挖土机和抽力式挖土机，挖掘什么样的沟槽则取决于泄漏物的流动。如果泄漏物沿一个方向流动，则在其下游挖掘沟槽；如果泄漏物是四散而流，则最好挖掘环形沟槽。

3）设置表面水栅

设置表面水栅是收容水体的不溶性漂浮物较常用的方法，通常充满吸附材料的表面水栅设置在水体的下游或下风向处，当泄漏物流至或被风吹至时将其捕获，当泄漏区域比较大时，可以用小船拖拽多个首尾相接的水栅或用钩子钩在一起，组成一个大栅栏拦截泄漏物。为了提高收容效率，一般设置多层水栅。使用表面水栅收容泄漏物的效率取决于污染液流、风及波浪。如果液流流速大于 1.852km/h、浪高大于 1m，使用表面水栅无效。使用表面水栅的关键是栅栏材质必须与泄漏物相容。

4）设置密封水栅

设置密封水栅可用来收容水体的溶性泄漏物，也可以用来控制因挖掘作业而引起的浑浊。密封水栅结构与表面水栅相同，但能将整个水体限制在栅栏区域。密封水栅只适用于底部为平面、液流流速不大于 3.704km/h、水深不超过 8m 的场合。密封水栅栅栏的材质必须与泄漏物相容。

5）修建蓄毒沉砂池

各地对蓄毒沉砂池的叫法不一，包括蓄毒沉砂池、蓄毒沉淀池、事故缓冲池、应急池、事故径流集水池等，基本都具有对初期雨水沉淀处理、收集储存危险品运输事故泄漏污染物的功能，蓄毒沉砂池是指设置在穿越饮用水水源保护区道路和桥梁附近的构筑物，当公路发生危险品泄漏事故时，收集储存泄漏物或冲洗路面废水并外运处置，防止危险品泄漏对水体的污染。在设置蓄毒沉砂池时，需要遵循水污染防治法、环评政策文件、公路排水设计规范等相关规定进行合理建设。

3. 蒸气/尘云抑制

1）覆盖

覆盖是临时控制泄漏物蒸气和粉尘危害最常用的方法，即用合适的材料覆盖泄漏物，暂时减少蒸气或粉尘带来的大气危害，常用的覆盖材料有合成膜、泡沫、水等。

（1）合成膜覆盖。合成膜覆盖适用于所有固体和液体的陆地泄漏，也适用于水中的不溶性沉淀物，常用的合成膜材料有聚氯乙烯、聚丙烯、氯化聚乙烯、异丁烯橡胶等。这些材料可用作泄漏物收容池、处理池的衬里；可用来盖住固体泄漏物，避免其微粒再次扩散；可用来覆盖围堤或沟槽内的易挥发性液体泄漏物，减小其蒸气危害；可放置在水体泄漏物的上方，避免其流动或扩散。

合成膜覆盖在陆地泄漏中使用时，只适用于小泄漏，前提是应急人员能安全到达现场。对于大的泄漏区域，应急人员无法直接靠近，很难使用合成膜覆盖。在水体中应用时，只适用于不通航区域或浅水区，使用的合成膜材料必须与泄漏物相容。

（2）泡沫覆盖。使用泡沫覆盖来阻止泄漏物的挥发，降低泄漏物对大气的危害和泄漏物的燃烧性。泡沫覆盖必须和其他的收容措施（如围堤、沟槽等）配合使用，泡沫覆盖只适用于陆地泄漏物。

泡沫主要是作为灭火剂发展起来的，实际应用时要根据泄漏物的特性选择合适的泡沫，选用的泡沫必须与泄漏物相容。常用的普通泡沫只适用于无极性和基本上呈中性的物质。对于低沸点、与水发生反应和具有强腐蚀性、放射性或爆炸性的物质，必须使用专用泡沫；对于极性物质，只能使用属于硅酸盐类的抗醇泡沫。目前还没有一种泡沫可以抑制所有类型的易挥发性危险化学品蒸气，只有少数几种抗溶泡沫可以有限地用于多数类型的危险品，但它们也是对一些材料有效，而对另一些几乎不起作用。此外，泡沫的效率与许多因素有关，包括泡沫类型、泡沫25%排出时间、泡沫使用效率和泡沫覆盖的深度。

（3）水覆盖。对于密度比水大或溶于水但并不与水反应的物质，水覆盖能有效地抑制泄漏物的挥发，还可以将泄漏物导流至适宜的地方进行处理。但水覆盖仅限用在小泄漏场合，而且是对现场已备有围堤或沟槽收容变稀了的泄漏物。对于碱金属或其他能与水反应的物质，严禁用水覆盖，以免发生爆炸或产生可燃气体。

2）低温冷却

低温冷却是将冷冻剂散布于整个泄漏物的表面上，减少有害泄漏物的挥发。在许多情况下，冷冻剂不仅能降低有害泄漏物的蒸气压，而且能通过冷冻将泄漏物固定住。影响低温冷却效果的因素有冷冻剂的供应、泄漏物的物理特性及环境因素。冷冻剂的供应直接影响冷却效果。喷洒出的冷冻剂不可避免地要向可能的扩散区域分散，并且速度很快。泄漏物的物理特性如当时温度下泄漏物的黏度、蒸气压及挥发率，对冷却效果的影响与其他影响因素相比很小，通常可以忽略不计。环境因素如雨、风、洪水等将干扰、破坏形成的惰性气体膜，严重影响冷却效果。

常用的冷冻剂有二氧化碳、液氮和冰，选用何种冷冻剂取决于冷冻剂对泄漏物的冷却效果和环境因素，应用低温冷却时必须考虑冷冻剂对随后采取的处理措施的影响。

（1）二氧化碳。二氧化碳冷却剂有液态和固态两种形式，液态二氧化碳通常装于钢瓶中或装于带有冷冻系统的大槽罐中，冷冻系统用来将槽罐内蒸发的二氧化碳再液化。固态二氧化碳又称干冰，是块状固体，因为不能储存于密闭容器中，所以在运输中损耗很大。

（2）液氮。液氮温度比干冰低得多，几乎所有的易挥发性有害物（氢除外）在液氮温度下都能被冷冻，且蒸气压降至无害水平，对水中生物的生存环境不产生危害。

（3）湿冰。在某些有害物的泄漏处理中，湿冰也可用作冷冻剂。湿冰的主要优点是成本低、易于制备、易播撒。主要缺点是湿冰不是挥发而是融化成水，从而增加了需要处理的污染物的量。

4. 泄漏物消除

1）通风

通风是去除有害气体和蒸气的有效方法，通风应当谨慎使用，不要用于固体粉末，并且对于沸点大于或等于350℃的物质通常不使用。通风有时候可能会增加以下危险：

（1）粉末物质由于通风而扩散。

（2）局部通风可能造成液体泄漏物的快速蒸发，如果没有足够的新鲜空气补充，蒸气浓度将增大。

（3）由于高于爆炸上限的浓度将降低，大气中危险化学品浓度处于爆炸极限之内。

2）蒸发

当泄漏发生在不能到达的区域，泄漏量比较小，其他的处理措施又不能使用时，可考虑使用就地蒸发。就地蒸发使用的能源是太阳能，对于能产生易燃或有毒气体的泄漏区，必须进行连续监测报警，以确定处理过程中有害气体的浓度。环境参数如大气温度、风速、风向等会影响蒸发速率，对于水体泄漏物，影响因素还有水温和泄漏物在水中所占的体积比。使用蒸发法时要时刻注意防止有害气体扩散至居民区。

3）喷水雾

喷水雾是控制有害气体和蒸气最有效的方法。对于溶于水的气体和蒸气，可喷雾状水吸收有害物，降低有害物的浓度；对于不溶于水的气体和蒸气，也可以喷水雾驱赶，通过雾状水使空气形成湍流，加大大气中有害物的扩散速度，使其尽快稀释至无危害的浓度，从而保护泄漏区内人员和泄漏区域附近的居民免受有害气体和蒸气的致命伤害。喷水雾还可用于冷却破裂的容器和冲洗泄漏污染区内的泄漏物。

使用此法时，将产生大量的被污染水，为了避免污染水流入附近的河流、下水道等区域，喷水雾的同时必须修筑围堤或挖掘沟槽收容产生的大量污水。污水必须进行处理，做适当处置。如果气体与水反应，且反应后生成的产物比自身危害更大，则不能用此法。

4）吸收

吸收是材料通过润湿吸纳液体的过程。吸收通常与吸收剂体积膨胀相伴随，是处理陆地上的小量液体泄漏物最常用的方法。很多材料可用作吸收剂，如蛭石、灰粉、珍珠岩、粒状黏土、破碎的石灰石等。选择时应重点考虑吸收剂与泄漏物间的反应性和吸收速率。

应注意，被吸收的液体可能在机械或热的作用下重新释放出来，当吸收材料被污染后，它们将表现出被吸收液体的危险性，必须按危险废物处置。

5）吸附

吸附是被吸附物（一般是液体）与固体吸附剂表面相互作用的过程，吸附过程会产生吸附热，所有的陆地泄漏和某些有机物的水中泄漏都可用吸附法处理。在大多数情况下，仅用吸附法处理不溶性、漂浮在水面上的泄漏物。吸附法处理泄漏物的关键是选择合适的吸附剂，常用的吸附剂有碳材料、天然有机吸附剂、天然无机吸附剂、合成吸附剂。

6）固化/稳定化

固化/稳定化是通过加入能与泄漏物发生化学反应的固化剂或稳定剂使泄漏物转化成稳定形式，以便于处理、运输和处置。有的泄漏物变成稳定形式后，由原来的有害变成了无害，可原地堆放不需进一步处理；有的泄漏物变成稳定形式后仍然有害，必须运至废物处理场所进一步处理或在专用废弃场所掩埋。常用的固化剂有水泥、凝胶和石灰。

7）中和

中和是向泄漏物中加入酸性或碱性物质形成中性盐的过程，用于中和处置的固体物质通常会对泄漏物产生围堵效果，中和的反应产物是水和盐，有时是二氧化碳气体。中和反应通常是剧烈的，因为放热和生成气体产生沸腾和飞溅，所以应急人员必须穿防酸碱的防护服、戴防烟雾呼吸器。另外，可通过降低反应温度和稀释反应物控制飞溅。现场应用中和法要求最终 pH 控制在 6～9，反应期间必须监测 pH 变化。

只有酸性有害物和碱性有害物才能用中和法处理，对于泄入水体的酸和碱或泄入水体后能生成酸和碱的物质，也可考虑用中和法处理。现场使用中和法处理泄漏物受下列因素限制：

泄漏物的量；中和反应的剧烈程度；反应生成潜在的有毒气体的可能性；溶液的最终 pH 能否控制在要求范围内。

8）沉淀

沉淀是物理化学过程，通过加入沉淀剂使溶液中的物质变成固体不溶物而析出。常用的沉淀剂有氢氧化物和硫化物。

常用的氢氧化物有氢氧化钠、氢氧化钙和生石灰，可用来处理陆地泄漏物。处理产生的泥浆必须做适当处置，但沉淀产生的金属氢氧化物泥浆很难脱水。一般不用来处理水体泄漏物，如果生成的沉淀物能从水流中移走，也可以处理水体泄漏物。

常用的硫化物是硫化钠，硫化钠是一种有效的沉淀剂，可用来处理重金属化合物的泄漏。但对于铬酸盐、锰酸盐、钒酸盐阴离子，因为能生成有毒的硫化氢，所以不能用硫化钠处理，一般是硫化钠和氢氧化钠配合使用。每升含 18g 氢氧化钠和 85g 硫化钠的混合水溶液在室温下能长期储存，可用来沉淀泄漏物。

9）生物处理

生物处理是生物化学转化过程，通过微生物、酶对有害物的分解使泄漏物生物降解，适用于陆地有机泄漏物和水体表面的有机泄漏物。具有复杂化学结构的化合物会阻碍生物降解，高浓度、高分子量和低溶解性的有机物也会阻碍生物降解，故这些类型不宜选择生物处理。

生物处理受泄漏物固有特性和环境因素的影响，只有满足下列条件的泄漏物才可以考虑用生物降解法处理：泄漏物是不含重金属的有机化合物；泄漏物既不是气体也不是高毒物，不需要立即清除；泄漏物可以生物降解。

10）化学洗消

化学洗消主要是利用洗消剂与有毒源之间产生化学反应生成毒性比较小的产物。常用方法有：氧化法、还原法、中和法、催化法、络合法等。洗消剂的选择原则：①洗消速度快、彻底，且用量少；②洗消剂本身不会对人员和设备有腐蚀、伤害作用。采用这种方式能够对有毒有害物质进行彻底处理，为环境保护提供保障。传统洗消剂往往存在腐蚀性强、污染大、保存复杂、配制烦琐等诸多问题。近些年来，随着纳米技术的发展及制备工艺的精细化，金属氧化物及氧酸盐、生物酶等新型洗消剂不断面世。在实施过程中，应考虑两种物质之间发生反应之后是否会生成其他有毒有害物质，使用过程中要避免再次出现有毒有害物质。进行具体化学洗消操作时需器材配合，造成洗消成本较高，因此实际应用时大多是将化学洗消法和物理洗消法结合使用。

5. *泄漏物转移*

转移技术是将被有害物污染的泥土、沉淀物或水转移到别处的方法。常用的泄漏物转移技术有抽取、挖掘、真空抽吸、撇取、清淤。

1）抽取

对于陆地上的小量液体泄漏，最常用的方法是用泵将泄漏物抽入槽车或其他容器内，对于水中的固体和液体泄漏物，同样可采取抽取技术，而且非常方便、有效。对于水中的不溶性漂浮物，抽取是最常用的方法，如果泵能快速布置好，即能清除任何未溶解的溶性漂浮物。抽取也可用来清除不溶性沉积物，潜水者使用手提式装置确定沉积物的位置，然后抽入岸上或船上的容器中。

抽取使用的主要设备是泵。当使用真空泵时，要清除的有害物液位垂直高度（压头）不能超过11m。多级离心泵或变容泵在任何液位下都能用，需要注意的是，抽取所用的泵、管线、接头、盛装容器等与有害物必须相容，有时要求使用特殊的耐腐蚀、防爆泵。

2）挖掘

挖掘即用挖土机、铁锨等工具将被污染的泥土及泄漏物清除。一般根据泄漏物的类型和泄漏区域的大小确定选用何种工具，参与挖掘的人员必须配备合适的防护设备。挖掘出的污染泥土要运至许可污染物堆放的地点，然后采取固化、封装、溶剂萃取和干燥、生物处理等技术做适当处置。

挖掘适用于清除因液体和固体的陆地泄漏而带来的泥土污染，挖掘前必须确定污染区域，建立严格的安全操作程序，如果污染物已从泄漏现场渗漏出去，则将挖掘作为清除手段是无效的。下列情况可选择挖掘技术清除：含有低毒泄漏物的小泄漏区，泄漏物对饮用水的供应区有极大危害，仅用泵抽不能完全清除污染物，长期处理费用太高。由于大量污染泥土的运输、处理费用很高，现实中罕见使用挖掘技术清除污染物。

3）真空抽吸

真空抽吸用于清除陆地上的固体微粒和细尘粒，有的泄漏物只有真空抽吸才能将其收集起来。真空抽吸设备配备有多级过滤系统，能滤去抽取的空气中所含的粒状物及粉尘。

真空抽吸的优点在于不会导致物质体积增大。使用时应注意真空抽吸设备的材质必须与泄漏物相容，排出的空气应根据需要过滤或净化，是否采用真空抽吸法由危险化学品的性质决定。

4）撇取

撇取是清除水面上的液体漂浮物最常用的方法，大多数撇取器是专为收集油类液体而设计的，含有塑料部件，塑料材质与许多有害物不相容。当用撇取器清除易燃泄漏物时，撇取器所用电机及其他电气设备必须是防爆型的。

5）清淤

清淤即清除水底的淤泥，是除去水底不溶性沉淀使用的方法。清淤前必须准确确定要清淤的区域及深度，将泄漏物对水栖生物和底栖生物的危害控制到最小。有时为了确定和标记出污染区，需要潜入水中作业。

选用何种设备和清理方法取决于：要清淤的沉淀物的类型及量，清淤现场的自然和水文特征，设备易得性。大多数清淤设备受波浪和水流的影响，清淤要求水域最大波高不能超过1m，最大水流流速不能超过2.57m/s，清淤设备必须由专业人员操作。

3.5　典型泄漏事故案例分析

海兴一诺化工有限公司“9·6”氯气泄漏事故

2019年9月6日21时22分，海兴一诺化工有限公司发生一起氯气泄漏事故，造成4名附近村民留院观察（截至9月10日，全部出院），直接经济损失约5万元。

1. 事故发生经过及现场应急处置情况

1）事故发生经过

2019年9月6日，海兴县供电公司110kV山南站10kV山经线5614线路过流保护动作开关跳闸，海兴一诺公司厂区停电。正在液氯罐区附近的操作工听到液氯罐区传来一声异响，发现车间内有黄绿色气体，疑似氯气泄漏。带班领导指示班长启动事故应急预案，组织人员向上风向位置进行撤离，并安排应急救援器材。带班领导5min内赶到现场后，查看氯气泄漏情况。

2）事故现场应急处置情况

在核实确认氯气泄漏情况后，带班领导和班长在岗位操作人员的协助下，穿戴好防护服和空气呼吸器，进入液氯罐区进行应急处置，首先关闭了存有液氯的一号罐和二号罐根部阀。确认一层未发现氯气泄漏点后，前往二楼平台查看，发现二号罐放空管道切断阀（PV0101B）上部管线存在结霜，判断该部位氯气泄漏，紧急关闭PV0101B阀门下方根部阀，又关闭了一号罐放空管道切断阀PV0101A阀门下方根部阀。确认氯气不再泄漏后，带班领导和班长撤离至安全区域。在此期间其他人员已经布置好消防水带。恢复供电后，立即启动碱液吸收装置，对泄漏的氯气进行吸收中和并对罐区进行了洗消。事故未造成厂区内人员中毒或受伤。

2. 事故主要原因及性质

1）直接原因

由于市电突然停电，UPS不间断电源与自备发电机也未供电，液氯储罐A、B、C上部放空管道切断阀PV0101A、B、C失电打开，导致氯气外泄至碱液吸收塔。外泄的氯气一部分通过液氯储罐事故引风系统逆流返回液氯储罐区，一部分通过碱液吸收塔尾气排放管进入大气。

2）间接原因

（1）河北生特瑞公司安全设施设计存在缺陷，安全设施设计逻辑图中液氯储罐放空管道切断阀PV0101A、B、C联锁动作状态为失电开启，导致在停电状态下，液氯储罐放空管道切断阀PV0101A、B、C开启，储罐内氯气进入吸收塔。

（2）海兴一诺公司安全生产主体责任落实不到位。

（i）隐患排查治理不到位。未严格执行《危险化学品企业安全风险隐患排查治理导则》（应急〔2019〕78号），日常安全检查流于形式。一是在检查中未发现应急发电机（柴油发电机200kW）切换开关故障，导致在市电突然停电后，备用电源虽自动启动，但由于切换装置故障，未能切换供电，放空管道切断阀PV0101A、B、C依然处于失电打开的状态，氯气吸收塔的应急碱泵不能及时启动，应急碱喷淋设施不能工作，进入吸收塔的氯气无法经碱液吸收；二是未排查UPS不间断电源连接放空管道切断阀PV0101A、B、C的开关处于断开状态，造成市电突然停电后UPS电源未向放空管道切断阀PV0101A、B、C供电。

（ii）风险辨识及管控措施不到位。未严格按照《河北省安全生产风险管控与隐患治理规定》（河北省人民政府令〔2018〕2号）、《危险化学品企业安全风险隐患排查治理导则》和《沧州市化工企业安全生产管理暂行办法》（沧政办字〔2019〕32号）开展安全生产风险分级管控和隐患排查治理，特别对控制安全风险的措施及其失效可能引起的后果未进行全方位、全过程风险辨识，未辨识到如果突然停电后应急电源未及时供电会造成液氯储罐放空管道切断阀 P0V0101A、B、C 因失电打开，应急碱泵不能启动导致氯气外泄的风险，未制定相应的风险控制措施。

（iii）应急演练不到位，应急处置工作不力。一是专业应急知识培训工作有缺失，未严格对电气、仪表等岗位人员开展突然停电故障状态下的应急知识培训及相关模拟训练；二是电仪岗位值班人员业务素质较差，对 UPS 备用电源工作状态不清楚，市电停电后未对 UPS 电源工作状态进行检查确认，对柴油发电机工作情况不熟悉，虽然检查了柴油发电机已启动，但未对是否供电进行检查确认，导致放空管道切断 PV0101A、B、C 仍处于失电打开状态。

（3）参与建设项目安全设施设计审查的专家组对建设项目安全设施设计审查不严格，未发现安全设施设计存在的缺陷。

3）事故性质认定

该事故是一起因设计缺陷、安全管理不到位引起的生产安全责任事故，未达到一般生产安全事故等级。

3. 事故防范措施与建议

（1）对液氯钢瓶库、液氯气化间应采用密闭措施，并设置有报警联锁的自动吸收装置，即采用移动吸气罩，通过设置有毒气体报警仪与风机、碱液循环泵联锁，启动碱液喷淋吸收塔处置泄漏的氯气。

（2）液氯钢瓶的装卸必须在有资质的装卸管理人员的现场指挥下进行。钢瓶装卸、搬运时，戴好瓶帽、防震圈，严禁撞击。钢瓶装卸时应采用起重机械，起重量应大于瓶体重量的一倍，并挂钩牢靠。严禁使用叉车装卸。

（3）液氯仓库应设置音视频监控系统，设置可燃有毒气体探测系统，设置现场声光报警装置。

（4）严格加氯设备和液氯钢瓶的维护保养，定期对加氯设备、氯气报警装置、钢瓶超压报警仪、管道、仪表、阀门等进行检查和校验。

（5）制定氯气泄漏的风险防范措施和应急预案，做到防患于未然，避免突发性环境污染事故的发生。

复习思考题

3-1 液体危险化学品和易燃易爆油品泄漏分为哪几个级别?

3-2 危险化学品泄漏预防有哪些基本措施?

3-3 在氯乙烯生产过程中，大量使用氯气作为原料。在某生产厂突然发生氯气泄漏，约有 1.0kg 氯气在瞬间泄漏。泄漏时为有云的夜间，初步观测发现云量小于 4/10，风速为 2m/s。由于泄漏源高度很低，可近似为地面源处理。居民区距离泄漏源 400m。已知 $\sigma_y = 4.5\text{m}$，$\sigma_z = 1.8\text{m}$，且 $\sigma_x = \sigma_y$，又已知我国车间空气氯气的最高容许浓度标准 MAC 为 1mg/m^3。

（1）泄漏发生后，约经过多长时间烟团中心到达居民区?

（2）烟团到达居民区后，地面轴线氯气浓度为多少?是否超过国家卫生标准?

（3）试判断经多远距离后，氯气的地面浓度才被大气稀释至可接受水平。

第 4 章　燃烧与爆炸

本章概要 · 学习要求

本章主要讲述燃烧与爆炸理论基础、防火防爆技术。通过本章学习，要求学生了解燃烧与爆炸理论基础，理解火灾、爆炸事故特点，掌握防火防爆措施。

随着我国化工企业密集化、设备大型化、关联复杂化，危险化学品的加工、储存和运输规模越来越大，化工生产的原料及中间体往往具有易燃、易爆、有毒有害、腐蚀性等特性，同时存在富氧或氧化剂的工作环境，设备设施通常处于高温、高压等恶劣运行条件，若连续性强的化工过程或储运危险化学品的技术系统出现异常，极易引发火灾和爆炸事故，造成人员伤亡、设备损坏、财产损失和环境破坏等严重后果。

对于发生频率虽低，但后果严重的火灾、爆炸事故无疑也是化工安全的重要组成部分，因此，明确燃烧和爆炸的基本原理，掌握火灾、爆炸事故发生规律，学习防火防爆基本措施，有利于利用燃烧为化工生产及生活服务，避免火灾及爆炸事故的发生。

4.1　燃烧理论基础

可燃物质的燃烧都有一个过程，随着可燃物质的状态不同，燃烧过程也不同。气体最容易燃烧，只要达到其氧化分解所需的热量便能迅速燃烧。液体燃烧并不是液相与空气直接反应，而是先蒸发为蒸气，蒸气再与空气混合而燃烧。对于可燃固体，若是简单物质，如硫、磷及石蜡等，受热时经过熔化、蒸发、与空气混合而燃烧；若是复杂物质，如煤、沥青、木材等，则是先受热分解出可燃气体和蒸气，然后与空气混合而燃烧，并留下若干固体残渣。由此可见，绝大多数可燃物质的燃烧是在气态下进行并产生火焰，有的可燃固体如焦炭等不能成为气态物质，在燃烧时呈炽热状态，而不呈现火焰。

根据可燃物质燃烧时的状态不同，燃烧分气相和固相两种情况。气相燃烧是指在燃烧反应过程中可燃物和助燃物均为气体，这种燃烧的特点是有火焰产生。气相燃烧是一种最基本的燃烧形式。固相燃烧是指在燃烧反应过程中可燃物质为固态，这种燃烧也称为表面燃烧，特征是燃烧时没有火焰产生，只呈现光和热，如焦炭的燃烧。一些物质的燃烧既有气相燃烧，也有固相燃烧，如煤的燃烧。

4.1.1　燃烧类型

根据燃烧的起因不同，燃烧可分为闪燃、着火和自燃三类。

1. 闪燃和闪点

可燃液体的蒸气（包括可升华固体的蒸气）与空气混合后，遇到明火而引起瞬间（延续时间少于 5s）燃烧的现象称为闪燃。液体能发生闪燃的最低温度称为该液体的闪点。闪燃往往是着火先兆，可燃液体的闪点越低，越易着火，火灾危险性越大。

可燃液体之所以发生一闪即灭的闪燃现象，是因为它在闪点温度下蒸发速率较慢，所蒸发出来的蒸气仅能维持短时间的燃烧，而来不及提供足够的蒸气补充维持稳定的燃烧。除了可燃液体以外，某些能蒸发出蒸气的固体，如石蜡、樟脑、萘等，其表面所产生的蒸气可以达到一定的浓度，与空气混合而成为可燃的气体混合物，若与明火接触，也能出现闪燃现象。

2. 着火与燃点

可燃物质在有足够助燃物（如充足的空气、氧气）的情况下，由点火源作用引起的持续燃烧现象称为着火。使可燃物质发生持续燃烧的最低温度称为燃点或着火点，燃点越低，越容易着火。可燃液体的闪点与燃点的区别是：在燃点时燃烧的不仅是蒸气，还有液体，即液体已达到燃烧温度，可提供保持稳定燃烧的蒸气；在闪点时移去火源后闪燃即熄灭，而在燃点时移去火源后则能继续燃烧。

控制可燃物质的温度在燃点以下是预防发生火灾的措施之一。在火场上，如果有两种燃点不同的物质处在相同的条件下受到火源作用，燃点低的物质首先着火，可用冷却法灭火，其原理就是将燃烧物质的温度降到燃点以下，使燃烧停止。

3. 自燃和自燃点

可燃物质受热升温而不需明火作用就能自行着火燃烧的现象称为自燃。可燃物质发生自燃的最低温度称为自燃点，自燃点越低，则火灾危险性越大。化学反应的局部放热，在密闭容器中加热温度高于自燃点的可燃物一旦泄漏，均可发生可燃物质自燃。

4.1.2 闪点与燃点测定方法

1. 开口杯法概要

把试样装入坩埚中到规定的刻线。首先迅速升高试样的温度，然后缓慢升温，当接近闪点时，恒速升温。在规定的温度间隔，用一个小的点火器火焰按规定通过试样表面，以点火器火焰使试样表面上的蒸气发生闪火的最低温度作为开口杯法闪点。继续进行试验，直到用点火器火焰使试样发生点燃并至少燃烧 5s 时的最低温度，作为开口杯法燃点。

2. 准备工作

（1）测试仪器：开口闪点测定器，温度计，煤气灯、酒精灯或电炉（测试闪点高于 200℃时必须用电炉）。

（2）试样的水分大于 0.1%时必须脱水。脱水处理是在试样中加入新煅烧并冷却的食盐、硫酸钠或无水氯化钙进行。闪点低于 100℃的试样脱水时不必加热，其他试样允许加热至 50～80℃时用脱水剂脱水。脱水后，取试样的上层澄清部分供试验使用。

（3）内坩埚用溶剂油洗涤后，放在点燃的煤气灯上加热，除去遗留的溶剂油。待内坩埚冷却至室温时，放入装有细砂（经过煅烧）的外坩埚中，使细砂表面距离内坩埚的口部边缘约12mm，并使内坩埚底部与外坩埚底部之间保持厚度为5～8mm的砂层。对闪点在300℃以上的试样进行测定时，两个坩埚底部之间的砂层厚度允许酌量减薄，但在试验时必须保持规定的升温速度。

（4）试样注入内坩埚时，对于闪点在210℃和210℃以下的试样，液面距离坩埚口部边缘为12mm（内坩埚的上刻线处）。对于闪点在210℃以上的试样，液面距离坩埚口部边缘为18mm（内坩埚的下刻线处）。向内坩埚注入试样时，不应溅出，而且液面以上的坩埚壁不应沾有试样。

（5）将装好试样的坩埚平稳地放置在支架上的铁环（或电炉）中，再将温度计垂直地固定在温度计夹上，并使温度计的水银球位于内坩埚中央，与坩埚底和试样液面的距离大致相等。

（6）固定装置应放在避风和较暗的地方并用防护屏围着，使能够清楚观察闪点现象。

3. 实验步骤

1）闪点

（1）加热坩埚，使试样逐渐升高温度，当试样温度达到预计闪点前60℃时，调整加热速率，使试样温度达到闪点前40℃时能控制升温速率为每分钟升高（4±1）℃。

（2）试样温度达到预计闪点前10℃时，将点火器的火焰放到距离试样液面10～14mm处，并在该处水平面上沿着坩埚内径做直线移动，从坩埚的一边移至另一边所经过的时间为2～3s。试样温度每升高2℃应重复一次点火试验。点火器的火焰长度应预先调整为3～4mm。

（3）试样液面上方最初出现蓝色火焰时，立即从温度计读出温度作为闪点的测定结果，同时记录大气压力。需要注意试样蒸气的闪火同点火器火焰的闪光不应混淆，如果闪火现象不明显，必须在试样升高2℃时继续点火证实。

2）燃点

（1）测得试样的闪点之后，如果还需要测定燃点，应继续对外坩埚进行加热，使试样的升温速率为每分钟升高（4±1）℃。然后，按测试闪点的步骤（2）所述用点火器的火焰进行点火试验。

（2）试样接触火焰后立即着火并能继续燃烧不少于5s，此时立即从温度计读出温度作为燃点的测定结果。

4. 大气压力对闪点和燃点影响的修正

（1）大气压力低于99.3kPa（745mmHg）时，试验所得的闪点或燃点t_0（℃）按式（4-1）进行修正（精确到1℃）

$$t_0 = t + \Delta t \tag{4-1}$$

式中，t_0相当于101.3kPa（760mmHg）大气压力时的闪点或燃点，℃；t为试验条件下测得的闪点或燃点，℃；Δt为修正数，℃。

（2）大气压力在72.0～101.3kPa（540～760mmHg），修正数Δt（℃）可按式（4-2）

或式（4-3）计算：

$$\Delta t=(0.00015t+0.028)\times(101.3-P)\times 7.5 \tag{4-2}$$

$$\Delta t=(0.00015t+0.028)\times(760-P_1)\times 7.5 \tag{4-3}$$

式中，P 为试验条件下的大气压力，kPa；t 为试验条件下测得的闪点或燃点（300℃以上仍按 300℃计），℃；P_1 为试验条件下的大气压力，mmHg。

4.1.3　热值和燃烧温度

（1）热值。热值指单位质量或单位体积的可燃物质完全燃烧时所放出的总热量，可燃气体（标准状态）的热值以“MJ/N · m^3”表示。常见气体热值见表 4-1。

表 4-1　常见气体热值表

名称	高热值/(MJ/N · m^3)	低热值/(MJ/N · m^3)
氢气	12.74	18.79
一氧化碳	12.64	12.64
甲烷	39.82	35.88
乙烷	70.3	64.35
丙烷	101.2	93.18
正丁烷	133.8	123.56
异丁烷	132.96	122.77
戊烷	169.26	156.63
乙烯	63.4	59.44
丙烯	93.61	87.61
丁烯	125.76	117.61

（2）燃烧温度。可燃物质燃烧时所放出的热量，一部分被火焰辐射散失，而大部分则消耗在加热燃烧上，由于可燃物质所产生的热量是在火焰燃烧区域内析出的，因而火焰温度也就是燃烧温度。常见可燃物质火焰颜色及温度见表 4-2。

表 4-2　常见可燃物质火焰颜色及温度

可燃物质	火焰温度/℃	颜色	出现颜色时的温度/℃
蜡烛	1400	初红	500
乙醇	1700	暗红	700
本生灯	1800	樱红	900
氢	1900	鲜樱红	1000
乙炔	2500	橙黄	1100
一氧化碳	2600	鲜橙黄	1200

4.1.4 燃烧的条件

发生燃烧必须具备可燃物、氧化剂和引燃能三个基本条件。凡是含有一定的化学能、可与氧化剂发生剧烈氧化反应并放出大量热量的物质都称为可燃物，如氢气、甲烷、汽油、木材等。凡是具有较强的氧化能力，能够与可燃物发生燃烧反应的物质都称为氧化剂或助燃物。氧气、空气是最常见的氧化剂，氯酸钾、过氧化钠等也都是氧化剂。凡是能引起可燃物与氧化剂之间发生燃烧的能量都称为引燃能，常见的引燃能有小火焰、电火花、电弧和炽热物体等。燃烧作为一种化学反应，对反应物的组分浓度、引燃能的大小及反应的温度和压力均有一定的要求。在一些情况下，若可燃物没有达到一定浓度，或氧化剂的量不足，或引燃能不够大，燃烧反应也不会发生。

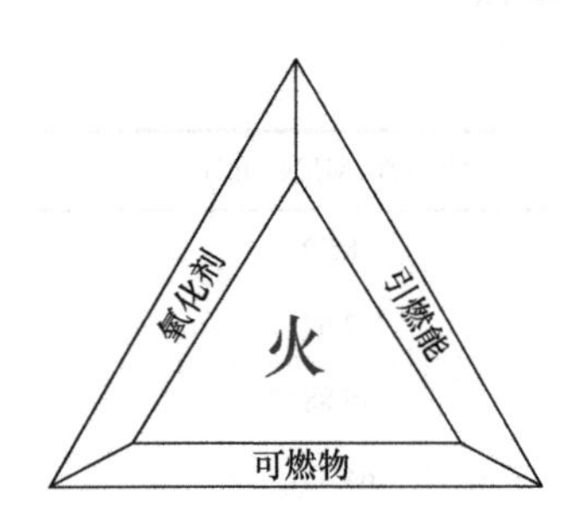

图 4-1 发生燃烧的必要条件

在火灾研究中，通常将这三个条件称为火灾三要素，并用火灾三角形描述它们引发火灾的关系。发生燃烧的必要条件见图 4-1。实际上，当可燃物和氧化剂开始发生燃烧后，为了使化学反应能够持续下去，反应区内还必须能够不断生成活性基团。因为可燃物与氧化剂之间的反应不是直接发生的，而是经过生成活性基团和原子等中间物质，通过链反应进行，若除去活性基团，链反应中断，连续的燃烧也会停止。因此，为了维持燃烧，除了应具备一定浓度的可燃物、氧化剂及一定强度的引燃能外，反应区内还应能够生成不受抑制的活性基团。

4.1.5 着火与灭火理论

1. 热自燃理论

以某种可燃混合气的热自燃介绍这种理论。设在某一体积为 V、表面积为 F 的密闭空间中存在一定的可燃混合气，开始时其氧化速率很慢，但随着温度的升高，其反应速率逐渐加快，同时可燃气通过系统的壁面向外散热。若系统的放热速率大于散热速率，则一定时间后会达到该可燃物的着火温度，进而发生着火。为了便于分析，还要做以下主要假设：

（1）密闭空间中的可燃混合气的温度与浓度分布均匀，空间的壁温在反应前与环境温度 T_0 相同，在反应过程中与混合气的温度相同。

（2）开始时刻混合气的初始温度与环境温度相同，为 T_0，反应过程中混合气的瞬时温度为 T，假定密闭空间内各点的温度、浓度相同。其中既无自然对流，又无强迫对流。

（3）环境与密闭空间之间有对流换热，其表面传热系数为 h，它不随温度变化。

（4）着火前反应物浓度的变化很小，即 $Y_i = Y_{i0} =$ 常数，或 $\rho = \rho_0 =$ 常数。

于是系统的能量守恒方程可写为

$$\rho \propto c_p \frac{\mathrm{d}T}{\mathrm{d}t} = Q_i \varpi_i - \frac{hF}{V}(T - T_0) = \dot{Q}_{\mathrm{g}} - \dot{Q}_{\mathrm{l}} \tag{4-4}$$

式中，Q_i 为单位体积混合气的反应热；$\dot{Q}_{\mathrm{g}}$ 为密闭空间内单位体积内混合气在单位时间内反应放出的热量，通称放热速率；$\dot{Q}_{\mathrm{l}}$ 为按单位体积内混合气在单位时间内向外界散发的热量，通称散热速率；ϖ_i 为混合气的化学反应速率；F 为表面积。

结合图 4-2 讨论 $\dot{Q}_{\mathrm{g}}$ 和 $\dot{Q}_{\mathrm{l}}$ 随温度的变化状况。设可燃混合气由 A、B 两种组分组成，且反

应为2级反应，根据阿伦尼乌斯公式，其化学反应速率可表示为

$$R_c = k_0 c_A c_B \exp(-E/RT) \tag{4-5}$$

式中，R_c为反应速率，mol/（$m^3 \cdot s$）；k_0为频率因子，m^3/（mol·s）；c_A、c_B为反应物A和B的浓度，mol/m^3；E为反应的活化能，kJ/m^3；R为摩尔气体常量，kJ/（mol·K）；T为气体的热力学温度，K。

根据式（4-5），可认为放热速率与温度呈指数曲线关系，而系统的散热速率可认为与其内外温差呈线性关系，随着环境温度T_0变化可得到图4-2中所示的一组平行的散热曲线。若环境温度较高，散热速率较慢，于是$\dot{Q}_g$与$\dot{Q}_1$有两个交点。

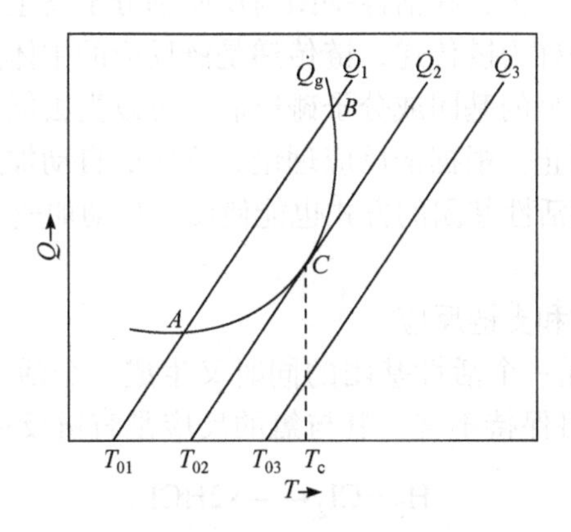

图4-2 热自燃过程中的放热与散热曲线

在散热曲线反应开始时，可燃混合气的温度等于环境温度T_0，因此散热速率$\dot{Q}_1 = 0$。在缓慢化学反应的影响下，混合气的温度上升，随着混合气与环境的温差逐渐增大，散热速率也逐渐增大，逐渐接近放热速率，并最终使系统的放热速率等于散热速率，即达到A点。故A点是个稳定工况点，即使系统发生微小的温度扰动，结果都能使混合气的温度回到T_A，反应不会自动加速而着火。从A点到B点的过程中，散热速率一直大于放热速率。对此，如果仅依靠系统自身的反应，其温度不可能继续升高。只有由外界向系统补充能量，才可能使系统从A点过渡到B点。

B点则是不稳定工况点，当系统到达该点时，如果某些原因使系统的温度略有增加，则由于系统的放热速率总是大于散热速率，从而系统达到着火温度，即自动加速至着火。相反，若对系统提供一个温度略低的扰动，则由于散热速率总是大于放热速率，系统的温度不断下降，直至返回A点。

根据式（4-4），如果使hF/V减小，或T_0增加，则系统的散热曲线将会向右平移，最终可出现放热曲线和散热曲线在C点相切的情况，C点的物理意义是系统的放热速率与散热速率达到平衡，它是一个不稳定工况点。若在某些因素影响下，系统的温度出现下降，则系统返回A点。若由于某些原因系统的温度继续增高，则系统的反应自动加速直至发生着火。因此，C点标志着系统由低温缓慢反应到自动加速反应的过渡。根据着火的定义，C点便代表热自燃点，T_c是该可燃混合气的热自燃温度。

2. 链反应理论

热着火理论可以合理地解释大多数碳氢化合物与空气的反应过程，但也有很多现象不能解释，如氢与氧反应的三个爆炸极限，而链反应理论却能给出合理的解释。链反应理论认为，在体系的反应过程中，可出现某些不稳定的活性中间物质，通常称为链载体。只要这种链载体不消失，反应就一直进行下去，直到反应结束。

1）链反应的基本阶段

链反应一般包括链引发、链传递、链终止三个阶段。在反应过程中产生活性基团的过程称为链引发。要使反应物分子原来的较稳定的化学链断裂需要很大的能量，因此链引发是比较困难的。为了使反应延续下去，在活性基团与反应物分子发生反应的同时，还需要继续生成新的活性基团，这一过程称为链传递，链传递是链反应的主体阶段。当活性基团与某种性质的器壁碰撞，或与其他类型的基团或分子碰撞后，可以失去能量，从而成为稳定分子，其结果是反应停止，称为链终止。根据链反应理论，反应的自动加速并不一定单纯依靠热量的积累，通过链反应逐渐积累活性基团的方式也能使反应自动加速，直至着火。

2）链反应的分类

链反应可分为直链反应和支链反应。

在直链反应中，每消耗一个活性基团的同时又生成一个活性基团，直到链终止，即链传递过程中活性基团的数目保持不变。氢与氯的反应是直链反应，其总体反应过程可写为

$$H_2 + Cl_2 \longrightarrow 2HCl \tag{4-6}$$

式（4-6）只是对反应过程的宏观描述，实际上其中存在多个分步骤，主要包括：

$$Cl_2 + M \longrightarrow 2Cl\cdot + M \quad \text{（链引发）} \tag{4-7}$$

$$\left.\begin{aligned} Cl\cdot + H_2 &\longrightarrow HCl + H\cdot \\ H\cdot + Cl_2 &\longrightarrow HCl + Cl\cdot \end{aligned}\right\} \text{（链传递）} \tag{4-8}$$

$$2Cl\cdot + M \longrightarrow Cl_2 + M \quad \text{（链终止）} \tag{4-9}$$

在上述反应中，一旦形成 $Cl\cdot$，就会按链传递的步骤持续进行下去，在链传递中 $Cl\cdot$ 的数目保持不变。

支链反应是指一个活性基团在链传递过程中，除了生成最终产物外，还将产生 2 个或 2 个以上的活性基团，即活性基团的数目在反应过程中是逐渐增加的。在支链反应中，随着支链的发展，链传递数目剧增，反应速率越来越快，引起支链爆炸。如果产生的活性质点过多，也可能相互碰撞失去活性，使反应终止。氢与氧反应生成水的反应就是支链反应，其总体反应过程可写为

$$2H_2 + O_2 \longrightarrow 2H_2O \quad \text{（总反应）} \tag{4-10}$$

该反应机理复杂，至今尚不清楚，但明确反应有以下几个主要步骤，并存在 $H\cdot$、O_3、$\cdot OH$ 和 H_2O 等活性物质。

$$\left.\begin{array}{l} H_2+O_2 \longrightarrow 2\cdot OH \\ H_2+M \longrightarrow 2H\cdot+M \\ O_2+O_2 \longrightarrow O_3+O\cdot \end{array}\right\}\text{(链引发)} \tag{4-11}$$

$$\left.\begin{array}{l} H\cdot+O_2 \longrightarrow \cdot OH+O\cdot \\ O\cdot+H_2 \longrightarrow \cdot OH+H\cdot \end{array}\right\}\text{(链传递)} \tag{4-12}$$

$$\left.\begin{array}{l} H_2+O\cdot+M \longrightarrow H_2O+M \\ H\cdot+H\cdot \longrightarrow H_2+M \\ HO\cdot+H\cdot+M \longrightarrow H_2O+M \end{array}\right\}\text{(链终止)(气相)} \tag{4-13}$$

$$\left.\begin{array}{l} H\cdot+\text{器壁} \longrightarrow \text{消失} \\ OH\cdot+\text{器壁} \longrightarrow \text{消失} \end{array}\right\}\text{(链终止)(器壁上)} \tag{4-14}$$

3）链反应的着火条件分析

设链引发阶段活性基团的生成速率为 W_1，链传递阶段活性基团增长速率为 W_2，链终止阶段活性基团的销毁速率为 W_3。活性基团浓度 n 越大，发生反应的机会越多，可认为 W_2 正比于 n，并写为 $W_2=fn$，f 为活性基团的生成速率常数。同时，n 越大，发生碰撞的机会也越多，销毁速率 W_3 增加，即 W_3 正比于 n，写为 $W_3=gn$，g 为链终止过程中活性基团销毁速率常数。

由于分支过程是由稳定分子分解成活性基团的过程，需要吸收能量，因此温度对 f 影响很大，温度升高，f 值增大，W_2 也随之增大。链传递过程中因分支链引起的活性基团增长速率 W_2 在活性基团数目增长中起决定作用。由于链终止反应是合成反应，不需吸收能量，因此系统温度增高，反而可加速活性基团的销毁，即令 g 下降。

在整个连锁反应中，活性基团数目随时间的变化率为

$$\frac{dn}{dt}=W_1+W_2-W_3=W_1+fn-gn=W_1+(f-g)n \tag{4-15}$$

令 $\varphi=f-g$，则上式可写成

$$\frac{dn}{dt}=W_1+\varphi n \tag{4-16}$$

当系统的温度较低时，W_2 很小，W_3 很大，可能出现 $\varphi=f-g<0$ 的情况，反应速率不会自动加速至着火。随着系统温度的升高，W_2 进一步增加，当温度升高到一定温度时，$W_2>W_3$，即 $\varphi>0$，活性基团数目将随时间加速增加，从而使系统发生着火。$\varphi=0$ 是着火的临界条件，与此对应的温度可近似取为自燃温度。

3. 热点燃理论

绝大部分可燃物的着火是通过点燃实现的，而着火首先是从气相物质着火开始的，点火源的性质对着火过程有着重要影响。若点火源提供的是热能，则通过升高可燃混合气的温度实现着火；若点火源能够提供一些活性基团，也有利于促成着火，但生成活性基团通常需要有足够高的温度为基础。

结合图 4-3 进行热点燃理论的简单探讨。设某系统中起初存在某种温度为 T_0 的可燃混合气，这种可燃混合气具有一定的临界着火温度 T_c。然后将温度为 T_w 的灼热质点送入混合气中，由于两者存在温差，质点的热量便以导热的形式传给邻近的气体。质点的温度与混合气的临界着火温度可能有以下三种关系：

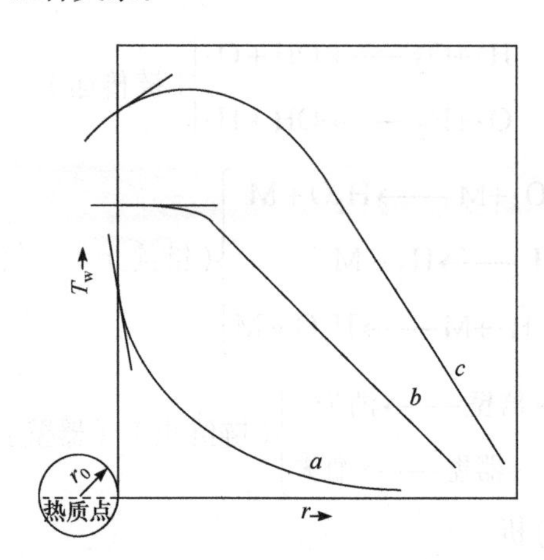

图 4-3 热质点附近的温度分布

（1）质点的温度低于混合气的临界着火温度，即 $T_w < T_c$。这时系统的化学反应速率很低，不能发生燃烧反应，因此只存在普通的向外导热，其温度分布如图 4-3 中 a 线所示，这种状况可以表示为：$\left.\frac{dT}{dr}\right|_{r=r_0} < 0$。

（2）质点的温度等于混合气的临界着火温度，即 $T_w = T_c$。这时在质点的导热影响下，其边界层内的化学反应速率已变得足够大，因而能放出一定的热量，使边界层内的温度近似等于 T_c，但是边界层外的气相温度较低，反应速率仍很慢，仍不能引发可燃混合气着火。随着离开质点的距离增加，温度将逐渐降低。总的温度分布如图 4-3 中 b 线所示，这种状况可以表示为：$\left.\frac{dT}{dr}\right|_{r=r_0} = 0$。

（3）质点的温度高于该混合气的临界着火温度，即 $T_w > T_c$。这时可燃混合物的反应速率进一步增大，结果使在离开质点表面一定距离的区域内化学反应速率变得足够大，从而出现火焰。该区域的温度将迅速提高，乃至超过质点的温度，化学反应产生的热量除传向周围气体外，还可能有一小部分传给质点。总的温度分布如图 4-3 中 c 线所示，这种状况可以表示为：$\left.\frac{dT}{dr}\right|_{r=r_0} > 0$，表明点火成功。

在一个大气压及室温（25℃）条件下，一些物质在空气中的最低着火温度见表 4-3。

表 4-3 一些物质在空气中的最低着火温度

物质名称	最低着火温度/℃	物质名称	最低着火温度/℃	物质名称	最低着火温度/℃
甲烷	537	乙烯	450	氢气	500
乙烷	472	丙烯	455	一氧化碳	609
丙烷	432	环己烷	245	氧化乙烯	429

续表

物质名称	最低着火温度/℃	物质名称	最低着火温度/℃	物质名称	最低着火温度/℃
丁烷	287	苯	498	乙酸	463
戊烷	260	甲苯	480	甲醛	424
己烷	223	甲醇	385	氨	651
庚烷	204	乙醇	363	聚乙烯	350
辛烷	260	1-丙醇	412	聚苯乙烯	495
异辛烷	415	1-丁醇	343		

4.2 爆炸理论基础

爆炸是物质在瞬间以机械功的形式释放出大量气体和能量的现象。由于物质状态的急剧变化，爆炸发生时会使压力猛烈增高并产生巨大声响，其主要特征是压力急剧升高。

4.2.1 爆炸的分类

1. 按能量来源分类

1）化学爆炸

由化学变化引起的爆炸，包括可燃气体与助燃气体混合引起的爆炸、气体分解爆炸、炸药爆炸、化学反应过程引起的爆炸、粉尘爆炸、可燃雾滴爆炸、混合危险物质的爆炸等。化学爆炸一般经历两个阶段：一是爆炸源的化学反应在瞬间完成，并产生大量气体和热量，由于时间很短，气体产物来不及扩散而占据爆炸源原始空间，而热量也来不及传递，全部用来加热气体，因而产生高压气体，这一阶段取决于化学反应；二是高压气体急剧向周围扩散，挤压周围空气，产生压力冲击波，并引起空气的震荡而产生声响，同时造成周围人和物的破坏，化学能转变为热能和机械能，这属于物理过程。化学爆炸本质上也是一种燃烧过程，只不过速度更快。

2）物理爆炸

由物理变化引起的爆炸，物质因状态或压力发生突变而形成的爆炸现象。例如，当高压蒸汽锅炉中的过热蒸汽压力超过锅炉能承受的程度时，锅炉破裂，高压蒸汽骤然释放出来，形成爆炸。陨石落地、高速弹丸等物体高速碰撞时，高速运动产生的动能在碰撞点的局部区域内迅速转化为热能，使受碰撞部位的压力和温度急剧升高，碰撞部位发生急剧变形，伴随巨大响声，形成爆炸现象。自然界中的雷电也属于物理爆炸，带不同电荷的云块间发生强烈的放电现象，放电区达到极大的能量密度和高温，导致放电区空气压力急剧升高并迅速膨胀，对周围空气产生强烈扰动，从而形成闪电雷鸣般的爆炸现象。高压电流通过细金属丝时，温度可达到 2×10^4℃，使金属丝瞬间化为气态而引起爆炸现象。

3）核爆炸

核爆炸是核裂变、核聚变反应所放出的巨大核能引起的。核爆炸反应释放的能量比炸药爆炸时放出的化学能大得多，核爆炸中心温度可达 10^7K 数量级以上，压力可达 10^{15}Pa 以上，同时产生极强的冲击波、光辐射和粒子的贯穿辐射等，比炸药爆炸具有更大的破坏力。化学爆炸和核爆炸反应都是在微秒量级的时间内完成的。

2. 按爆炸反应的相态分类

爆炸物可分为气体、液体和固体，甚至是气液混合物、气固混合物等，按爆炸反应的相态分类可分为气相爆炸和凝聚相爆炸两大类。

1）气相爆炸

气相爆炸是在气体（主要是空气）中发生的爆炸，大部分为化学爆炸。这是可燃性气体发生燃烧反应的一种形态，主要包括可燃气体混合物爆炸、单一气体热分解爆炸、可燃粉尘爆炸和可燃液体雾滴爆炸（喷雾爆炸）等。

2）凝聚相爆炸

具有爆炸性能的固体物质或凝结状态的液体化合物称为凝聚相爆炸物。凝聚相爆炸物发生爆炸时，首先是本组分自身反应，放出大部分热量，然后是反应产物互相混合进一步反应生成最终产物。凝聚相爆炸物一般是借助于热冲量、机械冲量或者依靠起爆器材爆炸的直接作用来引发爆轰过程，主要包括液相爆炸和固相爆炸。

3. 按爆炸速度分类

爆炸过程所形成的特征物质的传播速度称为爆炸速度。按照爆炸速度，爆炸可分为爆燃、爆炸和爆轰。

1）爆燃

爆炸速度在每秒数米以下的爆炸一般称为爆燃。这种爆炸的破坏力不大，声响也不太大。例如，无烟火药在空气中的快速燃烧、可燃气体混合物在接近爆炸浓度上限或下限时的爆炸等。

2）爆炸

爆炸速度为每秒十几米到数百米的爆炸一般称为爆炸。这种爆炸能在爆炸点引起压力的剧增，有较大的破坏力，有震耳的声响，爆炸产物传播速度很快而且可变。例如，可燃气体混合物在多数情况下的爆炸、火药遇到火源所引起的爆炸等。

3）爆轰

爆炸速度为每秒数千米的爆炸称为爆轰（detonation）。发生爆轰时能在爆炸点引起极高压力，并产生超音速的“冲击波”。例如，TNT 炸药的爆炸速度为 6800m/s。表 4-4 列出了若干气体混合物的爆轰速度。

表 4-4　若干气体混合物的爆轰速度

混合气体	混合百分数/%	爆轰速度/（m/s）	混合气体	混合百分数/%	爆轰速度/（m/s）
乙醇-空气	6.2	1690	甲烷-氧	33.3	2146
乙烯-空气	9.1	1734	苯-氧	11.8	2206
一氧化碳-氧	66.7	1264	乙炔-氧	40.0	2716
二氧化碳-氧	25.0	1800	氢-氧	66.7	2821

4.2.2 爆炸极限

可燃气体的爆炸极限通常用专门仪器测定。一般情况下，可以使用一些经验公式近似算出，主要根据完全反应所需的某种原子数、反应浓度、燃烧放热与散热的关系进行计算，计算值往往与实测值有一定的差别，其原因是在近似计算中只考虑了混合物的组成，对反应环境条件等做了理想的假设，但这种计算仍有一定的参考价值。

1. 单一气体的爆炸极限

公式一：根据链烃化合物中含碳原子数计算爆炸极限

$$\frac{1}{L_x}=0.1347N_c+0.04343 \tag{4-17}$$

$$\frac{1}{L_s}=0.01337N_c+0.05151 \tag{4-18}$$

式中，L_x、L_s分别为该气体的爆炸下限和上限，%；N_c为链烃分子中碳原子数。

表4-5列出了按此公式计算的CH_4、C_4H_8、C_6H_6的爆炸极限。

表4-5 根据经验公式一计算的爆炸极限值与试验值

物质名称	分子式	碳原子数N_c	L_x/%		L_s/%	
			计算值	试验值	计算值	试验值
甲烷	CH_4	1	5.61	5.0	15.41	15.0
丁烯	C_4H_8	4	1.72	1.7	9.52	9.0
苯	C_6H_6	6	1.17	1.2	7.59	8.0

公式二：根据完全燃烧所需氧原子数计算爆炸极限（%）：

$$L_x=\frac{100}{4.76(N-1)+1} \tag{4-19}$$

$$L_s=\frac{4\times100}{4.76N+4} \tag{4-20}$$

式中，N为每摩尔爆炸气体完全燃烧时所需的氧原子数；4.76为空气中氧含量（0.21）的倒数。表4-6列出了按此公式计算的CH_4、C_4H_8、C_5H_{12}的爆炸极限。

表4-6 根据经验公式二计算的爆炸极限值与试验值

物质名称	分子式	氧原子数N	L_x/%		L_s/%	
			计算值	试验值	计算值	试验值
甲烷	CH_4	4	6.54	5.0	17.36	15.0
丁烯	C_4H_8	12	1.87	1.7	6.54	9.0
戊烷	C_5H_{12}	16	1.38	1.4	4.99	7.8

公式三：根据爆炸气体完全燃烧时的理论浓度确定链烷烃类的爆炸下限L_x（%），再用爆炸下限与爆炸上限L_s（%）之间的关系计算爆炸上限：

$$L_x = 0.55c_0 \tag{4-21}$$

$$L_s = 4.8\sqrt{c_0} \tag{4-22}$$

式中，c_0 为爆炸气体完全燃烧时的理论浓度（%），可由式 $c_0 = \dfrac{20.9}{0.209 + n_0}$ 计算，也可查表而得；n_0 为 1 分子可燃气体完全燃烧时所需的氧分子数。表 4-7 列出了按该公式计算 CH_4、C_3H_8、C_4H_8 的爆炸极限。

表 4-7 根据经验公式三计算的爆炸极限值与试验值

物质名称	分子式	氧分子数 n_0	L_x/%		L_s/%	
			计算值	试验值	计算值	试验值
甲烷	CH_4	2	5.20	5.0	14.76	15.0
丙烷	C_3H_8	5	2.21	2.37	9.61	9.5
丁烯	C_4H_8	6	1.85	1.7	8.81	9.0

2. 多种可燃气体组成混合物的爆炸极限

由多种可燃气体组成爆炸性混合气体的爆炸极限，可根据各组分的爆炸极限计算

$$L_m = \frac{100}{\dfrac{V_1}{L_1} + \dfrac{V_2}{L_2} + \dfrac{V_3}{L_3} + \cdots} \tag{4-23}$$

式中，L_m 为爆炸性混合气的爆炸极限，%；L_1、L_2、L_3 分别为组成混合气各组分的爆炸极限，%；V_1、V_2、V_3 分别为各组分在混合气中的浓度，$V_1+V_2+V_3+\cdots = 100\%$。

4.2.3 爆炸极限的影响因素

1. 初始温度

初始温度越高，引起的反应越容易传播，爆炸极限范围越大，即爆炸下限降低而爆炸上限增高。

2. 初始压力

一般，爆炸性混合物初始压力增高会使其分子间距更接近，碰撞概率增高，因此燃烧反应更易进行，爆炸极限范围扩大。随着压力增加，爆炸上限明显提高，爆炸极限范围扩大。已知可燃气体中只有一氧化碳的爆炸极限范围随着压力增加而变小。

3. 惰性介质

爆炸性混合物中惰性气体含量增加，则其爆炸极限范围缩小，当惰性气体增加到某一值时，混合物不再发生爆炸。如果在爆炸混合物中掺入不燃烧的惰性气体（如氮、二氧化碳、水

蒸气、氩、氮等），则随着惰性气体浓度的增加，爆炸极限范围缩小。当惰性气体的浓度增高到某一数值时，混合物将不再发生爆炸，惰性气体对混合物爆炸上限的影响比对下限的影响更为显著。表4-8为初始温度对混合物爆炸极限的影响。

表4-8 初始温度对混合物爆炸极限的影响

可燃物	混合物温度/℃	爆炸下限/%	爆炸上限/%	可燃物	混合物温度/℃	爆炸下限/%	爆炸上限/%
丙酮	0	4.2	8.0	煤气	300	4.40	14.25
	60	4.0	9.8		400	4.00	14.70
	100	3.2	10.0		500	3.65	15.35
煤气	20	6.00	13.4		600	3.35	16.40
	100	5.45	13.5		700	3.25	18.75
	200	5.05	13.8				

4. 容器特性

容器的尺寸和材质对爆炸极限均有影响。容器直径大小对爆炸极限的影响可用链式反应理论解释：管径减小时，燃烧生成的活性基团与管壁的碰撞概率相应增大，当管径减小到一定程度时，因碰撞造成活性基团的销毁速度大于其产生速度，燃烧反应便不能继续进行。容器直径越小，火焰在其中越难蔓延，混合物的爆炸极限范围则越小。当容器直径或火焰通道小到某一数值时火焰不能蔓延，可消除爆炸危险，这个直径称为临界直径，如甲烷的临界直径为0.4～0.5mm，氢和乙炔的为0.1～0.2mm等。

5. 点火能源

点火能量、热表面面积、火源与混合物接触时间等对爆炸极限均有影响。能源的性质对爆炸极限范围的影响是能源强度越高，加热面积越大，作用时间越长，则爆炸极限范围越宽。

4.2.4 粉尘爆炸

1. 粉尘基础知识

粉尘是粉碎到一定细度的固体粒子的集合体，按状态可分成粉尘层和粉尘云两类。粉尘层（或层状粉尘）是指堆积在物体表面的静止状态的粉尘，而粉尘云（或云状粉尘）则指悬浮在空间的运动状态的粉尘。粉尘中的“尘”字带有“尘埃”“废弃物”的含义，因此对一些有用粉尘，如面粉等产品粉尘，用“粉体”一词比较确切。

在粉尘爆炸研究中，把粉尘分为可燃粉尘和不可燃粉尘两类。可燃粉尘是指与空气中氧反应能放热的粉尘。一般有机物都含有C、H元素，它们与空气中的氧反应都能燃烧生成CO_2、CO和H_2O。许多金属粉尘可与空气中氧反应生成氧化物，并放出大量的热，这些都是可燃粉尘。相反，与氧不发生反应或不发生放热反应的粉尘统称为不可燃粉尘（或惰性粉尘）。

在美国，通常把通过40号美国标准筛的细颗粒固体物质称为粉尘。若为球形颗粒，则粒子直径应为425μm以下，一般认为只有粒径低于此值的粉尘才能参与爆炸快速反应，但此粉尘定义与通常煤矿中使用的定义不同，在煤矿中把粉尘定义为通过20号标准筛（粒径小于 850μm）的固体粒子。煤矿中的实际研究表明，粒径 850μm 的煤粒子还可参与爆炸快速反应。

粉尘的粒度一般用筛号衡量，各筛号相应的线性尺寸见表 4-9。

表 4-9 标准筛号与相应粒子线性尺寸对照表

泰勒筛/网目	线性尺寸/in	线性尺寸/μm
20	0.0331	850
40	0.0165	425
100	0.0059	150
200	0.0029	75
325	0.0017	45
400	0.0015	38

注：1in = 25.4mm。

粉尘粒度是粉尘爆炸中的重要参数，粉尘的表面积比同质量的整块固体的表面积大好几个数量级。例如，把直径为 100mm 的球形材料分散成等效直径为 0.1mm 的粉尘时，表面积增加 10000 倍以上。表面积的增加意味着材料与空气的接触面积增大，加速了固体与氧的反应，增加了粉尘的化学活性，使粉尘点火后燃烧更快。整块聚乙烯是很稳定的，而聚乙烯粉尘却可以发生激烈的爆炸就是这个原因。

粉尘粒度是统计概念，因为粉尘是无数粒子的集合体，是由不同尺寸的粒子级配而成。若不考虑粒子的形状，也无法确定粒子尺寸。对不规则形状粒子的粒度，是通过试验来确定粒度数据；先测定单位体积中的粉尘粒子数，再称量其质量，就可以确定平均粒子尺寸。

悬浮在空间的粉尘云是一个不断运动的集合体。粉尘受重力的影响发生沉降，即沉降的速度与粒度有一定的关系。粒度小于 1μm 的粒子的沉降速度低于 1cm/s，而粒子间相互碰撞的布朗运动又阻止它们向下沉降，即抵消粒子的沉降。这种粉尘云的行为与气体一样，所以 1μm 以下的粉尘可以近似用气体处理。对粒度为 1～120μm 的粉尘，可以相当精确地预估其沉降速度，其上限速度可达 30cm/s。对 425μm 以上的粒子，由于比表面积很小，加上沉降速度很快，一般对粉尘爆炸没有什么贡献。

粉尘粒子的形状和表面状态对爆炸反应也有较大影响。即使粉尘粒子的平均直径相同，若其形状和表面状态不同，其爆炸性能也不同。

2. 粉尘爆炸的条件

粉尘爆炸所采用的化学计量浓度单位与气体爆炸不同。气体爆炸采用体积分数(%)表示，即燃料气体在混合气总体积中所占的体积分数，而在粉尘爆炸中粉尘粒子的体积在总体积中所占的比例极小，几乎可以忽略，所以一般用单位体积中所含粉尘粒子的质量表示，常用单位是 g/m^3 或 mg/L。在计算化学计量浓度时，只要考虑单位体积空气中的氧能完全燃烧（氧化）的粉尘粒子量即可。

在标准条件下，空气的组成约为：N_2，78%；O_2，21%；稀有气体，0.934%；CO_2，0.04%；其他，0.002%。

空气中主要成分是 N_2 和 O_2，如忽略其他组分，则空气中 O_2/N_2 比例为 1/3.774。空气的平均摩尔质量 $M = 28.964$g/mol，即 $1m^3$ 空气中约含 $0.21m^3$ 或 9.38mol 氧。

以淀粉为例，淀粉分子式为 $C_6H_{10}O_5$，9.38mol 氧能氧化的淀粉量为

$$9.38/6 = 1.56\text{mol}\ (C_6H_{10}O_5) = 253\text{g}$$

即淀粉在空气中燃烧的化学计量浓度为 253g/m^3，其化学反应方程式可写为

$$1.5C_6H_{10}O_5 + 9.38O_2 + 35.27N_2 = 9.38CO_2 + 7.8H_2O + 35.27N_2$$

上述反应式指出，反应前气体量为 44.65mol，反应后气体量为 52.45mol，即反应后系统体积较反应前增加了 17.5%，故相应增加了定容绝热爆炸压力。

下面估算不同浓度下粉尘粒子间距与粉尘粒子特性尺寸的比值，对最简单的正立方粉尘粒子，设其边长为 a，两粒子中心距为 L，粉尘云浓度 C 可由式（4-24）计算：

$$C = \rho_p (a/L)^3 \tag{4-24}$$

式中，ρ_p 为粉尘粒子密度，g/m^3。式（4-24）也可写为

$$L/a = (\rho_p/C)^{1/3} \tag{4-25}$$

50g/m^3 为常见粉尘的下限浓度量级，5000g/m^3 为上限浓度量级。对边长 a 为 50μm 的粒子，在下限浓度 50g/m^3 时，其粒子中心距为 1.35mm。粒子间距为 1.3mm 时已基本不透光。若采用 25W 灯泡照射浓度为 40g/m^3 的煤粉尘云，在 2m 内人眼看不见灯光。这种浓度在一般环境中是不可能达到的，只有在设备内部，如磨面机、混合机、提升机、粮食筒仓、气流输送机等内部才能遇到。在这种浓度下一旦有点火源存在，就会发生爆炸，这种爆炸称为一次爆炸；当一次爆炸的气浪或冲击波卷起设备外的粉尘积尘，在环境中达到可爆浓度时，又会引起二次爆炸。

对于 5m 见方的房间（体积 125m^3），如果地面有 1mm 厚粉尘层，其堆积密度为 500g/m^3（0.5g/L），则粉尘总量为 12.5kg。当将其全部扬起而分布在整个室内空间时，室内粉尘云浓度可达到 100g/m^3，即在 1mm 厚的积尘扬起后，可使室内空间达到可爆浓度。对于直径为 D 的管道，如内壁沉积厚 h mm 的粉尘层，扬起后的浓度为

$$C = \rho_p \frac{4h}{D} \tag{4-26}$$

式中，ρ_p 为堆积密度，kg/m^3；h 为粉尘层厚，mm；D 为管道直径，m。

若管道直径 $D = 0.2\text{m}$，内壁积尘厚 $h = 0.1\text{mm}$，粉尘的堆积密度 $\rho_p = 500\text{kg/m}^3$，则 $C = 1000\text{g/m}^3$。表 4-10 列出了几种类型的粉尘云状态以作为参考对比。

表 4-10 几种类型的粉尘云

粉尘云浓度/(g/m³)	含义
10～5000	粉尘的爆炸浓度
0.4～0.7	粉尘风暴
0.02～0.3	矿山空气
0.008～0.03	雾
0.0002～0.007	城市工业区空气
0.00007～0.0007	乡村和郊区空气

从表4-10看出，在一般情况下是不会达到粉尘爆炸浓度的，只有在极少数强粉尘粒子源附近才能出现这种浓度。另外，即使在爆炸浓度下限时，也足以使人呼吸困难，难以忍受，而且此时能见度也已受到严重限制，甚至达到“伸手不见五指”的程度，因此人完全可以感受到这种危险浓度。但实际发生粉尘爆炸时，爆炸源往往并不处于人的呼吸范围之内，在许多情况下是发生在设备内部或局部点，随后该局部爆炸（一次爆炸）将地面粉尘层扬起，使空间达到极限浓度而形成二次爆炸。二次爆炸所形成的破坏程度和范围往往比一次爆炸更严重。因此，不能单纯认为空间粉尘浓度没有达到爆炸浓度范围就是安全的，而应特别重视地面积尘被卷起的危险性。

粉尘爆炸的另一个重要条件是点火源，粉尘爆炸所需的最小点火能量比气体爆炸大1～2个数量级，大多数粉尘云最小点火能量在5～50mJ量级。表4-11列出了一些典型的电火花能量及典型场合。

表4-11 一些典型电火花能量及典型场合

电火花能量/J	典型场合
0.13×10^{-3}	典型可燃蒸气的最小点火能
5×10^{-3}	典型粉尘云的最小点火能
7×10^{-3}	起爆药叠氮化铅的点火能量
（5～8）$\times10^{-3}$	人体产生的静电火花能量
0.25	对人体产生电击
7.2	人体心脏电击阈值
5×10^{9}	雷电

由表4-11看出，虽然粉尘云比蒸气云要求较高的最小点火能量，但总的来看，粉尘云也很容易点火，人体所产生的静电火花能量就可能点燃一些粉尘云。

3. 粉尘爆炸的机理

粉尘粒子表面通过热传导和热辐射，从点火源获得点火能量，使表面温度急剧升高，达到粉尘粒子的加速分解温度或蒸发温度，形成粉尘蒸气或分解气体。这种气体与空气混合后就能引起点火（气相点火）。另外，粉尘粒子本身从表面一直到内部（直到粒子中心点），相继发生熔融和气化，迸发出微小的火花，成为周围未燃烧粉尘的点火源，使粉尘着火，从而扩大了爆炸（火焰）范围。这一过程与气体爆炸相比，由于涉及辐射能而变得更为复杂，不仅热具有辐射能，光也含有辐射能，因此在粉尘云的形成过程中用闪光灯拍照是非常危险的。

上述的着火过程是在微小的粉尘粒子处于悬浮状态的短时间内完成的。对较大的粉尘粒子，由于其悬浮时间短，不能着火，有时只是粒子表面被烧焦或根本没有烧过。

从粉尘爆炸的过程可以看出，发生粉尘爆炸的粉尘粒子尽管很小，但与分子相比还是大得多。另外，因粒子的大小和形状不同，粉尘的悬浮时间不可能完全一样，而是因粒子的大小和形状而异，因此能保持一定浓度的时间和范围是极有限的。若条件都能够满足，则粉尘爆炸的威力巨大；但如果条件不成立，则爆炸威力就很小，甚至不引爆。

归纳粉尘爆炸的特点如下：

（1）燃烧速度或爆炸压力上升速度比气体爆炸小，但燃烧时间长，产生的能量大，所以破坏和焚烧程度大。

（2）发生爆炸时，有燃烧粒子飞出，如果飞到可燃物或人体上，会使可燃物局部严重炭化和人体严重烧伤。

（3）静止堆积的粉尘被风吹起悬浮在空气中时，如果有点燃源就会发生一次爆炸。爆炸产生的冲击波又使其他堆积的粉尘扬起，而飞散的火花和辐射热可提供点火源，又引起二次爆炸，最后使整个粉尘存在场所受到爆炸破坏。

（4）即使参与爆炸的粉尘量很小，但由于伴随不完全燃烧，燃烧气体中含有大量 CO，因此会引起中毒。

4. 粉尘爆炸的影响因素

1）化学性质和组分

粉尘必须是可燃的，对含有过氧基或硝基的有机物粉尘会增加爆炸的危险性。燃烧热越高、爆炸下限浓度越低、点火能越小的物质，越易爆炸。当灰分量在 15%～30%时，则不易爆炸。当含有挥发分时，如煤含挥发分在 11%以上时，极易爆炸。

2）粒度大小及分布的影响

粉尘爆炸的燃烧反应是在粒子的表面发生的，比表面积越大，越易反应，所以粒子直径越小，越易爆炸。一般当可燃粉尘的直径大于 400μm 时，即使用强点火源也不能使其发生爆炸。但当粗粒子粉尘中含有一定量的细粉尘时，则可使粗、细混合粉尘发生爆炸。例如，甲基纤维素粉尘，当粗粉中加入 5%～10%的细粉，则会引爆。

3）可燃性气体共存的影响

使用强点火源也不爆炸的粉尘，若有可燃性气体时，其爆炸下限会下降，从而使粉尘在更低浓度下爆炸。

4）最小点燃能量

粉尘的最小点燃能量是指最易点燃的混合物在 20 次连续试验时，刚好不能点燃时的能量值。最小点燃能量与粉尘的浓度、粒径大小等有关，测试条件不同则测试值也有所不同，很难得出定值。

5）爆炸极限

粉尘与空气的混合物要像气体那样达到均匀的浓度分布是不容易的，所以测试的重现性不好，多数情况是经过统计处理后计算得出的。一般工业可燃粉尘爆炸下限在 20～60g/m^3，爆炸上限可达 26kg/m^3，上限浓度通常不易达到。表 4-12 列举了部分可燃粉尘的爆炸极限。

表 4-12　部分可燃粉尘的爆炸极限

粉尘	最小点火能/（$\times 10^{-3}$J）	爆炸下限/（g/m^3）	最大爆炸压力/（×0.1MPa）
钛	10	45	5.6
铝	15	40	6.3
镁	40	20	6.6
锌	650	480	3.5

续表

粉尘	最小点火能/（$\times 10^{-3}$J）	爆炸下限/（g/m³）	最大爆炸压力/（$\times$0.1MPa）
醋酸纤维素	10	25	7.7
酚醛树脂	10	25	5.6
聚苯乙烯	15	15	6.3
尿素树脂	80	70	6.0
玉蜀黍淀粉	30	40	7.7
砂糖	30	35	6.3
可可	100	45	4.3
咖啡	160	85	3.5
硫黄	15	35	5.6

温度和压力对爆炸极限有影响，一般温度、压力升高时爆炸极限变宽。

6）水分含量

对于疏水性粉尘，水对粉尘的浮游性影响虽然不大，但是水分蒸发使点火有效能减小，蒸发出来的蒸气起惰化作用，具有减少带电性的作用。锰、铝等金属与水反应生成氢，增加其危险性。对于导电性不良的物质和合成树脂粉末、淀粉、面粉等，干燥状态下由于粉尘与管壁和空气的摩擦产生静电积聚，容易产生静电火花。

4.2.5 爆炸的破坏作用

爆炸引起的破坏作用主要表现是爆炸冲击波、地震波、碎片或飞石、有毒气体和二次爆炸等。

1. 爆炸冲击波

爆炸形成的冲击波是通过空气传播的压力波，产生的高温、高压、高能量密度的气体产物以极高的速度向周围膨胀，强烈压缩周围的静止空气，使其压力、密度和温度突然升高，像活塞运动一样向前推进，产生波状气压向四周扩散冲击。这种冲击波能造成附近建筑物的破坏，其破坏程度与冲击波能量的大小有关，并与建筑物的坚固程度及其距离产生冲击波中心的远近有关。

2. 地震波

地震波由若干种波组成，根据波传播的途径不同，波可分为体积波和表面波。爆炸引起的地震波通常造成在爆源附近的地面及地面一切物体产生颠簸和摇晃，当振动达到一定的强度时，可造成爆炸区周围建筑物和构筑物的破坏。

3. 碎片或飞石

爆炸的机械破坏效应会使容器、设备、装置及建筑材料等的碎片四处飞散，其距离一般可达 100～500m，在相当大的范围内造成伤害。在工程爆破中，特别是进行抛掷爆破和用裸露药包进行破碎时，个别岩石块可能飞散得很远，通常造成人员、设备和建筑物的破坏。

4. 有毒气体

在爆炸反应中会生成一定量的CO、NO、H_2S、SO_2等有毒气体，特别是在有限空间内发生爆炸时，有毒气体会导致人员中毒或死亡。

5. 二次爆炸

发生爆炸时，如果车间、库房（如制氢车间、汽油库或其他建筑物）里存放有可燃物资，会造成火灾；高空作业人员受冲击波或震荡作用，会造成高处坠落事故；粉尘作业场所轻微的爆炸冲击波会使积存于地面上的粉尘扬起，造成更大范围的二次爆炸等。

4.3 防火与防爆的基本措施

4.3.1 火灾与爆炸事故

1. 火灾及其分类

1）火灾

凡在时间上和空间上失去控制的燃烧所造成的灾害都为火灾。根据《火灾统计管理规定》，所有火灾不论损害大小，都列入火灾统计范围。以下情况也列入火灾统计范围：

（1）易燃易爆化学物品燃烧爆炸引起的火灾。

（2）破坏性试验中引起非实验体的燃烧。

（3）机电设备内部故障导致的外部明火燃烧或者由此引起其他物件的燃烧。

（4）车辆、船舶、飞机及其他交通工具的燃烧（飞机因飞行事故而导致本身燃烧的除外），或者由此引起其他物件的燃烧。

2）火灾分类

《生产安全事故报告和调查处理条例》中按照一次火灾事故损失的严重程度，将火灾等级划分为四类：

（1）特别重大火灾是指造成30人以上死亡，或者100人以上重伤，或者1亿元以上直接财产损失的火灾。（注：“以上”包括本数，“以下”不包括本数，下同）

（2）重大火灾是指造成10人以上30人以下死亡，或者50人以上100人以下重伤，或者5000万元以上1亿元以下直接财产损失的火灾。

（3）较大火灾是指造成3人以上10人以下死亡，或者10人以上50人以下重伤，或者1000万元以上5000万元以下直接财产损失的火灾。

（4）一般火灾是指造成3人以下死亡，或者10人以下重伤，或者1000万元以下直接财产损失的火灾。

在国家标准《火灾分类》（GB/T 4968—2008）中，根据可燃物的类型和燃烧特性将火灾定义为以下六个不同的类别：

（1）A类火灾，固体物质火灾。这种物质通常具有有机物性质，一般在燃烧时能产生灼热的余烬，如木材、煤、棉、毛、麻、纸张等火灾。

（2）B类火灾，液体或可熔化的固体物质火灾，如汽油、煤油、柴油、原油、甲醇、乙醇、沥青、石蜡等火灾。

（3）C类火灾，气体火灾，如煤气、天然气、甲烷、乙烷、丙烷、氢气等火灾。

（4）D类火灾，金属火灾，如钾、钠、镁、钛、锆、锂、铝镁合金等火灾。

（5）E类火灾，带电火灾，如物体带电燃烧的火灾。

（6）F类火灾，烹饪器具内的烹饪物（如动植物油脂）火灾。

2. 爆炸事故类型及其特点

1）常见工业爆炸事故类型

在化工、石油化工、煤化工等企业生产中发生的爆炸事故可按爆炸介质和原因分为以下六类：

（1）气体混合物爆炸是指可燃气体、蒸气与空气或氧气混合的气体混合物，浓度达到其爆炸极限，遇点火源而发生的爆炸。

（2）蒸气爆炸是指处于过热状态的水、有机液体和液化气体等，因容器破裂泄压瞬时变成蒸气喷出而产生的物理爆炸现象。

（3）气体分解爆炸是指单一气体发生分解放出热量而导致的爆炸。

（4）粉尘爆炸是指可燃粉尘与空气或氧气形成的混合物，浓度达到其爆炸范围，遇点火源引发的爆炸。

（5）混合危险物的爆炸是指两种以上的物质混合或接触后发生的爆炸。

（6）爆炸性化合物的爆炸是指合成法生产炸药及反应过程中副反应生成的爆炸性化合物的爆炸。

2）爆炸事故的特点

（1）严重性。燃爆事故所造成的后果往往比较严重，易造成重大伤亡事故。火灾和爆炸事故不仅给国家财产造成巨大损失，还迫使工矿企业停产，通常恢复生产需要较长的时间。

（2）复杂性。燃爆事故的原因往往比较复杂。例如，发生火灾和爆炸事故的着火源有明火、化学反应热、物质的分解自燃、热辐射、静电放电、雷电和日光照射等。

（3）突发性。燃爆事故往往是在人们意想不到的时候突然发生。虽然存在事故征兆，但在缺少火灾和爆炸事故的监测、报警等手段或其可靠性、实用性和广泛应用等不理想的情况下，会导致事故意外突发。

4.3.2 防止形成爆炸危险环境

在生产过程中，应根据易燃易爆物质的燃烧爆炸特性，以及生产工艺和设备的条件，采取有效的措施，预防在设备和系统里或在其周围形成爆炸性混合物。这类措施主要有设备密闭、厂房通风、惰性介质保护，以不燃溶剂代替可燃溶剂、危险物品的隔离储存、妥善处理含有危险成分的物质等。

1. 采用火灾、爆炸危险性低的物料

通过改进生产工艺或技术，以不燃或难燃材料替代可燃材料，以不燃溶剂替代可燃溶剂，以高沸点的溶剂替代挥发性大的溶剂，以介质加热取代直接加热，以负压低温替代加热蒸发等是防火防爆的根本性措施。因此，在满足生产工艺要求的条件下，应当尽可能地用不燃溶剂或火灾危险性较小的物质代替易燃溶剂或火灾危险性较大的物质，这样可防止形成爆炸性混合物，为生产创造更为安全的条件。

2. 生产设备及系统尽量密闭化

为防止易燃性气体、液体和可燃性粉尘与外界空气接触而形成爆炸性混合物，应设法将它们放在密闭设备或容器中储存或操作。为了保证设备系统的密闭性，可通过以下措施达到：

（1）对存有燃爆危险物料的设备和管道，尽量采用焊接，减少法兰连接，同时要保证安装和检修方便。

（2）输送燃爆危险性大的气体、液体的管道，最好采用无缝钢管，盛装腐蚀性物料的容器尽可能不设开关和阀门，可将物料从顶部抽吸排出。

（3）接触高锰酸钾、氯酸钾、硝酸钾、漂白粉等粉状氧化剂的生产传动装置，要严加密封，经常清洗，定期更换润滑油，以防止粉尘漏进变速箱中与润滑油接触而引起火灾。

（4）对加压和减压设备，在投入生产前及检修和运行中，应做气密性检验和耐压强度试验。

（5）负压操作可防止系统中有爆炸危险性的物质溢入生产场所，减少发生燃烧和爆炸的危险性。

（6）已密闭的正压设备或系统要防止泄漏，负压设备及系统要防止空气的渗入，常见的引起泄漏的原因有：

（i）因材料强度不够引起破坏而发生泄漏，如材料老化、材料受到腐蚀或者磨损、介质或者环境温度过高或过低、静负荷或者反复应力使材料发生疲劳破坏或变形等。

（ii）因外界负荷造成破坏引起泄漏，如地震或者泥石流导致输油管或者输气管断裂，因施工不慎或者车辆碰撞造成的油、气罐或管道破裂等。

（iii）因内压升高引起破坏导致泄漏，如容器内介质受热发生热膨胀，由于系统内发生机械压缩、绝热压缩或发生“水锤”现象，容器内化学反应失控而内压升高，使容器破裂而泄漏等。

（iv）焊缝开裂或者密封部位不严引起的泄漏，这种泄漏在化工厂中比较常见，如果泄漏的可燃气量较大，积聚到危险浓度，又遇到火源，就会引起火爆灾害。

（v）人为误操作造成泄漏，如开错阀门、按错开关等。

3. 采取通风除尘措施

在有火灾、爆炸危险的场所内，尽管采取很多措施使设备密闭，但总会有部分可燃气体、蒸气或粉尘泄漏出来。采用通风置换、除尘可以降低场所内可燃物的含量，是防止形成爆炸性混合物的一个重要措施。

用于通风措施的空气，如果空气中含有易燃易爆危险气体，不应循环使用；排风设备和送风设备应放置在独立设置的通风室，与易燃易爆气体、粉尘隔绝，用于温度超过80℃空气或其他气体的排风设备应用非燃烧材料制成；有燃烧爆炸危险的粉尘排风系统应采用不产生火花的除尘设备；当粉尘与水接触能生成爆炸性气体时，不应采用湿式除尘系统；通风管道不宜穿过防火墙以免发生火灾时火势顺管道通过防火墙而扩散蔓延。

4. 安全监测及联锁

1）信号报警

生产中出现危险状态时，信号报警装置可以警告操作人员并使其采取措施，消除事故隐患。通常发出的报警信号有声、光、颜色等形式，而报警装置一般与测量仪表相连，当有关测量参数超过控制指标时，能自动采取措施消除不正常状态或扑救危险状况。

2）安全联锁

安全联锁是利用机械或电气控制依次接通各仪器或设备，并使之彼此发生联系，若不符合规定的程序，则仪器和设备不能启动、运转或停车，以达到安全生产的目的。化工生产中的联锁装置常用于如下情况：

（1）同时或依次开启两种物料的阀门。

（2）在反应的一定程度需要用惰性气体保护时。

（3）打开设备前应预先解除压力或降温时。

（4）当两种或多种部件、设备、机器由于误操作而容易引发事故时。

（5）当工艺控制参数达到某一危险值，立即启动紧急处理装置时。

（6）危险部位或区域禁止无关人员入内时。

在硫酸和水的混合操作中，必须先向设备中注水再注入硫酸，否则硫酸会飞溅灼伤工人，为此可将注水阀和注酸阀进行联锁，这样可以防止疏忽颠倒操作顺序。

3）火灾、爆炸监测装置

火灾、爆炸监测装置主要是指火灾监测仪和爆炸监测仪。

火灾监测仪能测出火灾初期陆续出现的火灾信息，主要有感温式、感烟式、感光式、感气式等多种类型，可利用以上各种探测器组装成火灾报警器、报警网、自动灭火系统。

爆炸监测仪主要是指在生产和使用爆炸性气体的场所使用的监控爆炸性气体泄漏和其在空气中含量的监测仪。在易泄漏可燃气体或蒸气的部位设置固定式可燃气体报警器，以随时监测泄漏情况。

4.3.3 控制着火源

着火源是物质燃烧的必要条件之一，控制、消除着火源是预防火灾、爆炸事故的最基本措施之一。

1. 明火

明火包括加热用火、维修用火、吸烟及机动车辆的尾排气管火星等。根据化工系统火灾、爆炸重大事故的统计，明火引发的事故占 50%以上，因此，严格控制管理明火对防火防爆十分重要。

1）加热用火

按照规定，生产装置中明火加热设备的布置应与可能发生可燃气（蒸气、粉尘）的工艺设备和罐区保持足够的安全距离，并应布置在容易散发可燃物料设备、系统的上风向或者侧风向。如有两个以上的明火加热装置，应当将它们集中布置在生产装置的边缘，并与其他设备、系统保持安全距离。为防止烟筒飞火，炉壁内的燃烧要充分，烟筒要有足够的高度并安装熄火器；对熬炼设备要经常检查，防止烟道蹿火和热锅破漏；熬锅内物料不能过满，以防溢出，并要严格控制加热温度。

2）维修用火

维修用火主要指焊接、切割及喷灯作业等，在工矿企业特别是石油化工企业中，因维修用火引发的火灾、爆炸事故较多，因此，对于维修用火制定了严格的管理规定，必须严格遵守。

使用气焊、电焊、喷灯进行安装和维修时，必须办理动火证，在采取了防护措施，确保安全后方能动火，在对生产、盛装易燃物料的设备、管道进行动火作业时，要严格执行隔离、置换、清洗、动火分析等规定，使用惰性气体进行吹扫置换并经气体分析合格后方可动火。化工企业动火前半小时合格分析的标准如下：

（1）爆炸下限小于4%的可燃气体、蒸气，其含量不超过0.2%。

（2）爆炸下限大于或等于4%的可燃气、蒸气，其含量不超过0.5%。

（3）混合气体则以爆炸下限最低的为合格标准。

（4）氧气设备的氧含量不超过22%。

3）其他用火

香烟的燃烧温度在吸着时为650～800℃，点燃放下时为450～500℃。为防止吸烟引发火灾、爆炸事故，化工、石化企业禁止吸烟，可采取的措施包括设立明显的禁烟标志，建立严格的吸烟制度，生产区域内严禁吸烟；在使用易燃液体的场所，在大量易燃液体、挥发性物质存在的场所，严禁带入火柴、打火机和香烟等。

2. 摩擦和撞击

机器上转动部分的摩擦、铁器的互相撞击或铁器工具打击混凝土地面等，都有可能产生高温火花。由于火花的能量超过了大多数可燃气体、蒸气、粉尘的最小点火能量，因此摩擦与撞击往往成为火灾、爆炸的起因，在易燃易爆的场所要避免发生摩擦和撞击。

易燃易爆场所应采取相应防范措施：在易燃易爆场所内，避免使用铁器工具，应采用铍青铜、铝青铜制作的防爆工具；在具有燃烧、爆炸危险的生产厂房内，禁止穿带钉子的鞋，地面应使用不发生火花的材料铺设；装运盛装易燃易爆危险品的金属容器时，不要拖拉、抛掷、振动，防止互相撞击产生火花；倾倒或抽取可燃液体时，用铜锡合金或铝皮等不发火的材料将容易摩擦撞击的部位覆盖；机器上的轴承缺油、润滑不均时，会因摩擦而发热，引起附着的可燃物着火，因此要经常检查设备的轴承等传动部位并及时加油，保持良好润滑，及时清除附着的可燃污垢；为防止钢铁零件随物料带入设备内而发生撞击起火，可在粉碎机、搅拌机、混合机等设备上安装磁力离析器，吸出、剔出钢铁零件；在破碎、研磨特别危险物质（如碳化钙）的加工过程中，应采用惰性气体保护。

3. 高温表面

危险化学品生产的加热、干燥装置，高温物料输送管线，高压蒸气管路及某些反应设备的金属表面等其表面温度都比较高，能成为燃烧爆炸的点火源。为防止发生事故，主要措施是采用绝热材料对热表面进行保温隔热处理，防止易燃物料与高温设备、管道表面相接触；高温表面上的污垢和物料要经常清除，不允许在高温管道或设备上搭晒衣物。

4. 自燃发热

某些易燃易爆物质具有自燃发热的特性，如硝化棉、赛璐珞、黄磷及一些含油物质等。硝化棉、赛璐珞的自燃一般发生在高温潮湿的条件下，因此它们应存放在通风阴凉干燥处；黄磷应存放在水中与空气隔绝，防止发生自燃；油布、油纸应放入铁桶内，放置在安全地方，并应及时清理，以防自燃。

5. 电气设备

电气设备或线路出现危险温度、电火花和电弧时，便成为引起可燃气体、蒸气和粉尘着火、爆炸的一个主要火源。生产过程中设备和线路的短路、接触电阻过大、超负荷或通风、散热不良等会导致设备发热、温度上升而出现危险温度，绝缘材料熔化而引起可燃物质燃烧。因此，应保证电气设备的电压、电流、温度等参数不超过允许值，保证导电部分连接可靠、接触良好。在具有爆炸危险的场所，可拆卸的连接应采取防松措施，铝导线间的连接应采用压接、熔焊或钎焊，不得采用缠绕接线；引入易燃易爆场所的电线应绝缘良好，并敷设在铁管内；电气设备应保持清洁，有爆炸危险的场所应安装防爆电气设备；启动和配电设备不可安装在同房间；建立安全用电、定期检查制度，以防产生电火花。

6. 静电火花

静电指相对静止的电荷，是一种常见的带电现象。在一定条件下，两种不同物质（其中至少有一种是电介质）相互接触、摩擦便可能产生静电并积聚起来，形成高电压，若静电能量以火花形式放出，则可能引起火灾、爆炸事故。消除静电有两条主要途径，其一是控制工艺过程，抑制静电的产生；其二是加速所产生静电的泄放或中和，限制静电的积累，使之不超过安全限度。依据《防止静电事故通用导则》（GB 12158—2006）的相关标准，现将消除静电的主要方法分述如下。

1）抑制静电的产生

产生静电的根本原因在于两种相互接触、发生摩擦的物质的带电极性不同。为抑制产生静电，应当尽量选用在起电序列中位置相近的物质，即使是同类物质，由于表面的污染、氧化及其他状态变化有所不同，在接触及分离时也可能产生静电，因此要实现完全抑制静电的产生是较难的。

此外，限制流体在管道中的流速，减少不必要的摩擦、接触及分离也能抑制静电的产生。

2）接地

设备接地是最简单、最常用，也是最基本的防静电措施，但是它只能消除导体上的静电，不能消除绝缘体上的静电。在爆炸危险场所，所有可能发生静电的设备、管道、装置、系统都应当接地，一些互相连接或离得较近的设备、管道、装置、系统应当连接起来，进行可靠接地，以保持等电位，避免相互之间产生静电火花。

需要注意的是，带有静电的绝缘体不能经过导体直接接地，这样做相当于把大地电位引向绝缘体，反而会增加放电的危险。绝缘体通过 $10^6 \sim 10^8 \Omega \cdot cm$ 电阻接地，可使其所带静电较快泄放，但是在不接地部分的绝缘体上，其所带静电不能泄放。

3）添加导电填料

为使绝缘体具有一定的导电性能，便于导走静电，可在绝缘材料里添加一些导电性能好的物质。例如，在炼制橡胶过程中掺入一定数量的石墨粉，在生产塑料时掺入少量金属粉末或石墨粉，在工业用油中掺入少量乙醇或微量乙酸，在苯中加入一些油酸镁等金属皂，均能降低其电阻率，增加导电性。

4）添加抗静电剂

抗静电剂是一种表面活性物质，具有较好的导电性能和较强的吸湿性能。在容易产生静电的物质中加入抗静电剂，能降低该物质的体积电阻和表面电阻，加快静电的泄放，消除或降低危险。在塑料、橡胶和化学纤维中，主要使用季铵盐类抗静电剂；在石油类液体中，可以采用环烷酸盐、合成脂肪酸盐等作为抗静电剂。

5）增加工作场所空气湿度

当空气相对湿度在 70%以上时，物体表面往往会形成一层极薄的水膜。水膜能溶解空气中的二氧化碳，使表面电阻率大大降低，有利于静电的逸散。

由于增湿主要是增加绝缘体表面的静电泄放，因此对于表面容易被水润湿形成水膜的绝缘体，如醋酸纤维、硝酸纤维、纸、橡胶等，增湿对消除静电有效；反之，对于不容易被水湿润的绝缘体，如纯涤纶、聚四氟乙烯、聚氯乙烯等，增湿则无效。

7. 雷电火花

雷电是自然界中的静电放电现象。雷电所产生的火花温度之高可以熔化金属，也是引起火灾、爆炸事故的原因之一。因遭受雷击导致油罐大火的事故在国内外时有发生，一般损失惨重。例如，1989 年 8 月，青岛市黄岛油库遭雷击爆炸燃烧，大火燃烧了 104h 才完全扑灭，死亡 19 人，直接经济损失 3540 万元人民币。我国长江以南大部分地区是多雷电日地区，中等以上城市的高层建筑物及高大工业生成装置、设施，每年都有雷击事故发生，因此雷电的危害不容忽视。

防雷装置主要由接闪器、引下线和接地装置三部分组成，其工作原理是：利用设在高处被保护物突出位置的接闪器把雷引向自身，再通过引下线及接地装置把电引入大地，从而使被保护物及人免受雷击。常见的防雷装置有：

（1）避雷针主要用于露天变电所、建筑物及构筑物的保护。

（2）避雷网和避雷带主要用于建筑物的保护。

（3）避雷线主要用于电力线路的保护。

（4）避雷器及保护间隙主要作为电力设备和架空线路防止雷电侵入波的一种保护手段。

在国家标准《建筑物防雷设计规范》（GB 50057—2010）中，根据建筑物的重要性、使用性质、发生雷电事故的可能性和后果，将其分为三类，并对这三类防雷建筑物的防雷措施及防雷装置的技术规范做了明确的规定。

4.3.4 防火防爆安全装置

安全装置是保护设备或生产装置安全运行，防止异常情况下发生爆炸的装置。防火防爆安全装置在系统发生异常状况时能阻止灾害发生，避免事态扩大，减少事故损失。

1. 防爆泄压装置

当容器在正常的工作压力下运行时，泄压装置保持严密不漏，一旦容器内压力超过规定，泄压装置就能自动、迅速、足够量地把容器内部的气体排出，使容器内的压力始终保持在最高许可压力范围以内。

1）泄压装置的种类

泄压装置按结构形式可分为阀型、断裂型、熔化型和组合型等几种。

（1）阀型安全泄压装置。阀型安全泄压装置的优点是当容器内压力降至正常操作压力时，即自动关闭，可避免容器因出现超压就把全部气体排出而造成生产中断和浪费，因此被广泛采用；其缺点是密封性较差，由于弹簧的惯性作用，阀的开启常有滞后现象，当用于一些不洁净的气体时，阀口有被堵塞或阀瓣有被粘住的可能。

（2）断裂型安全泄压装置——爆破片和防爆帽。断裂型安全泄压装置的优点是密封性能好，泄压反应较快，气体内所含的污物对它的影响较小等；其缺点是泄压后不能继续使用，而且容器需停止运行，更换新的，一般只用于超压可能性较小而且不宜装设阀型安全泄压装置的容器上。

（3）熔化型安全泄压装置（易熔塞）。熔化型安全泄压装置是通过易熔合金的熔化使容器的气体从原来填充有易熔合金的孔中排出而泄放压力的。主要用于防止容器由于温度升高而发生的超压，一般用于液化气体钢瓶。

（4）组合型安全泄压装置。组合型安全泄压装置包括阀型和断裂型组合及阀型和熔化型组合。阀型和断裂型组合具有阀型和断裂型的优点，既能防止阀型安全泄压装置的泄漏，又可以在排放过高的压力后使容器继续运行。

2）泄压设备

泄压设备主要包括安全阀、防爆片、防爆门、防爆帽、防爆球阀、放空阀门等。

（1）安全阀：按其结构和作用原理可分为静重式、杠杆式和弹簧式等。

（2）防爆片（防爆膜、爆破片）：侧重于排出设备内气体、蒸气或粉尘等发生化学性爆炸时产生的压力。

（3）防爆门（窗）：一般装设在燃烧炉（室）外壁上，防爆门应装设在人不常去的地方。

（4）防爆帽（爆破帽）：主要元件是一端封闭、中间具有一薄弱断面的厚壁短管。当容器内的压力超过规定，使薄弱断面上的拉伸应力达到材料的强度极限时，防爆帽即从此处断裂，气体由管孔中排出，一般适用于超高压容器。

2. 阻火设备

阻火设备是防止外部火焰蹿入有燃烧爆炸危险的设备、管道、容器，或阻止火焰在设备和管道内扩展，主要包括安全液封、水封井、阻火器、单向阀、阻火闸门、火星熄灭器、防火堤、燃烧池、防火墙等。

1）安全液封

液封阻火的原理是用非燃烧液体进行阻隔，安全液封一般安装在压力低于 0.02MPa（表压）的气体管道与设备之间。

2）水封井

水封井是安全液封的一种，被石油化工企业设置在有可燃气体、易燃液体蒸气或油污的污水管网上，以防止燃烧爆炸沿着污水管网蔓延扩展。

3）阻火器

阻火器的灭火原理是当火焰通过狭小孔隙时，由于热损失突然增大，燃烧不能继续而熄灭。种类有波纹式金属阻火器、砾石阻火器等。在容易引起燃烧爆炸的高热设备、燃烧室、高温氧化炉和高温氧化器中，输送可燃气体、易燃液体蒸气的管线之间以及易燃液体、可燃气体的容器、管道、设备的排气管上，多用阻火器进行阻火。

4）单向阀

单向阀也称止逆阀、止回阀，其作用是仅允许流体向一定的方向流动，遇有回流时即自动关闭，可防止高压蹿入低压系统而引起管道、容器、设备炸裂。生产中常用的有升降式、摇板式和球式单向阀。

5）阻火闸门

阻火闸门是为防止火焰沿通风管道蔓延而设置的。在正常情况下，阻火闸门受易熔金属元件的控制而处于开启状态，一旦温度升高使易熔金属熔化，闸门可自动关闭，阻止火势沿着管道向上下层或邻近蔓延。

6）火星熄灭器

火星熄灭器又称防火帽，一般安装在产生火星的设备和装置上或机动车辆的排气管上，以防飞出的火星引燃易燃易爆物质。

3. 报警和联锁

1）报警装置

（1）火灾报警控制器按用途不同可分为区域火灾报警控制器、集中火灾报警控制器和通用火灾报警控制器三种基本类型。近年来，随着火灾探测报警技术的发展和模拟量、总线制、智能化火灾探测报警系统的逐渐应用，在许多场合火灾报警控制器已不再分为区域、集中和通用三种类型，而统称为火灾报警控制器。①区域火灾报警控制器的主要特点是控制器直接连接火灾探测器而处理各种报警信号，是组成自动报警系统最常用的设备之一。②集中火灾报警控制器的主要特点是一般不与火灾探测器相连，而与区域火灾报警控制器相连，处理区域级火灾报警控制器送来的信号，常用在较大型系统中。③通用火灾报警控制器的主要特点是兼有区域、集中两级火灾报警控制器的双重特点，通过设置或修改某些参数（可以是硬件或者是软件方面），既可作区域级使用而连接探测器，又可作集中级使用而连接区域火灾报警控制器。

（2）火灾报警控制器按其信号处理方式可分为有阈值火灾报警器和无阈值模拟量火灾报警控制器。

（3）火灾报警控制器按其系统连接方式可分为多线式火灾报警控制器和总线式火灾报警控制器。

2）联锁装置

石油化工生产所使用的联锁装置种类很多，归纳起来大致有以下几种：①成分自控联锁；②温度控制联锁；③压力控制联锁；④液位自调联锁；⑤着火源切断联锁；⑥自动灭火联锁；⑦自动切断物料、自动放空、自动切断电源、自动停车联锁；⑧消防自动报警以及其他各种声光报警等。

4.3.5 防火防爆区域安全规划

石油化工企业在进行区域安全规划时，应根据石油化工企业及其相邻的工厂或设施的特点和火灾危险性，结合地形、风向等条件，合理布置。有关注意事项如下：①石油化工企业的生产区，宜位于邻近城镇或居住区全年最小频率风向的上风侧；②在山区或丘陵地区，石油化工企业的生产区应避免布置在窝风地带；③石油化工企业的生产区沿江河、海岸布置时，宜位于邻近江河的城镇、重要桥梁、大型锚地、船厂等重要建筑物或构筑物的下游；④石油化工企业的液化烃或可燃液体的罐区邻近江河、海岸布置时，应采取防止泄漏的可燃液体流入水域的措施；⑤公路和地区架空电力线路，严禁穿越生产区，区域排洪沟不宜通过厂区；⑥石油化工企业与相邻工厂或设施的防火间距，不应小于有关石油化工企业设计国家相关规范规定。石油化工企业与相邻工厂或设施的防火间距如表 4-13 所示。

表 4-13　石油化工企业与相邻工厂或设施的防火间距

<table>
<tr><th colspan="2" rowspan="2">相邻工厂或设施</th><th colspan="5">防火间距/m</th></tr>
<tr><th>液化烃罐组（罐外壁）</th><th>甲、乙类液体罐组（罐外壁）</th><th>可能携带可燃液体的高架火炬（火炬中心）</th><th>甲、乙类工艺装置或设施（最外侧设备外缘或建筑物的外轴线）</th><th>全厂性或区域性重要设施（最外侧设备外缘或建筑物的最外轴线）</th></tr>
<tr><td colspan="2">居民区、公共福利设施、村庄</td><td>150</td><td>100</td><td>120</td><td>100</td><td>25</td></tr>
<tr><td colspan="2">相邻工厂（围墙或用地边界线）</td><td>120</td><td>70</td><td>120</td><td>50</td><td>70</td></tr>
<tr><td rowspan="2">厂外铁路</td><td>国家铁路线（中心线）</td><td>55</td><td>45</td><td>80</td><td>35</td><td>—</td></tr>
<tr><td>厂外企业铁路线（中心线）</td><td>45</td><td>35</td><td>80</td><td>30</td><td>—</td></tr>
<tr><td colspan="2">国家或工业区铁路编组站（铁路中心线或建筑物）</td><td>55</td><td>45</td><td>80</td><td>35</td><td>25</td></tr>
<tr><td rowspan="2">厂外公路</td><td>高速公路、一级公路（路边）</td><td>35</td><td>30</td><td>80</td><td>30</td><td>—</td></tr>
<tr><td>其他公路（路边）</td><td>25</td><td>20</td><td>60</td><td>20</td><td>—</td></tr>
<tr><td colspan="2">变配电站（围墙）</td><td>80</td><td>50</td><td>120</td><td>40</td><td>25</td></tr>
<tr><td colspan="2">架空电力线路（中心线）</td><td>1.5 倍塔杆高度</td><td>1.5 倍塔杆高度</td><td>80</td><td>1.5 倍塔杆高度</td><td>—</td></tr>
<tr><td colspan="2">通航江、河、海岸边</td><td>25</td><td>25</td><td>80</td><td>20</td><td>—</td></tr>
<tr><td rowspan="2">地区埋地输油管道</td><td>原油及成品油（管道中心）</td><td>30</td><td>30</td><td>60</td><td>30</td><td>30</td></tr>
<tr><td>液化烃（管道中心）</td><td>60</td><td>60</td><td>80</td><td>60</td><td>60</td></tr>
</table>

续表

相邻工厂或设施	防火间距/m				
	液化烃罐组（罐外壁）	甲、乙类液体罐组（罐外壁）	可能携带可燃液体的高架火炬（火炬中心）	甲、乙类工艺装置或设施（最外侧设备外缘或建筑物的外轴线）	全厂性或区域性重要设施（最外侧设备外缘或建筑物的最外轴线）
地区埋地输气管道（管道中心）	30	30	60	30	30
装卸油品码头（码头前沿）	70	60	120	60	60

注：①相邻工厂指石油化工企业和油库以外的工厂。②括号内指防火间距起止点。③当相邻设施为港区陆域、重要物品仓库和堆场、军事设施、机场等，对石油化工企业的安全距离有特殊要求时，应按有关规定执行。④丙类可燃液体罐组的防火距离，可按甲、乙类可燃液体罐组的规定减少25%。⑤丙类工艺装置或设施的防火距离，可按甲、乙类工艺装置或设施的规定减少25%。⑥地面敷设的地区输油（输气）管道的防火距离，可按地区埋地输油（输气）管道的规定增加50%。⑦当相邻工厂围墙内为非火灾危险性设施时，其与全厂性或区域性重要设施防火间距最小可为25 m。⑧“—”表示无防火间距要求或执行相关规范。

石油化工企业与同类企业及油库的防火间距不应小于表4-14中的规定。高架火炬的防火间距应根据人或设备允许的辐射热强度计算确定，对可能携带可燃液体的高架火炬的防火间距不应小于表4-14中的规定。

表4-14 可燃液体的高架火炬的防火间距

项目	防火间距/m				
	液化烃罐组（罐外壁）	甲、乙类液体罐组（罐外壁）	可能携带可燃液体的高架火炬（火炬中心）	甲、乙类工艺装置或设施（最外侧设备外缘或建筑物的外轴线）	全厂性或区域性重要设施（最外侧设备外缘或建筑物的最外轴线）
液化烃罐组（罐外壁）	60	60	90	70	90
甲、乙类液体罐组（罐外壁）	60	1.5*D*(注②)	90	50	60
可能携带可燃液体的高架火炬（火炬中心）	90	90	见注④	90	90
甲、乙类工艺装置或设施（最外侧设备外缘或建筑物的外轴线）	70	50	90	40	40
全厂性或区域性重要设施（最外侧设备外缘或建筑物的最外轴线）	90	60	90	40	20
明火地点	70	40	60	40	20

注：①括号内指防火间距起止点。②D为较大罐的直径，当1.5D小于30m时，取30m；当1.5D大于60m时，可取60m；当丙类可燃液体罐相邻布置时，防火间距可取30m。③与散发火花地点的防火间距，可按与明火地点的防火间距减少50%，但散发火花地点应布置在火灾爆炸危险区域之外。④辐射热不应影响相邻火炬的检修和运行。⑤丙类工艺装置或设施的防火间距，可按甲、乙类工艺装置或设施的规定减少10m（火炬除外），但不应小于30m。⑥石油化工工业园区内公用的输油（气）管道，可布置在石油化工企业围墙或用地边界线外。

1. 厂区总平面布置

工厂总平面布置应根据工厂的生产流程及各组成部分的生产特点和火灾危险性，结合地形、风向等条件，按功能分区集中布置。

（1）可能散发可燃气体的工艺装置、罐组、装卸区或全厂性污水处理场等设施，宜布置在人员集中场所及明火或散发火花地点的全年最小频率风向的上风侧；在山区或丘陵地区，应避免布置在窝风地带。

（2）液化烃罐组或可燃液体罐组，不应毗邻布置在高于工艺装置、全厂性重要设施或人员集中场所的阶梯上。但受条件限制或有工艺要求时，可燃液体原料储罐可毗邻布置在高架工艺装置的阶梯上。

（3）当厂区采用阶梯式布置时，阶梯间应有防止泄漏的可燃液体漫流的措施。

（4）液化烃罐组或可燃液体罐组，不宜紧靠排洪沟布置。

（5）空气分离装置应布置在空气清洁地段并位于散发乙炔、其他烃类气体、粉尘等场所的全年最小频率风向的下风侧。

（6）全厂性的高架火炬，宜位于生产区全年最小频率风向的上风侧。

（7）汽车装卸站、液化烃灌装站、甲类物品仓库等机动车辆频繁进出的设施应设置在厂区边缘或厂区外，并宜设围墙独立成区。

（8）采用架空电力线路进出厂区的总变配电所，应布置在厂区边缘。

（9）厂区的绿化应符合下列规定：①生产区不应种植含油脂较多的树木，宜选择含水分较多的树种；②工艺装置或可燃气体、液化烃、可燃液体的罐组与周围消防车道之间，不宜种植绿篱或茂密的灌木丛；③在可燃液体罐组防火堤内，可种植生长高度不超过15cm、含水分多的四季常青的草皮；④液体烃罐组防火堤内严禁绿化；⑤厂区的绿化不应妨碍消防操作。

（10）石油化工企业总平面布置的防火间距，不应小于石油化工企业设计防火规范的规定，工艺装置设施（罐组除外）之间的防火距离，应按相邻最近的设备、建筑物或构筑物确定。

2. 厂内道路

（1）工厂主要出入口应不少于两个，并宜位于不同方位。

（2）两条或两条以上的工厂主要出入口的道路，应避免与同一条铁路平交；若必须平交时，至少有两条道路的间距不应小于所通过的最长列车的长度；若小于所通过的最长列车的长度，应另设消防车道。

（3）主干道及其厂外延伸部分，应避免与调车频繁的厂内铁路或邻近厂区的厂外铁路平交。

（4）生产区的道路宜采用双车道，若为单车道应满足错车要求。

（5）工艺装置区、罐区、可燃物料装卸区及其仓库区，应设环形消防车道，当受地形条件限制时，可设有回车场的尽头式消防车道。

（6）液化烃、可燃液体的罐区内的储罐与消防车道的距离，应符合下列规定：①任何储罐的中心至不同方向的两条消防车道的距离，均应小于120m；②当仅一侧有消防车道时，车道至任何储罐的中心，均应小于 80m；③在液化烃、可燃液体的铁路装卸区，应设与铁路轨道平行的消防车道，并符合下列规定：若一侧设消防车道，车道至最远的铁路轨道的距离应小于80m，若两侧设消防车道，车道之间的距离应小于200m，超过200m时，其间应增设消防车道。

（7）当道路路面高出附近地面2.5m以上，且在距道路边缘15m范围内有工艺装置或可燃气体、液化烃、可燃液体的储罐及管道时，应在该段道路的边缘设护墩、矮墙等防护设施。

3. 厂内管道

（1）沿地面或低支架敷设的管道，不应环绕工艺装置或罐组四周布置。

（2）管道及其析架跨越厂内铁路的净空高度应大于5.5m，跨越厂内道路的净空高度应大于5m。

（3）可燃气体、液化烃、可燃液体的管道横穿铁路或道路时，应敷设在管涵或套管内。

（4）可燃气体、液化烃、可燃液体的管道，不得穿越或跨越与其无关的炼油工艺装置、化工生产单元或设施，但可跨越罐区泵房（棚）。在跨越泵房（棚）的管道上，不应设置阀门、法兰、螺纹接头和补偿器等。

（5）距散发相对密度比空气大的可燃气体设备30m以内的管沟、电缆沟、电缆隧道，应采取防止可燃气体窜入和积聚的措施。

（6）各种工艺管道或含可燃液体的污水管道，不应沿道路敷设在路面或路肩上下。

（7）布置在公路型道路路肩上的管架支柱、照明电杆、行道树或标志杆等，应符合下列规定：至双车道路面边缘应不小于0.5m；至单车道中心线应不小于3m。

4.3.6 消防基础设施

1. 灭火的基本方法

（1）隔离法。将正在燃烧的物质和周围未燃烧的可燃物质隔离或移开，中断可燃物质的供给，使燃烧因缺少可燃物而停止。

（2）窒息法。阻止空气流入燃烧区，或用不燃烧也不助燃的惰性气体稀释空气，使燃烧物得不到足够的氧气而熄灭。

（3）冷却法。将灭火剂直接喷射到燃烧的物体上，以降低燃烧物的温度于燃点以下，使燃烧停止，或者将灭火剂喷洒在火源附近的可燃物上，使其不因火焰热辐射作用而形成新的火点。冷却法是灭火的一种主要方法，常用水作灭火剂冷却降温灭火，灭火剂在灭火过程中不参与燃烧过程中的化学反应，这种方法属于物理灭火方法。

（4）化学中断法。从燃烧机理可知，有些物质的燃烧速率并不完全取决于燃烧三要素，还取决于燃气燃烧的连锁反应。由于连锁反应的存在，生成自由基直接影响燃烧反应的速率和条件，化学中断法就是通过加入某种药剂以抑制在燃烧过程中连锁反应自由基产生，从而使燃烧反应不能传递。

2. 灭火物质及其选用

1）灭火物质适用范围、使用方法及注意事项

水是使用最广泛的灭火剂，其价廉、取用方便、供应量大、对人体基本无害，有很好的灭火效能。由于水的比热及气化潜热较大，能从燃烧物上吸收很多热量，使燃烧物迅速降温，水吸热后蒸发产生大量蒸气，可阻止空气进入燃烧区，同时稀释燃烧区空气中的氧含量，逐渐减弱以至抑制燃烧的进行。喷射水流还能由于水力冲击产生机械作用，冲击燃烧物和火焰，

使燃烧强度显著减弱。水适用于扑救大面积火灾。

水蒸气的灭火作用是使火场氧含量减少，以阻止燃烧，并能造成气幕使火焰与空气隔开，油和气体着火都可以使用水蒸气扑灭，特别对扑灭气体着火效果更好，空气中含水蒸气浓度不低于35%时，可有效地灭火。

如下物质不能用水扑救：遇水燃烧物质，如金属钾、钠、电石等；密度比水小的非水溶性可燃、易燃液体，如苯、甲苯等；储存硫酸、硝酸等的场所；未切断电源的电器火灾；高温设备、高温铁水。

2）泡沫灭火剂

泡沫灭火剂指凡与水混合并通过化学反应或机械方法产生灭火泡沫的灭火药剂。一般由起泡剂、泡沫稳定剂、降黏剂、抗冻剂、防腐蚀剂及大量水组成，其主要灭火原理是产生大量泡沫，黏附在燃烧物表面，使其与空气隔绝。

按生成泡沫的机理可分为：

（1）化学泡沫灭火剂：由两种主要药剂的水溶液通过化学反应而产生灭火泡沫。适用范围：扑救一般B类火灾，如油制品、油脂等火灾，也可适用于A类火灾。

（2）空气泡沫灭火剂（机械泡沫灭火剂）：以发泡剂加入少量稳定剂、防腐剂和防冻剂等添加剂和大量水，通过发泡装置吸入大量空气而成。

因发泡剂和添加剂的不同可分为：

（1）蛋白泡沫灭火剂：由动植物的硬蛋白质在碱液作用下经部分水解浓缩而制成。

（2）氟蛋白泡沫灭火剂：在普通蛋白灭火剂中加入0.02%氟碳表面活性剂而制成，由于氟碳表面活性剂具有“三高二憎”的特性，氟蛋白泡沫灭火剂具有良好的表面活性、较高的热稳定性、较优的润湿性和流动性及防油防水的能力，比普通蛋白泡沫有较高的灭火性能，适用于油罐的固定或半固定式的液下喷射灭火设施。

（3）抗溶性泡沫灭火剂：在蛋白质水解液中添加抗溶性药剂有机酸金属络合盐而制成，当它与水接触时，析出不溶于水的有机酸金属皂。抗溶性泡沫不仅可以扑救一般烃类液体的火灾，而且可以有效地扑灭水溶性易燃、可燃液体的火灾，但对沸点很低的水溶性有机溶剂的火灾，由于燃后液面温度不能很快下降，若无较好的冷却措施，则只能控制火势，但难扑灭。

（4）高倍泡沫灭火剂：以合成表面活性剂为基料的泡沫灭火剂，其主要成分为脂肪醇硫酸钠十二醇加上抗冻剂、稳定剂等添加剂，发泡倍数可高达千倍以上。大型发泡装置每分钟可产生1000m^3以上的泡沫，这些泡沫迅速充满着火空间，使燃烧物与空气隔绝，火焰熄灭，可用来扑救非水溶性易燃液体、可燃液体及一般固体物质的火灾，但因其密度小、流动性好，不适于扑救油罐火灾。

3）惰性气体灭火剂

应用最广的为二氧化碳。其灭火原理为：液态到气态，能吸收大量气化热，冷却燃烧物，隔绝和稀释空气中的氧，当空气中CO_2体积分数为29.2%时，能使燃烧因缺氧而熄灭。二氧化碳适用于扑救A、B、C类火灾，扑救棉麻、纺织品火灾时，应注意防止复燃。由于二氧化碳灭火后不留痕迹，因此也适宜扑救电器、精密仪器及贵重生产设备的火灾，但不能用于钾、钠、镁、铝等金属火灾。在室外使用时应选择在上风方向喷射，在室内窄小空间使用时，灭火后操作者应迅速离开，以防窒息。

4）化学液体灭火剂

这类灭火剂主要是卤代烷类，其灭火机理是：卤代烷在高温中分解产生的活性游离基 Br、Cl 等参与物质燃烧过程中的化学反应，消除维持燃烧所必需的活性游离基 H^+和 OH^-等，从而使燃烧过程中化学连锁反应的链传递中断而灭火。实验证明，卤代烷灭火剂含溴比含氯、氟具有更大的效果。但使用卤代烷灭火时要注意个人防护，因为卤代烷有一定的毒性。

5）干粉灭火剂

干粉灭火剂的主要成分为碳酸氢盐（$NaHCO_3$）和磷酸氢盐（$NH_4H_2PO_4$）等组成的干粉剂。为防止碳酸氢钠干粉灭火剂结块，增加流动性，配方之一是加入 2%硬脂酸镁（防潮剂）和 5%滑石粉（增加流动性）。其灭火原理是：干粉在二氧化碳或氮气的压力推动下，以粉雾状喷出，受高温发生化学吸热反应，产生水蒸气、二氧化碳，起到一定的冷却和稀释作用，同时干粉颗粒对燃烧时的活性基团起钝化作用。干粉灭火剂主要适用于扑救可燃气体及电气设备的火灾，对一般固体的火灾也很有效，但灭火后留有残渣，不适合扑救精密仪器火灾。钠盐干粉中加入的硬脂酸镁对空气泡沫有破坏作用，故不能与空气泡沫并用。碳酸氢钠（钾）盐不可与蛋白泡沫并用，也不可与气泡沫并用，磷酸铵盐与碳酸氢钠、碳酸氢钾不相容；碳酸氢钠、碳酸氢钾与蛋白泡沫不相容；蛋白泡沫、氟蛋白泡沫与水成膜泡沫不相容。

3. 灭火器及其分类

灭火器是常见的消防器材之一，存放在公共场所或可能发生火灾的地方，不同种类的灭火器内装填的成分不一样，使用时必须注意，以免产生反效果及引起危险。

灭火器的种类很多，按其移动方式可分为手提式和推车式灭火器；按驱动灭火剂的动力来源可分为储气瓶式、储压式、化学反应式灭火器；按所充装的灭火剂则又可分为泡沫、干粉、卤代烷、二氧化碳、酸碱、清水等灭火器。

干粉灭火装置由干粉储罐、储气瓶、管道、阀门、喷头组成；二氧化碳灭火装置由储气钢瓶、管道和喷头组成；水灭火装置有喷淋装置和水幕装置两种；蒸气灭火装置由蒸气源、蒸气分配箱、输气干管、蒸气支管、配气管等组成；卤代烷灭火装置有全淹没式灭火系统、局部应用灭火系统和敞开式灭火系统三种；烟雾灭火装置由发烟器和浮漂组成。

复习思考题

4-1 闪燃、着火和自燃的不同点是什么？

4-2 可燃固体的种类有哪些？

4-3 爆炸引起的破坏作用主要表现在哪里？

4-4 简述防火技术措施的基本原则。

4-5 灭火的基本原理是什么？常用灭火方法有哪些？

4-6 简述爆炸的基本特征。

4-7 爆炸分为哪几类？每一类的特征是什么？

第5章　化工工艺安全技术

本章概要·学习要求

本章主要讲述了常见化学反应的危险性、典型化工工艺安全技术、化工操作过程危险性及安全技术。通过本章学习，要求学生掌握化工工艺和化工操作危险性及安全技术。

化工过程的安全技术与化工工艺过程密不可分，化工过程包括化工工艺过程（化学反应过程）和化工操作过程（物料处理过程）两部分。本章主要介绍化工生产中常用的典型化学反应及其危险性分析，包括氧化、还原、氯化、硝化、磺化、催化、聚合、裂解等反应；介绍几种典型化工工艺的危险性及安全技术。

在化工操作过程中，一些操作使用的设备和生产过程存在的危险性具有共性特点，基本化工操作过程包括：流体流动过程，即流体输送等；传热过程，即热传导、冷凝等；传质过程，即物质的传递，包括萃取等；热力过程，即温度和压力变化的过程，包括冷却、冷冻等。

化工工艺与化工操作是物质状态发生改变、能量集聚、传输、两类危险源相互作用的过程，控制化工工艺与化工操作的危险性是化工安全工作的重点之一。

5.1　化工生产安全概述

5.1.1　化工生产的特点

化工生产具有易燃、易爆、易中毒、高温、高压、有腐蚀性等特点，与其他工业部门相比具有更大的危险性。具体来讲，化工生产的特点可以归纳为以下几点：

（1）化工生产使用的原料、半成品和成品种类繁多，绝大部分是易燃、易爆、有毒、有害、有腐蚀性的危险化学品。

（2）化工生产要求的工艺条件苛刻。有些化学反应在高温、高压下进行，而有些反应又要求在低温、高真空度条件下进行。

（3）生产规模大型化。近几十年来，国际上化工生产的明显趋势是采用大型生产装置。

（4）生产方式日趋先进。现代化工企业的生产方式已经从过去的手工操作、间歇生产转变为高度自动化、连续化生产，生产设备由敞开式变为密闭式，生产装置从室内变为露天，生产操作由分散控制变为集中控制。

（5）化工生产的系统性和综合性强。将原料转化为产品的化工生产活动，其综合性不仅体现在生产系统内部的原料、中间体、成品纵向的联系，而且体现在与水、电、蒸汽等能源的供给，机械设备、电器、仪表的维护与保障，副产物的综合利用，废物处理和环境保护，产品应用等横向的联系。

5.1.2　化工生产事故的特征

化工生产事故的特征基本由所用原料特性、加工工艺、生产方法和生产规模决定，为预防事故的发生，必须了解这些特征。

1. 火灾、爆炸、中毒事故多，且后果严重

我国的统计资料表明，化工厂火灾爆炸事故的死亡人数占因工死亡总人数的 13.8%，居第一位；中毒窒息事故致死人数占死亡总人数的 12%，居第二位；高空坠落和触电分别居第三位和第四位。一些国家的统计资料表明，在工业企业发生的爆炸事故中，化工企业占 1/3。

很多化工原料的易燃性、反应性和毒性本身导致了上述事故的频繁发生，反应器、压力容器的爆炸，以及燃烧传播速度超过音速时的爆轰，都会造成破坏力极强的冲击波，冲击波超压达 20kPa 时会使砖木结构建筑物部分倒塌、墙壁崩裂。

由于管线破裂或设备损坏，大量易燃气体或液体瞬间泄放，会迅速蒸发形成蒸气云团，与空气混合达到爆炸下限，随风漂移。如果飞到居民区遇明火爆炸，后果难以想象。据估计，50t 的易燃气体泄漏会造成直径 70m 的云团，在其覆盖下的居民将会被爆炸火球或扩散的火焰灼伤，其辐射强度将达 $14W/cm^2$，而人能承受的安全辐射强度仅为 $0.5W/cm^2$，同时人还会因缺乏氧气窒息。

化工生产装置的大型化使大量化学物质处于工艺过程中或储存状态，一些比空气重的液化气体如氯，在设备或管道破口处以 15°～30°呈锥形扩散，在扩散宽度 100m 左右时，人还容易觉察并迅速逃离，但当毒气影响宽度达 1000m 及以上，在距离较远而毒气浓度尚未稀释到安全值时，人则很难逃离并导致中毒。

2. 正常生产时事故发生多

化工企业正常生产时发生事故造成死亡的人数占因公死亡总数的 66.7%，而非正常生产时仅占 12%。

化工生产中伴随许多副反应，有些机理尚不完全清楚，有些在危险边缘（如爆炸极限）附近进行生产。影响化工生产各种参数的干扰因素很多，设定的参数很容易发生偏移，参数的偏移是事故发生的根源之一，即使在自动调节过程中也会产生失调或失控现象，人工调节更容易发生事故。由于人的主观性或人机工程设计欠佳，往往会造成误操作，如看错仪表、开错阀门等，特别是现代化的生产中，人是通过控制台进行操作的，发生误操作的概率更大。

3. 材质和加工缺陷以及腐蚀的特点

化工厂的工艺设备一般在非常苛刻的生产条件下运行，腐蚀介质的作用，振动、压力波

动造成的疲劳，高温、低温对材质性质的影响等都是安全方面应重视的问题。化工设备的破损与应力腐蚀裂纹有很大关系。设备材质受到制造时的残余应力和运转时拉伸应力的作用，在腐蚀环境中会产生裂纹并发展长大。在特定条件下，如压力波动、严寒天气就会引起脆性破裂，如果焊缝不良或未经过热处理则引起焊区附近的脆性破裂，造成灾难性事故。

制造化工设备时除了选择正确的材料外，还要求正确的加工方法。以焊接为例，如果焊缝不良或未经过热处理，则容易造成焊区附近材料性能恶化，易产生裂纹，使设备破损。

4. 事故的集中和多发

化工生产常遇到事故多发的情况，给生产带来被动。化工生产装置中的许多关键设备，特别是高负荷的塔槽、压力容器、反应釜、经常开闭的阀门等，运转一定时间后，常出现多发故障或集中发生故障的情况，这是因为设备进入寿命周期的故障频发阶段。对于多发事故必须采取预防措施，加强设备检测和监护措施，及时更换到期设备。

5.2 典型化学反应的危险性分析

5.2.1 氧化反应

1. 氧化的温度控制

大多数氧化反应需要加热，反应过程又会放热，特别是催化气相氧化反应一般在 250～600℃的高温下进行。有些物质的氧化，如氨在空气中的氧化和甲醇蒸气在空气中的氧化，其物料配比接近爆炸下限，若配比失调、温度控制不当，极易爆炸起火。

2. 氧化物质的控制

被氧化的物质大部分是易燃易爆物质，如乙烯氧化制取环氧乙烷。工业上采用加入惰性气体（如氮气、一氧化碳或甲烷等）的方法改变循环气的成分，缩小混合气的爆炸极限，增加反应体系的安全性。其次，这些惰性气体具有较高的比热容，能有效带走部分反应热，增加反应系统的稳定性。

氧化剂具有很大的火灾危险性。因此，在氧化反应中一定要严格控制氧化剂的配料比，氧化剂的加料速度也不宜过快，要有良好的搅拌和冷却装置，防止升温过快、过高。另外，要防止因设备、物料含有的杂质为氧化剂提供催化剂。例如，有些氧化剂遇金属杂质会引起分解，使用空气时一定要净化，除掉空气中的灰尘、水分和油污。

部分氧化产品具有火灾危险性。在某些氧化反应过程中还可能生成危险性较大的过氧化物，如乙醛氧化生产乙酸的过程中有过氧乙酸生成，性质极不稳定，受高温、摩擦或撞击就会分解或燃烧。某些强氧化剂如环氧乙烷是可燃气体；硝酸不仅是腐蚀性物质，也是强氧化剂；含有 36.7%的甲醛溶液是易燃液体，其蒸气的爆炸极限为 7.7%～73%。

3. 氧化过程的控制

在催化氧化过程中，无论是均相还是非均相，都是以空气或纯氧为氧化剂，可燃的烃或其他有机物与空气或氧的气态混合物处于一定的浓度范围内。氧化过程中安全控制应做到氧化反应釜内温度和压力与反应物的配比和流量、氧化反应釜夹套冷却水进水阀、紧急冷却系统形成联锁关系，在氧化反应釜处设立紧急停车系统，当氧化反应釜内温度超标或搅拌系统发生故障时自动停止加料并紧急停车。配备安全阀、爆破片等安全设施。

催化气相氧化反应一般在250～600℃的高温下进行，由于反应放热，应控制适宜的温度、流量，防止超温、超压和混合气处于爆炸范围内。为了防止氧化反应器在发生爆炸或燃烧时危及人身和设备安全，应在反应器前后管道上安装阻火器，防止火焰蔓延，防止回火，使燃烧不致影响其他系统。为了防止反应器发生爆炸，还应装有反应釜温度和压力的报警和联锁，反应物料的比例控制和联锁，以及紧急切断动力系统、紧急断料系统、紧急冷却系统、紧急送入惰性气体系统，气相氧含量监测、报警和联锁，安全泄放系统，可燃和有毒气体检测报警装置等。

5.2.2 还原反应

1. 利用初生态氢还原

利用铁粉、锌粉等金属和酸、碱作用产生初生态氢，起还原作用。铁粉和锌粉在潮湿空气中遇酸性气体时可能引起自燃，在储存时应特别注意。反应时酸、碱的浓度要控制适宜，浓度过高或过低均使产生初生态氢的量不稳定，使反应难以控制。反应温度也不宜过高，否则容易突然产生大量氢气而造成冲料，反应过程中还应注意搅拌效果，以防止铁粉、锌粉下沉，一旦温度过高，底部金属颗粒翻动，将产生大量氢气而造成冲料。反应结束后，反应器内残渣中仍有铁粉、锌粉在继续作用，应放入室外储槽中，加冷水稀释，槽上加盖并设排气管以导出氢气，待金属粉消耗殆尽，再加碱中和。若急于中和，则容易产生大量氢气并生成大量的热，将导致燃烧爆炸。

2. 催化加氢还原

有机合成等过程中常用雷尼镍（Raney-Ni）、钯碳等为催化剂使氢活化，然后加入有机物中进行还原反应。催化剂雷尼镍和钯碳在空气中吸潮后有自燃的危险，即使没有火源存在，也能使氢气和空气的混合物发生爆炸、燃烧，所以必须先用氮气置换反应器内的全部空气，经测定证实含氧量降低到符合要求后，方可通入氢气。反应结束后，应先用氮气把反应器内的氢气置换干净，才能打开孔盖出料，以免外界空气与反应器内的氢气相混，在雷尼镍催化作用下发生燃烧爆炸。炭回收时要用乙醇及清水充分洗涤，过滤抽真空时不得抽得太干，以免氧化着火。无论是初生态氢还原还是催化加氢，厂房的电气设备必须符合防爆要求，且应采用轻质屋顶，开设天窗或风帽，使氢气易于飘逸；尾气排放管要高出房顶并设阻火器；加压反应的设备要配备安全阀，反应中产生压力的设备要装设爆破片。

3. 使用其他还原剂还原

常用还原剂中火灾危险性大的还有硼氢类、四氢化锂铝、氢化钠、保险粉[连二亚硫酸钠（$Na_2S_2O_4$）]、异丙醇铝等。它们都是遇水燃烧的物质，在潮湿的空气中能自燃，遇水和酸即分解放出大量的氢，同时产生大量的热，可使氢气燃爆，应储存于密闭容器中，置于干燥处。生产中调节酸碱度时要特别注意加酸不宜过多、过快。

5.2.3 氯化反应

1. 氯化工艺危险特点

（1）氯化反应是放热过程，尤其在较高温度下进行氯化，反应更为剧烈，速度快，放热量较大。

（2）所用的原料大多具有燃爆危险性。

（3）常用的氯化剂如氯气本身为剧毒化学品，氧化性强，储存压力较高。多数氯化工艺采用液氯生产是先气化再氯化，一旦泄漏危险性较大。

（4）氯气中的杂质，如水、氢气、氧气、三氯化氮等在使用中易发生危险，特别是三氯化氮积累后容易引发爆炸危险。

（5）生成的氯化氢气体遇水后腐蚀性强。

（6）氯化反应尾气可能形成爆炸性混合物。

2. 氯气的安全使用

最常用的氯化剂是氯气，在化工生产中氯气通常液化储存和运输，常用的容器有储罐、气瓶和槽车等。储罐中的液氯在进入氯化器使用之前必须先进入蒸发器使其气化，在一般情况下不能把储存氯气的气瓶或槽车当储罐使用，因为这样有可能使被氯化的有机物质倒流进气瓶或槽车，引起爆炸。对于一般氯化器应装设氯气缓冲罐，防止氯气断流或压力减小时形成倒流。

3. 氯化反应过程的安全

一般氯化反应设备有良好的冷却系统，并严格控制氯气的流量，以避免因氯流量过快，温度剧升而引起事故。液氯的蒸发气化装置一般采用汽水混合法进行降温，加热温度一般不超过50℃，汽水混合的流量控制可以采用自动调节装置。在氯气入口处应备有氯气的计量装置，从钢瓶中放出氯气时可以用阀门调节流量。若阀门开得太大、一次放出大量气体，由于气化吸热，液氯被冷却，瓶口处压力降低，而放出速度则趋于缓慢，其流量往往不能满足需要，此时在钢瓶外面通常附着一层白霜。因此，当需要气体氯流量较大时，可并联几个钢瓶，分别由各钢瓶供气，就可避免上述问题；若采用此法氯气量仍不足时，可将钢瓶的一端置于温水中加温。

氯化反应的危险性主要取决于被氯化物质的性质及反应过程的控制条件，由于氯气本身的毒性较大，储存压力较高，一旦泄漏是很危险的。反应过程所用的原料大多是有机物，易燃易爆，所以生产过程同样有燃烧爆炸危险，应严格控制各种点火源，电气设备应符合防火防爆的要求。需要配备反应釜温度和压力的报警和联锁，反应物料的比例控制和联锁，搅拌的稳定控制，进料缓冲器，紧急进料切断系统，紧急冷却系统，安全泄放系统，事故状态下氯气吸收中和系统，可燃和有毒气体检测报警装置等安全控制措施。

5.2.4 硝化反应

1. 硝化工艺危险特点

（1）反应速率快，放热量大。大多数硝化反应是在非均相中进行的，反应组分的不均匀分布容易引起局部过热而导致危险。尤其在硝化反应开始阶段，停止搅拌或由于搅拌叶片脱落等造成搅拌失效是非常危险的，一旦搅拌再次开动，就会突然引发局部激烈反应，瞬间释放大量的热量，引起爆炸事故。

（2）反应物料具有燃爆危险性。

（3）硝化剂具有强腐蚀性、强氧化性，与油脂、有机化合物（尤其是不饱和有机化合物）接触能引起燃烧或爆炸。

（4）硝化产物、副产物具有爆炸危险性。

2. 硝化反应过程的安全

硝化反应是放热反应，温度越高，硝化反应速率越快，放出的热量越多，极易造成温度失控而爆炸，所以硝化反应器要有良好的冷却和搅拌，不得中途停水断电及发生搅拌系统故障。硝化工艺应将硝化反应釜内温度与釜内搅拌、硝化剂流量、硝化反应釜夹套冷却水进水阀形成联锁关系，在硝化反应釜处设立紧急停车系统，当硝化反应釜内温度超标或搅拌系统发生故障时，能自动报警并自动停止加料，分离系统温度与加热、冷却形成联锁，温度超标时，能停止加热并紧急冷却。

（1）严格控制硝化反应温度，应控制好加料速度，硝化剂加料应采用双重阀门控制，设置必要的冷却水源备用系统。反应中应持续搅拌，保持物料混合良好，并备有保护性气体搅拌和人工搅拌的辅助设施。搅拌机应当有自动启动的备用电源，以防止机械搅拌在突然断电时停止而引起事故。搅拌轴采用硫酸作润滑剂，温度套管用硫酸作导热剂，不可使用普通机械油或甘油，防止机油或甘油被硝化而形成爆炸性物质。

（2）硝化器应附设相当容积的紧急放料槽，以备发生事故时能立即将料放出。放料阀可采用自动控制的气动阀和手动阀并用，硝化器上的加料口关闭时，为了排出设备中的气体应安装可以移动的排气罩。设备应采用抽气法或利用带有铝制透平的防爆型通风机进行通风。

（3）温度控制是硝化反应安全的基础，应当安装温度自动调节装置，防止超温发生爆炸。取样时可能发生烧伤事故，为了使取样操作机械化，应安装特制的真空仪器，应当防止未完全硝化的产物突然着火。

（4）向硝化器加入固体物质时，必须采用漏斗或翻斗车使加料工作机械化，自动加料器上部的平台上将物料沿专用的管子加入硝化器中。对于特别危险的硝化物，则需将其放入装有大量水的事故处理槽中。为了防止外界杂质进入硝化器，应仔细检查硝化器中的半成品。由填料函落入硝化器中的油能引起爆炸事故，因此，在硝化器盖面上不得放置用油浸过的填料。在搅拌器的轴上应备有小槽，以防止齿轮上的油落入硝化器中。

（5）硝化工艺需配备反应釜温度的报警和联锁，自动进料控制和联锁，紧急冷却系统，搅拌的稳定控制和联锁系统，分离系统温度控制与联锁，塔釜杂质监控系统，安全泄放系统等安全措施。

5.2.5 磺化反应

磺化是在有机化合物分子中引入磺酸基的反应。常用的磺化剂有发烟硫酸、亚硫酸钠、亚硫酸钾、三氧化硫等。阴离子表面活性剂原料十二烷基苯磺酸及氨基苯磺酸等具有磺酸基的化合物及其盐都是经磺化反应生成的。磺化反应的危险性主要源于磺化剂的强腐蚀性、强氧化性、反应放热等特性，磺化反应的原料具有燃爆危险性，磺化剂具有氧化性、强腐蚀性，如果投料顺序颠倒、投料速度过快、搅拌不良、冷却效果不佳等，都有可能造成反应温度异常升高，使磺化反应变为燃烧反应，引起火灾或爆炸事故。

发烟硫酸中的 SO_3 含量远高于98%硫酸，脱水性、氧化性也强于浓硫酸，以发烟硫酸为磺化剂的磺化反应所具有的危险性与硝化反应类似。用三氧化硫作为磺化剂时，如遇到比硝基苯更易燃的物质时会很快引起着火。

磺化防火生产过程所用原料苯、硝基苯、氯苯等都是可燃物，而磺化剂发烟硫酸、二氧化硫、氯磺酸都是具有氧化性的物质，这样就具备了可燃物与氧化剂作用发生放热反应的燃烧条件，所以磺化反应是十分危险的。由于磺化反应是放热反应，因此投料顺序颠倒、投料速度过快、搅拌不良、冷却效果不佳等都有可能造成反应温度升高，使磺化反应变为燃烧反应，引起着火或爆炸事故。如果加料过程中停止搅拌或搅拌速度过慢，则易引起局部反应物浓度过高，局部温度升高，不仅易引起燃烧反应，还能造成爆炸或起火事故。如果反应中有气体生成，则加料过快会造成沸溢，如发烟硫酸与尿素反应生成氨基磺酸。

因此，在使用磺化剂时必须严格防水防潮，并经常检查设备，防止因腐蚀造成穿孔泄漏；要保证磺化反应系统有良好的搅拌和有效的冷却装置，严格控制原料纯度，投料操作顺序不能颠倒，并且在反应结束后应注意放料安全。需配备反应釜温度的报警和联锁，搅拌的稳定控制和联锁系统，紧急冷却系统，紧急停车系统，安全泄放系统，三氧化硫泄漏监控报警系统等安全措施。需将磺化反应釜内温度与磺化剂流量、磺化反应釜夹套冷却水进水阀、釜内搅拌电流形成联锁关系，配备紧急断料系统，当磺化反应釜内各参数偏离工艺指标时，能自动报警、停止加料，甚至紧急停车。

5.2.6 聚合反应

1. 聚合工艺危险特点

由低分子单体合成聚合物的反应称为聚合反应。聚合反应的类型很多，按聚合物和单体元素组成和结构的不同，可分为加聚反应和缩聚反应两大类。按照聚合方式，聚合反应又可分为本体聚合、溶液聚合、悬浮聚合、乳液聚合、缩合聚合5种。

（1）聚合原料具有自聚和燃爆危险性。

（2）如果反应过程中热量不能及时移出，随物料温度上升，会发生裂解和暴聚，所产生的热量使裂解和暴聚过程进一步加剧，进而引发反应器爆炸。

（3）部分聚合助剂危险性较大。

2. 聚合反应过程的安全

由于聚合反应的单体大多数是易燃易爆物质，聚合反应多在高压下进行，反应本身又是放热过程，如果反应条件控制不当容易发生事故。下面以高压下乙烯聚合为例，阐述聚合反应过程中的安全技术要点。高压聚乙烯反应一般在1300～3000kg/cm^{2}压力下进行，反应过程中流体的流速很快，停留于聚合装置中的时间仅为10s到数分钟，温度保持在150～300℃。在该温度和高压下，乙烯是不稳定的，能分解成碳、甲烷、氢气等，一旦发生裂解，所产生的热量可以使裂解过程进一步加速直到爆炸。因此，严格地控制反应条件是十分重要的。

（1）采用轻柴油裂解制取高纯度乙烯装置，产品从氢气、甲烷、乙烯到裂解汽油渣油等，都是可燃性气体或液体，炉区的最高温度达1000℃，而分离冷冻系统温度低到-169℃，反应过程以有机过氧化物作为催化剂，采用750L大型釜式反应器。乙烯属高压液化气体，爆炸范围较宽，操作又是在高温、超高压下进行，而超高压节流减压又会引起温度升高，因此要求高压聚乙烯生产操作要十分严格。

（2）高压聚乙烯的聚合反应在开始阶段或聚合反应进行阶段都会发生高聚反应，所以设计时必须充分考虑这一点，可添加反应抑制剂或加装安全阀（放入闪蒸槽中）以防止发生高聚反应。在紧急停车时，聚合物可能固化，停车再开车时，应检查管内是否堵塞。

（3）在管式聚合装置反应系统中添加催化剂时必须严格控制，应装设联锁装置，以使反应发生异常现象时，能降低压力并使压缩机停车。为防止因乙烯裂解产生爆炸事故，可采用控制有效直径的方法调节气体流速，在聚合管开始部分插入具有调节作用的调节杆，避免初期反应的突然爆发。

（4）聚合反应应配备反应釜温度和压力的报警和联锁装置，紧急冷却系统，紧急切断系统，紧急加入反应终止剂系统，搅拌的稳定控制和联锁系统，料仓静电消除、可燃气体置换系统，可燃和有毒气体检测报警装置，高压聚合反应釜设有防爆墙和泄爆面等安全设施；将聚合反应釜内温度、压力与釜内搅拌电流、聚合单体流量、引发剂加入量、聚合反应釜夹套冷却水进水阀形成联锁关系，在聚合反应釜处设立紧急停车系统。当反应超温、搅拌失效或冷却失效时，能及时加入聚合反应终止剂。同时配备安全泄放系统。

5.2.7　裂解反应

裂解反应有时又称裂化反应，可分为热裂解、催化裂解、加氢裂解三种类型。石油产品的裂解主要以重质油为原料，在加热、加压或催化作用下，使其所含相对分子质量较高的烃类断裂成相对分子质量较小的烃类，再经过分馏而得裂解气、汽油、煤油和残油等产品。

1. 热裂解

热裂解装置的主要设备有管式加热炉、分馏塔、反应塔等。由钢管制成的管式加热炉，其管内是原料油，管外用火加热至800～1000℃使原料发生裂解。热裂解反应应注意以下安全事项：裂解炉炉体应有防爆门，备有蒸气吹扫管线和灭火管线，设置紧急放空管和放空罐，防止因阀门不严或设备漏气造成事故。处于高温下的裂解气要直接喷水急冷，如果因停水和水压不足，或因误操作，气体压力大于水压而冷却失效，会烧坏设备从而引起火灾。为了防止此类事故发生，应配备两路电源和水源，操作时要保证水压大于气压，发现停水或气压大于水压时要紧急放空。裂解后的产品多数是以液态储存，有一定的压力，如有密封不严之处，储槽中的物料就会散发出来，遇明火即发生爆炸。高压容器和管线要求不泄漏，并应安装安全装置和事故放空装置。压缩机房应安装固定的蒸气灭火装置，其开关设在外边易接触的地方。机械设备、管线必须安装完备的静电接地和避雷装置。

2. 催化裂解

催化裂解是在催化剂存在条件下，对石油烃类进行高温裂解以生产乙烯、丙烯、丁烯等低碳烯烃，同时兼产轻质芳烃的过程。由于催化剂的存在，催化裂解可以降低反应温度，增加低碳烯烃产率和轻质芳烃产率，提高裂解产品分布的灵活性。

在反应正常进行时，分馏系统要保持分馏塔底油浆经常循环，防止催化剂从油气管线进入分馏塔而被携带到塔盘上及后面系统，造成塔盘堵塞，要防止因回流过多或过少形成的憋压和冲塔现象。在切断进料以后，加热炉应根据情况适当减火，防止炉管结焦和烧坏，再生器也应防止在稀相层发生二次燃烧，因这种燃烧往往放出大量热，损坏设备。

降温循环水应充足，若因故中断，应立即采取减量降温措施，防止各回流冷却器油温急剧上升，造成油罐突沸，同时应当注意冷却水量突然加大造成急冷，容易损坏设备。若系统压力上升较高时，必要时可启动气压放空火炬，维持反应系统压力平衡。应备有单独的供水系统。

催化裂解装置关键设备应当备有两路以上的供电，自动切换装置应经常检查，确保灵敏好用，当其中一路停电时，另一路能在几秒内自动合闸送电，保持装置的正常运行。

3. 加氢裂解

加氢裂解是20世纪60年代发展起来的新工艺，其特点是在有催化剂及氢气存在下，使重质油通过裂解反应转化为质量较好的汽油、煤油和柴油等轻质油。与催化裂解不同的是，在进行催化裂解反应时，加氢裂解同时伴有烃类加氢反应、异构化反应等，所以称为加氢裂解。加氢裂化集炼油技术、高压技术和催化技术于一体，是重质馏分油深度加工的主要工艺之一。

加氢裂解装置有多种类型，按照反应器中催化剂的放置方式不同，可分为固定床、沸腾床等，反应器是加氢裂解装置最主要的设备之一。目前新建加氢裂解装置所用反应器多数是壁厚大于179mm、直径大于3000mm、高度大于20m、总量超过500t的大型反应器，可承受11MPa以上压力和400～510℃温度。

加氢裂化装置处于高温、高压、临氢、易燃、易爆、有毒介质操作环境，其强放热效应有时使反应变得不可控制；工艺物流中的氢气具有强爆炸危险性和穿透性；脱硫反应产生的H_2S为有毒气体；高压串低压可能引起低压系统爆炸；高温、高压设备设计和制造产生的问题，可能引起火灾或爆炸；管线、阀门、仪表的泄漏可能产生严重的后果。加热炉平稳操作对整个装置安全运行十分重要，要防止设备局部过热，防止加热炉的炉管烧穿或者高温管线、反应器漏气而引起燃烧。高压下钢与氢气接触易产生氢脆，因此应加强检查，定期更换管道设备，防止事故发生。

4. 裂解反应安全控制要求

裂解反应应配备裂解炉进料压力、流量控制报警与联锁，紧急裂解炉温度报警和联锁，紧急冷却系统，紧急切断系统，反应压力与压缩机转速及入口放火炬控制，再生压力的分程控制，滑阀差压与料位，温度的超驰控制，再生温度与外取热器负荷控制，外取热器汽包和锅炉汽包液位的三冲量控制，锅炉的熄火保护，机组相关控制，可燃与有毒气体检测报警装置等安全措施。

（1）将引风机电流与裂解炉进料阀、燃料油进料阀、稀释蒸汽阀之间形成联锁关系，一旦引风机故障停车，则裂解炉自动停止进料并切断燃料供应，但应继续供应稀释蒸汽，以带走炉膛内的余热。将燃料油压力与燃料油进料阀、裂解炉进料阀之间形成联锁关系，燃料油压力降低，则切断燃料油进料阀，同时切断裂解炉进料阀。

（2）分离塔应安装安全阀和放空管，低压系统与高压系统之间应有逆止阀并配备固定的氮气装置、蒸汽灭火装置。

（3）将裂解炉电流与锅炉给水流量、稀释蒸汽流量之间形成联锁关系，一旦水、电、蒸汽等公用工程出现故障，裂解炉能自动紧急停车。

（4）反应压力正常工况下由压缩机转速控制，开工及非正常工况下由压缩机入口放火炬控制。

（5）再生压力由烟机入口蝶阀和旁路滑阀（或蝶阀）分程控制。

（6）再生、待生滑阀正常情况下分别由反应温度信号和反应器料位信号控制，一旦滑阀差压出现低限，则转由滑阀差压控制。

（7）再生温度由外取热器催化剂循环量或流化介质流量控制。

（8）外取热汽包和锅炉汽包液位采用液位、补水量和蒸发量三冲量控制。

（9）带明火的锅炉设置熄火保护控制。

（10）大型机组设置相关的轴温、轴震动、轴位移、油压、油温、防喘振等系统控制。

（11）在装置存在可燃气体、有毒气体泄漏的部位设置可燃气体报警仪和有毒气体报警仪。

5.3　化工工艺安全基础

5.3.1　安全生产与运行操作

1. 工业生产过程操作功能

现代化工业生产的操作过程越来越复杂化和多样化，存在下述一些安全操作和安全控制问题。

（1）生产过程的开车和停车。

（2）工艺流程及设备之间的切换。

（3）正常运行中的安全控制。

（4）间歇生产过程的操作。

（5）生产负荷的改变。

（6）异常状态下的紧急安全处理。

在连续生产过程和间歇生产过程中，开车和停车都有特定的一套顺序和操作步骤，特别是大型石油化工生产过程，开停车要花很长时间。若不按照一定的步骤和顺序进行，就会出现生产事故，延长开停车时间，甚至造成严重的经济损失，对于间歇生产过程，其往复循环操作更频繁。某些连续生产过程中也包含间歇操作的设备和单元，如需要再生的系统，一般顺序操作包括一系列的阶段或操作步骤，这些阶段有的由过程事件决定，有的根据特定的时间间隔控制。

2. 影响工业生产过程安全稳定的因素

在生产过程中，产品的品质、产量等都必须在安全条件下实现，各种扰动（干扰）和工艺设备特性的改变以及操作的稳定性均对安全生产产生影响，这些影响因素包括：

（1）原材料的组成变化。

（2）产品性能与规格的变化。
（3）生产过程中设备的安全可靠性。
（4）装置与装置或工厂与工厂之间的关联性。
（5）生产设备特性的漂移。
（6）控制系统失灵。

5.3.2 自动控制与安全连锁

自动化系统按其功能分为四类。

1. 自动检测系统

自动检测系统是对机器、设备及过程自动进行连续检测，并将工艺参数等变化情况显示或记录出来的自动化系统。从信号连接关系上看，检测对象的参数如压力、流量、液位、温度、物料成分等信号送往自动装置，自动装置将此信号变换、处理并显示出来。

2. 自动调节系统

自动调节系统是通过自动装置的作用，使工艺参数保持为给定值的自动化系统。工艺系统保持给定值是稳定正常生产所要求的。从信号连接关系上看，欲了解参数是否在给定值上，就需要进行检测，即把对象的信号送往自动装置，与给定值比较后，将一定的命令送往对象，驱动阀门产生调节动作，使参数趋近于给定值。

3. 自动操纵系统

自动操纵系统是对机器、设备及过程的启动、停止及交换、接通等工序，由自动装置进行操纵的自动化系统。操作人员只要对自动装置发出指令，全部工序即可自动完成，可以有效地降低操作人员的工作强度，提高操作的可靠性。

4. 自动信号、联锁和保护系统

自动信号、联锁和保护系统是机器、设备及过程出现不正常情况时，会发出警报或自动采取措施，以防止事故和保证安全生产的自动化系统。一类是仅发出报警信号，这类系统通常由电接点、继电器及声光报警装置组成，当参数超出容许范围后，电接点使继电器动作，利用声光装置发出报警信号。另一类是不仅报警，而且能够自动采取措施。

5.4 典型化工工艺安全技术

5.4.1 氯碱生产过程安全技术

在氯碱生产过程中存在很多危险因素，稍有不慎就可能发生火灾、爆炸、中毒等各类事故。具体危险性分析如下。

1. 火灾、爆炸危险性分析

（1）由物质的危险特性分析可知，生产过程中氯为助燃物，且氯中含氢为3.2%～5%时，遇明火会发生爆炸。在隔膜电解槽中，当阴极隔膜破裂或阴极网上吸附的隔膜不均匀时，或当阴极液面下降到隔膜顶端以下时，以及有事故情况下与电解槽连接的氯气、氢气总管中的正常压力被严重破坏时，会发生氯气、氢气混合，达到爆炸极限时遇点火源便会发生火灾、爆炸。该危险因素存在于电解系统中。

（2）氢气为易燃易爆物质，其爆炸极限宽，点火能量小。在高纯盐酸工段中用氢气和氯气合成氯化氢气体，如果氯气与氢气的配比不当或出现其他异常情况，空气或氧气与氢气相混合达到爆炸极限，均可能发生火灾、爆炸。同时，由于装置中存在有毒的氯气及氯化氢气体，一旦发生火灾、爆炸则可能会连带发生有毒气体的泄漏，后果将更加严重。氢气处理系统的设备、管道、阀门发生泄漏，且泄漏出的氢气积聚不能及时散去时，遇各种原因产生的明火花都有发生火灾、爆炸的可能性。该危险因素存在于氢气处理系统中。

（3）氢氧化钠吸潮时对铝、锌和锡有腐蚀性，并可释放易燃、易爆的氢气。该危险因素存在于氢氧化钠容器中，因此应注意氢氧化钠容器材质的选择。

（4）浓硫酸为不燃物，但浓硫酸罐如果在检修作业中清洗不彻底，经水稀释后，会与金属容器、附件等发生化学反应放出氢气，达到爆炸极限时遇明火、高热极易发生火灾、爆炸事故。该危险因素存在于浓硫酸罐检修作业中。

（5）盐水配制过程中要严格控制盐水中无机氨与总氨含量在标准值以下，以免液氯生产处理阶段造成三氯化氮富集，造成爆炸事故。

（6）压力容器在运行中操作不当、超压操作也会发生物理爆炸。

（7）违章作业、违章检修，或检修设备没有置换、分析不合格而违章动火，违章携带火种进入氢气处理系统，使用易产生火花的工具检修储存设备等，也可引起火灾、爆炸。

2. 电伤害危险性分析

烧碱生产活动中，电伤害的危险比较突出。由于有大量的带电设备及各种高低压电气设备，在电解生产过程中使用的是强大的直流电，而且电解槽连接铜排均是裸露的，外表无绝缘防护层，电解操作时直流电负荷很大，因此在电解操作和日常管理及检查过程中，如缺乏必要的安全措施或违章操作，易发生电灼伤、电击等触电事故，严重时人会触电身亡。

槽工或操作工在处理电气设备故障或电槽故障时，极易发生触电伤害；较高的建筑物所设避雷针及接地网如果发生故障，过电压将会危及人身安全；另外，电气设备老化、酸碱对绝缘层的腐蚀均能造成漏电而发生触电事故。

3. 机械伤害

在整个生产及检修过程中，既有起重机械、输送机、离心机，还有压缩机、泵等带压转动设备，如防护措施不到位或操作失误，这些起重、旋转、带压设备都可能对操作人员、检修人员造成机械伤害。

4. 高处坠落

氯碱工业生产中有位于高处的操作平台，如化盐桶顶部、蒸发操作台、高纯盐酸的操作台等，因检查、操作和检修的需要，操作人员需定期登上高大设备或建筑物、操作平台，如有不慎，容易造成高处坠落事故。

5. 腐蚀性伤害

氯碱工业生产中会使用腐蚀性物质硫酸、氢氧化钠、盐酸等，按照《化学品分类和危险性公示 通则》(GB 13690—2009)规定，腐蚀性商品按腐蚀性强度和化学组成分为酸性腐蚀品、碱性腐蚀品，硫酸、盐酸属 8.1 类酸性腐蚀品，氢氧化钠属 8.2 类碱性腐蚀品。这些腐蚀性物质对人体、设备、管道、建筑物都有较强的腐蚀性。防护不当或误操作会引发泄漏或喷溅，作业人员如果不采取有效的防护措施，容易导致眼睛或皮肤接触，会引起烧碱、硫酸、盐酸灼伤。

6. 中毒伤害

氯碱工业生产中，氯气、氯化氢气体、氯化钡等多种物质都有很大毒性。其中最为典型的是氯气，氯气是一种常压下密度比空气大的有毒的黄绿色气体，属于窒息性毒物，能强烈刺激眼及上呼吸道，损害肺组织而引起肺水肿。国家规定车间空气中氯气的最高允许浓度仅为 $1mg/m^3$。

7. 噪声危害

鼓风机、压缩机、各种泵等设备在运转过程中会产生较大的空气动力性噪声，高压蒸汽正常或事故时的气体放空、管道振动等将产生额外的噪声危害。长时期在高强度噪声环境中作业会对人的听觉系统造成损伤，引起头晕、恶心、听力衰退及神经衰弱等症状，甚至导致不可逆噪声性耳聋。

8. 高温危害

氯碱工业生产中，高温设备及物料除易引起火灾及爆炸危险外，还易造成人员的灼伤和烫伤。例如蒸发工段的蒸汽管道、精盐水配制过程中各种加热设备等，由于误操作或设备故障，或防护措施不当，均可能造成操作人员及检修人员的灼伤。

9. 安全技术

1）控制生产过程中氢气和氯气接触中的安全指标

在氯碱生产过程中会产生大量氢气，氢气本身具有易燃的特点，氢气与氯气或空气混合后，可以形成爆炸性混合气体。在氯中含氢 4%以上时有爆炸危险性。为了提高氯碱生产安全性，必须对产生的氢气进行有效监控，避免氯气与氢气接触超过爆炸极限，具体的控制方法有以下两个方面。

（1）利用电解槽进行控制。此种控制方法在氯碱生产过程中属于非常关键的环节之一，要求生产人员必须具备过硬的离子膜专业操作能力，生产过程中产生的烧碱具有高温、腐蚀性强的特点，对烧碱进行冷却处理也是必要的流程之一。生产中连接电解槽后，产生的氯气会与烧碱反应，经过此反应后氯气被溶解，最后混入烧碱溶液中。而产生的氢气在阳极室中，不会与烧碱反应，此时便会呈现阴极室与阳极室不平衡的现象，在此状态下较容易发生爆炸事故。因此，为了避免爆炸事故的发生，需要设备管理人员时刻关注电解槽内阴极室和阳极室的平衡关系，并采取正确的操作方法对其进行及时控制。

（2）控制管道系统。在氯气输送及储存过程中，当氯气的氢含量＞4%时，达到爆炸极限就产生易爆混合气体，因此必须严格控制管道内氢气的含量，防止爆炸事故。

2）设备管理预防爆炸事故

（1）生产人员必须按照正确方法操作化工设备，并关注设备运行状态，当设备出现异常或故障时必须及时地采取补救措施加以解决，当问题较严重时需要立即关闭所有氯碱化工生产相关设备，同时快速疏散生产人员及周围民众到安全的地方。

（2）在日常的设备管理工作中要做好对设备的巡检工作，避免质量不合格的化工生产设备应用到化工生产作业中。此外，氯碱生产过程中会用到一些化工材料，需要加强对化工材料的管理，避免化工材料与其他物质接触，确保化工材料的质量及纯度。

（3）确保化工生产厂房具备良好的通风，避免氯碱生产中的有毒气体在某处长时间停留。此外，着重做好防火工作，禁止在生产区域及周围吸烟、出现明火等。

3）完善和优化设备管理制度

完善和优化设备管理制度是提高化工设备管理工作质量的重要保障，因此在设备管理制度中应细化出对设备质量的管理要求、设备运行状态的管理要求以及设备维修的管理要求，完善设备管理制度时要结合氯碱生产的实际情况，并引入责任制度与奖罚制度，明确规定各管理岗位的工作内容与职责，以提高化工生产设备运行的安全性，确保生产质量。

我国是氯碱工业大国，氯碱产品在整个国民经济建设中具有重要的基础支撑作用。与此同时，氯碱生产过程中存在中毒、火灾、爆炸、电伤害、机械伤害等多种危害，氯碱的安全生产永远放在第一位。只有氯碱生产作业人员具备良好的安全意识、高度的责任心，小心谨慎，规范操作，防患于未然，才能有效避免、减少各类事故的发生，真正实现氯碱工业的安全健康可持续发展。

5.4.2 合成氨气生产过程安全技术

氨合成工序的设备有合成塔、分离器、冷凝器、氨蒸发器、预热器、循环压缩机等。可燃气体和氨蒸气与空气混合时有爆炸危险，氨有毒害作用，液氨能烧伤皮肤，生产还采用高温、高压工艺技术条件，所有这些都使生产过程具有很大危险性。氨合成过程的主要危险性及安全措施如下：

（1）催化剂一氧化碳中毒。当新鲜空气中一氧化碳和二氧化碳（微量）总含量超过安全指标时，会使合成塔催化剂床层温度波动。其原因是一氧化碳与氢反应生成了水蒸气，它氧化了催化剂中的 α-Fe 使其活性下降，如不及时处理，整个催化剂层温度下降，使生产无法进行。催化剂中毒后，合成塔催化剂层温度会出现“上掉下涨”的情况，整个反应下移、减弱，系统压力升高等。一般当一氧化碳、二氧化碳含量在 25～50cm^3/m^3 时，可根据不同含量通知（信号）压缩工段减负荷处理，以减少进入合成塔的有毒气体的量，并关小塔副阀或调节冷激气量，相应减少循环气量，尽量维持合成塔温度，争取做到“上不掉，下不涨”，同时联系有关岗位采取措施，把有毒气体的含量降至指标以内。当一氧化碳、二氧化碳含量达到 50～70cm^3/m^3（50～70ppm）时，中毒情况加剧，操作情况恶化，催化剂层温度迅速下降，热平衡不能维持时，必须快速停止新鲜空气的导入，如遇压缩工段切气不及时，可先打开新鲜空气放空阀，阀门的开度要避免新鲜气压力的大幅度波动，造成临时停车。当精炼气合格，合成塔导气后上部温度复升，为了不使下部温度在增加循环量时继续上升，可用氨分离器的放空阀排放，适当降低系统压力以减少热点处的氨反应，再视上、下部温度情况加大循环量，也可采取短时适当提高催化剂层温度 5～10℃等方法使毒物更好地解析。另外，在处理中要注意维持氨分离器和冷凝塔液位，尤其及时关注氨分离液位因氨发生反应而产生的明显升降，需及时注意。合成塔安全操作控制指标见表 5-1。

表 5-1 合成塔安全操作控制指标

控制类别	控制点	计量单位	控制指标	备注
温度	催化剂热点	℃	460～520	碳钢材材料中置锅炉
	出口气体	℃	≤235	
	一次出口气体	℃	≤380	
	二次出口气体	℃	≤130	
	塔壁	℃	≤120	
	水冷器出口气体	℃	≤40	
压力	进口	MPa	≤31.4	
	进出口压差（轴向塔）	MPa	≤1.77	
	进出口压差（径向塔）	MPa	≤1.18	
	气氨总管	MPa	≤0.29	
气体成分	$n(H_2)/n(N_2)$	%	2.8～3.2	
	循环气中惰性气体含量		12～22	
其他	电加热器最高电压	V	按设计值	
	电加热器电流	A	按设计值	

（2）铜液带入合成塔。精炼工段铜液塔生产负荷重，塔内堵塞、液位计失灵或操作不当等会导致塔后气体大量带铜液。如果夹带铜液在碱洗塔、滤油器等设备内不能彻底分离，就将随新鲜空气补入循环气一起进入合成塔内。

铜液带入合成塔对生产危害较大，因为铜液中的一氧化碳、二氧化碳和水分会使催化剂暂时中毒，铜液附着在催化剂表面使其失去活性，还会损坏内件，烧坏电炉丝使电炉短路等。一般当冷凝温度、循环氢含量、补充气、循环气量等正常时，发生塔温剧降，系统压力升高，有可能是由于铜液带入塔。有效的处理方法是紧急停塔，立即切断新鲜气源，使毒物不再进入系统。具体操作与一氧化碳中毒时基本相同，此外需排放滤油器内铜液和做塔前吹净，以彻底清除系统内铜液，还要通知压缩机岗位分离器排除铜液。

（3）液氨带入合成塔。冷凝塔下部氨分离器的液位调节不当或失灵等时会造成液氨带入合成塔，带氨严重时会造成合成塔垮温，甚至损坏内件。

液氨带入合成塔时，入塔气体温度下降，进口氨含量升高，催化剂上层温度剧降，系统压力升高。处理时要通知液位计岗位检查冷凝塔放液阀，降低液位，设法排除液位计失灵故障，本岗位立即减少循环量和关小塔副阀、冷激阀等以抑制催化剂温度继续下降。当出现系统压力上升，可采用减量和塔后放空的方法。如果催化剂温度降至反应点以下，温度已不能回升，只能停止新鲜空气的导入，按升温操作规定，降压、开电炉进行升温，待温度上升至反应点后逐步补入新鲜气；当温度回升正常时，应适当加大循环量，防止温度猛升，一般待液氨消除后，温度恢复较快，要提前加以控制。合成塔开始少量带氨时，可以从其他操作条件不变而塔口温度下降中觉察到，冷凝塔液位的及时检查和调节是防止大量带氨的主要举措。

（4）氢氮比例失调。氨生产中要达到良好的合成率，循环气中氢氮比控制在2.8～3.2才能实现。一般氢氮比失调是由新鲜气中氢氮比控制不当所致，不及时处理会造成减量生产，甚至发生催化剂层温度下垮、系统压力猛升的事故，这时只能卸压、开电炉升温以恢复生产。

氢氮比过高或过低都会出现催化剂层温度降低、压力上升的现象。在催化剂层温度下降时，应关小塔副阀和冷激阀进行调节，不见效时可减少循环量。若遇氢氮比较高，不宜增加塔后排放，当系统压力高时，可酌情减少压缩机负荷，待其正常时再适当加量。

（5）合成塔内件损坏。内件损坏与材质、制造、安装质量和操作有关，其中操作方面的原因是合成塔操作不当，是由温度、压力变化剧烈所引起的。具体表现在升温、降温速度太快，操作塔副阀猛开、猛关，塔进口带氨以及对合成塔加减负荷时幅度过大。

内件泄漏降低了塔的生产能力，严重时需停车检修。由于泄漏点的部位不同，生产上会分别出现催化剂层入口温度降低，催化剂层温度、塔压差、氨净值下降，热电偶单边各点温度指示下降或有突变，塔出口温度降低，压力升高等现象。处理这些问题时，有时不能坚持生产而需停塔检修，有时对泄漏部位所反映出的不同工况采取不同的操作方法而仍能维持生产。

具体处理方法有利用压差原理加大循环量、适当放宽塔压差指标等。改用电热炉，适当提高热点温度；减少副线流量、循环量；增高塔压力，排除惰性气体、降低氨冷器温度等。总之，对内件损坏、泄漏所反映出的不正常情况要进行全面分析和及时处理，在证实泄漏部位和有效操作方法后，制定临时操作规定。为防止操作因素引发的内件泄漏，日常生产中对合成塔压力，温度的升降速率，塔主、副阀的开启度以及合成塔符合的加减量都做严格控制。

（6）电热器烧坏。电热器烧坏主要由电器故障和操作不当两大原因造成。电器故障有电炉丝设计、安装缺陷，如电炉丝安装不同心，碰到中心管壁；绝缘瓷环固定不好；电炉丝体过长或绝缘云母片破损等造成短路。操作不当的原因有：合成塔气体倒流，使催化剂粉末堆积在加热器瓷杯上，由于粉末导电造成短路；带铜液入塔，铜离子被氢还原成金属铜附在绝缘处造成短路；滤油器分离效果差，油污带入合成塔，经高温分解的炭粒堆积在绝缘处；循环气量不足，使电炉产生热量不能及时移走，以致高温烧坏；开、停电炉违反规定，如发生开车时先开电炉后开循环机、停车时先停循环机的错误操作；在催化剂升温时遇循环机跳闸后未及时停电炉等。

确认电炉丝被烧坏后应停塔修理。为避免电炉丝烧坏事故的发生，操作人员要认真操作，杜绝发生电炉丝气体倒流等现象；升温操作中电流、电压不得超过规定的最大值并注意安全防护，电炉功率调节时要密切配合；电炉绝缘不合格不得强行使用；遵守开、停电炉顺序的规定。

（7）催化剂同平面温差过大。造成温差过大的原因有：

（i）催化剂填装不均匀和内件制造安装不当，气体产生“偏流”造成温差。

（ii）内件损坏，造成泄漏，使泄漏处催化剂层的温度较低。

（iii）分层冷却合成塔内冷介质分布不均，使温度活性不能充分发挥，温度高的部分易上升，温度低的部分易下降，影响产量，也可能因温差过大造成催化剂层温度难以控制。

如果温差确系前述三项原因引起，操作方面只能改善操作条件，制止其发展。当发生催化剂层同平面温差已有继续扩大趋势时，可采取以下方法：减少塔负荷，降低系统压力，抵制高温区的反应；减少循环量，适当提高催化剂层温度，促进低温区的反应。如以上方法无效，可再先行降压生产或再升压生产一段时间，以求缩小温差，也可试用停塔方法，使其在静止状态下用催化剂层自身热量的传导缩小温差。生产中有时还会发生温差较大，若未见扩大趋势或温差忽大忽小等情况，也应降压生产和稳定操作条件。径向塔受气体分布管及冷激气不匀的影响，处理上除可行的降压操作外，其他有效方法尚在摸索，有人认为不宜采用提高低温部位催化剂温度的方法，否则会造成生产能力降低过快。

（8）合成塔壁温过高。造成壁温过高的原因有：操作上循环量太小或塔副阀开得过大，使通过内套与外筒的气量减小，导致对外壁的冷却作用减弱；内套破裂泄漏，气体走近路，使内套与外筒间的流量减少；内套安装与筒体不同心，导致两者间隙不均匀；内套保温层不符合要求或部分损坏；突然断电停车时塔内反应热无法带出，热辐射使塔壁温度升高。

塔壁温度控制在120℃以下，温度高会加强钢材的脱碳，使其材质疏松，减弱塔外壳的耐压强度，不仅缩短塔的使用寿命，而且影响合成塔的安全。

塔壁温度高的处理方法有：加大循环量或开大塔主阀，关小塔副阀；视情况停车检修；不能坚持生产时停车检修相关部件；遇断电发生壁温超标，酌情卸压降温。

（9）循环机输气量突然减少。大多由设备缺陷引起，如气阀阀片或活塞环损坏、循环机副线阀泄漏、安全阀漏气等。

输气量突然减少会导致空速降低，促使催化剂层温度剧烈上升，合成塔出口气温和氨含量增高，若遇循环量减少过多，调节不当或处理不及时，可能会在短时间内使催化剂层温度上升至脱活温度，甚至烧坏。

处理方法有：开大塔副阀降温，如循环量减少较多时，若开大塔副阀一时不能见效，应迅速减少补充气量、降低系统压力；可适当开塔后放空阀，降低系统压力，减缓温度骤升的趋势；另外，适当提高氨冷器温度，对维持塔温有一定的作用。例如，发生循环机跳闸或其他原因引起的循环机输气量完全中断时，需做临时停车处理：通知（信号）压缩机减相应气量，关闭新鲜气补充阀并酌情用塔后放空降低系统压力，在停循环机时注意防止气体流，在处理过程中会波及其他系统的正常操作条件时，务必加强联系。

（10）放氨阀后输氨管线爆裂。原因有：分离器液位过低或没有液位，使高压气进入制管线；氨罐或中间储罐进口阀未开以及其他故障使输氨压力憋高；管道材质不良或腐蚀严重，强度降低。

管线爆裂会分别出现合成塔进口压力降低、输氨压力骤降及现场氨气弥漫等情况，处理时要依据爆炸部位，结合本单位输氨管配氨流程，切断（或打开）相关阀门，减小负荷，停单塔或者全系统停车。输氨管爆裂现场有大量气、液氨喷出，易发生中毒和灼伤，现场处理人员要穿戴隔离式防毒面具及防护服、靴，并用水喷洒，减轻氨气对人身的伤害。

（11）中置锅炉干锅。干锅原因一般是锅炉给水泵跳闸或自调失灵，除盐水的供给中断时操作人员未及时发现以及操作不当所致。

干锅会导致合成停塔，严重干锅会影响锅炉使用寿命甚至危及安全。可从下列情况判断干锅：锅炉进口温差缩小；锅炉的液位指示消失；在合成塔负荷不变时锅炉的出口温度超指标；从锅炉水的取样阀或排污阀放出大量蒸汽；锅炉给水流量及蒸汽流量明显减少等。

处理方法是：合成塔做停塔处理并循环降温，锅炉要先开蒸汽放空阀，然后切断锅炉汽包与蒸汽管网的连接；稍开升温蒸汽阀，待合成塔二次出口温度不大于200℃时可向锅炉缓慢加水至正常液位，然后合成塔重新开车。另外，还可以在循环降温至300℃左右后用电炉保温，查明干锅原因后，缓慢向炉内加水至正常液位，然后开塔投产。干锅时禁止立即向锅炉加水。

5.4.3　苯酚生产过程安全技术

1. 苯酚危险性分析

（1）空气中有（30～60）$\times10^{-6}$mg/L 苯酚蒸气就会对动物造成伤害，连续 8h 工作场所，苯酚在空气中的最大允许浓度为 5×10^{-6}mg/L。苯酚蒸气会刺激眼、鼻和皮肤；苯酚水溶液或纯苯酚接触皮肤会造成局部麻醉，灼伤变白、溃疡。误服苯酚会引起喉咙强烈灼烧感和腹部剧烈疼痛的症状；长期与苯酚接触，会造成肺、肝、肾、心、泌尿系统和生殖系统损伤。苯酚若溅到皮肤上，应立即用温水冲洗，除眼睛外最好使用乙醇洗，因为苯酚较易溶于乙醇。可能与苯酚接触的工作人员应佩戴防护眼镜、面罩、橡胶手套，穿防护服和围裙，配备氧气呼吸器。若误食苯酚，可服蓖麻油或植物油使之呕吐出来，或用牛奶洗胃。空气中苯酚浓度过高引起中毒者，应迅速脱离现场，转移到空气新鲜处，呼吸困难时吸氧，送医院救治。《地表水环境质量标准》（GB 3838—2002）对地面水中挥发酚（主要是苯酚）含量做如下严格限制：一级水含量≤0.001mg/L；二级水含量≤0.005mg/L；三级水含量≤0.01mg/L。《生活饮用水卫生标准》（GB 5749—2022）规定饮用水中苯酚含量应小于 0.002mg/L。

苯酚在常温下不易发生火灾，但点燃时会燃烧，在高温下苯酚可放出有毒、可燃的蒸气。因此，苯酚应储存于35℃以下干燥通风的库房中。

（2）苯酚装置主要职业危险。

（i）生产过程中使用的原料、中间产品和成品，如异丙苯、过氧化氢异丙苯（CHP）、氢气、α-甲基苯乙烯、丙酮多为易燃易爆物。如发生泄漏，与空气形成爆炸性混合物，遇明火则造成爆炸、火灾。

（ii）异丙苯氧化、氢过氧化枯烯分解等属放热反应。各工艺参数如流速、物料比、浓度、pH 等都会影响反应速率，若冷却措施不力，温度控制失灵，则反应过快，温度、压力骤升，导致容器破裂以致发生爆炸事故。

（iii）CHP 热电联供系统浓缩塔在高温真空条件下操作。如果设备、阀门或管件密封不严，或工艺条件失控，均可能引起空气漏入而造成爆炸事故。

（iv）CHP 遇热易分解。如反应温度失控或输送、储存过程中形成局部热点，则会引起 CHP 分解，以致发生事故。

2. 有毒有害物质及处理

（1）有害气体。氧化反应尾气经冷却、冷冻、冷凝分离出异丙苯，然后进入活性炭吸附器，回收微量异丙苯，使有机物含量降至 50cm^3/m^3，最后在常压下高空排放。加氢反应弛放气经冷凝分离出有机物后于常压下高空排入大气，喷射器的尾气、精馏系统的所有放空气体均需收集起来，经冷凝、冷却进一步回收有机物，洗涤，然后放空。

（2）有害废液。氧化工序碱洗废水、精丙酮塔塔釜废水、丙酮汽提塔废水塔来自装置净化系统的所有槽罐的排污，收集返回中和系统，用硫酸调节 pH 至 5～6，然后送萃取塔，以 α-甲基苯乙烯和异丙苯混合液为萃取剂，进行溶剂萃取脱酚，再进行油水分离，分出废水去生化处理。氧化系统排出的废液中含有甲基过氧化氢，经甲基过氧化氢分解器分解后，气相进入活性炭吸附系统，经吸附后排放，液相进入酚回收系统。

（3）有害废渣。活性炭吸附器出来的废活性炭可用作燃料，酚处理器排出的废树脂可作燃料烧掉，废加氢催化剂可送回催化剂制造厂回收其中的贵金属钯。环境保护投资主要用于含酚废水处理和异丙苯氧化尾气治理。

3. 异丙苯法生产苯酚安全技术

异丙苯法生产苯酚所用的原料、中间产品和最终产品都是易燃易爆和有毒物质，所以对于石油化工安全生产的一般要求都适用于苯酚装置。应当指出，由于异丙苯法生产工艺的中间产品 CHP 是不稳定的有机过氧化物，如前所述，在高温和酸碱存在下会激烈分解，遇到铁锈也会分解。异丙苯法问世以来，由 CHP 分解引起装置爆炸的事故常有发生，如何保证 CHP 生产过程的安全是整个生产安全的关键。

（1）处理含异丙苯过氧化氢物料的安全要求。在处理 CHP 物料特别是高含量 CHP 物料时，一定要注意以下几点：

（i）防止 CHP 与酸接触。不能将浓硫酸加入 CHP 中，否则将引起剧烈分解和爆炸。

（ii）不应使 CHP 接触强碱，特别是在温度较高（如大于 60℃）的情况下，否则也会引起 CHP 剧烈分解。

（iii）防止 CHP 过热，特别是局部过热。在储存 CHP 时应使其经常处于冷却状态，长期大量储存时，温度应尽可能保持在 30℃以下，并用碳酸钠水溶液洗涤。

（iv）接触 CHP 的设备、管线应选用不锈钢材质，设备管线设计和安装应尽量不留死角。

（v）对于含 CHP 物料的工序联锁报警系统，紧急状态下停车的联锁一定要完善、方便使用。

（2）氧化系统的安全措施。异丙苯氧化系统安全运行的关键是严格控制反应温度和 CHP 浓度，通过正常运行时的冷却系统和紧急状态下的冷却系统可以做到这一点。

氧化系统的开车和停车要特别注意。在开车过程中，氧化反应器应该在常压下升温，直到温度高于异丙苯和空气的爆炸极限为止，然后再逐步升压、升温，使塔中的气相组成始终保持在非爆炸区内。

氧化塔在停车过程中情况正好相反。先降低压力，再降低温度。在正常生产中氧化塔尾气中氧含量应保持在 4%～6%，使之处于爆炸极限之外，如果在停车以后物料暂时存放在氧化塔内，则应通入氮气进行搅拌，防止局部过热造成 CHP 分解。

（3）提浓系统的安全措施。氧化液提浓部分的关键是尽量缩短物料在系统内停留时间和保持尽可能低的温度。输送浓 CHP 的泵要防止堵塞和过热，在设备造型和管线配置时，要注意防止出现使物料滞留的死角。

要特别注意浓 CHP 的储存和运输，浓 CHP 储罐应有温度指示和联锁报警系统，紧急情况下应有降低温度的措施以及将物料排空的管线。如果需要向装置外运送 CHP，应采用容积为 20～50L 的小型容器，容器中可加入固体碳酸钠粉末，以中和一旦 CHP 分解时放出的酸性物质，使之不再进一步分解。

（4）分解系统的安全措施。分解反应是强放热反应，在分解反应器中 CHP 的积累是十分危险的，因为有分解催化剂（硫酸）存在时，反应器中积累的 CHP 一旦分解，反应热来不及移出，将发生爆炸事故。

在分解反应器与分解系统管路的设计和安装时，要特别注意防止浓 CHP 和硫酸直接接触。在分解反应器中，也应避免浓 CHP 与硫酸在气相直接接触，防止发生气相爆炸。

（5）中毒与灼伤的预防。苯酚可以迅速被皮肤和眼睛吸收，并引起严重烧伤。苯酚蒸气的毒性大，刺激性也很大，皮肤和呼吸器官同时暴露在苯酚环境中是危险的，曾有过皮肤大面积接触苯酚后1h死亡的事故案例。如果不慎被苯酚烧伤，应立即用大量水冲洗，然后用乙醇或甘油进行擦拭，严重时应送医院进一步处理。

丙酮是爆炸范围很宽的低闪点、强挥发性溶剂之一，其毒性在有机溶剂中是较低的，在生产中应注意保持良好的通风和排风。

5.5 化工单元操作安全技术

5.5.1 加热及传热过程

传热即热量的传递，是自然界和工程技术领域中普遍存在的一种现象。无论在化工、能源、航天、动力、冶金、机械等工业部门，还是在农业、军工等行业中都涉及许多传热问题。化学工业与传热的关系尤为密切，因为无论是生产中的化学过程还是物理过程，几乎都伴有热量的传递。传热在化工生产过程中的主要应用如下：

（1）创造并维持化学反应需要的温度条件。化学反应是化工生产的核心，几乎所有的化学反应都要求有一定的温度条件。例如，合成氨的操作温度为470～520℃，氨氧化法制备硝酸过程中氨和氧的反应温度为800℃等。为了达到要求的反应温度，必须对原料进行加热，如果这些反应是明显的放热反应，则为了保持最佳反应温度，又必须及时移走放出的热量；若是吸热反应，要保持反应温度，则需及时补充热量。

（2）创造并维持单元操作过程需要的温度条件。在某些单元操作，如蒸发、结晶、蒸馏和干燥等过程中，需要输入或输出热量才能正常进行。例如，在蒸馏操作中，为使塔釜的液体不断气化从而得到操作所必需的上升蒸汽，需要向塔釜内的液体输入热量；同时，为了使塔顶出来的蒸汽冷凝得到回流液和液体产品，需要从塔顶冷凝器中移出热量。

（3）热能综合和回收。在上述例子中，合成氨的反应气及氨和氧的反应气温度都很高，有大量的余热需回收，通常可设置余热锅炉生产蒸汽甚至发电。

（4）隔热与限热。为了减少热量（或冷量）的损失，需要对设备和管道进行保温，既可减少消耗，又有利于维持系统温度，利于安全生产。

吸热反应大多需要加热，有的反应必须在较高的温度下进行，因此也需要加热。加热反应必须严格控制温度。一般情况下，温度升高反应速率加快。温度过高或升温过快会导致反应剧烈，容易发生冲料，易燃品大量气化而聚集在车间内与空气形成爆炸性混合物，火灾危险性极大，所以应明确规定和严格控制升温上限和升温速度。

如果是放热反应，且反应液沸点低于40℃，或者是反应剧烈、温度容易猛升并有冲料危险的化学反应，反应设备应该有冷却装置和紧急放料装置，紧急放料装置的物料接收器应该导至生产现场以外没有火源的安全地点。此外，也可以设爆破泄压片，爆破泄压片排泄口应导至室外安全地点，与明火的间距应大于30m。

加热宜采用热水或蒸汽加热。个别要求加热到 140℃以上的反应可以用闪点高的矿物油（如62号或65号汽缸油）或联苯、联苯醚混合物作热载体进行夹层加热，热载体由浸入其中的电热器加热，或者先在他室加热，再输送到加热设备以加热反应物，循环使用。用热载体加热时，加热设备不能有泄漏，应留有供热载体膨胀的余地，以免加热时溢出；应定期清洗积垢；应设有排空管；温度仪应保证准确，以防失灵超温。250℃以上的加热可采用感应加热器，但感应线圈应绝缘良好，并应安装自动控温装置，容易冲料的化学反应的设备上部应装缓冲器。

加热温度如果接近或超过物料的自燃点，应采用氮气保护。加热炉点火前应进行：锅炉、炉内、炉外的检查，锅炉辅助设备的检查、调试，检查润滑部位是否正常，各阀门仪表是否灵敏正确，热油及冷油循环系统的检查、调试，检查导热油型号和规格是否达到规定要求等工作。

加热过程危险性较大。装置加热方法一般为蒸汽或热水加热、载热体加热以及电加热等。采用水蒸气或热水加热时，应定期检查蒸汽夹套和管道的耐压强度，并应装设压力计和安全阀。与水会发生反应的物料，不宜采用水蒸气或热水加热。采用充油夹套加热时，需将加热炉门与反应设备用砖墙隔绝，或将加热炉设于车间外面。油循环系统应严格密闭，不准热油泄漏。电感加热是在钢制容器或管道上缠绕绝缘导线，通入交流电，利用容器或管道的器壁由电感涡流产生的温度加热物料，如果电感加热装置的电感线圈绝缘破坏、受潮、漏电、短路以及电火花、电弧等均能引起易燃易爆物质着火或爆炸。为了提高电感加热设备的安全可靠程度，可采用较大截面的导线，以防过负荷；采用防潮、防腐蚀、耐高温的绝缘，增加绝缘层厚度，添加绝缘保护层等措施；电感应线圈应密封，防止与可燃物接触。电加热器的电炉丝与被加热设备的器壁之间应有良好的绝缘，以防短路引起电火花，将器壁击穿，使设备内的易燃物质或漏出的气体和蒸气发生燃烧或爆炸。在加热或烘干易燃物质，以及受热能挥发的可燃气体或蒸气时，应采用封闭式电加热器。电加热器不能安放在易燃物质附近。导线的负荷能力应能满足加热器的要求，应采用插头向插座上连接的方式。工业上用的电加热器在任何情况下都要设置单独的电路，并安装适合的熔断器。在突然停电或停止加热时一定要切断电源，并进行认真检查。

5.5.2 萃取

1. 萃取过程及危险性分析

萃取操作是分离液体混合物的常用单元操作之一，在石油化工、精细化工、原子能化工等方面广泛应用。萃取操作中所得到的溶液称为萃取相，其主要成分是萃取剂和溶质；剩余的溶液称为萃余相，其主要成分是稀释剂，还含有残余的溶质等组分。

单极萃取过程特别应该注意产生的静电积累，若是搪瓷反应釜，液体表层积累的静电很难被消散，会在物料放出时产生放电火花。

萃取过程中使用的稀释剂或萃取剂通常易燃。除去溶剂储存和回收的适当设计外，还需要有效的界面控制，因为包含相混合、相分离及泵输送等操作，消除静电的措施变得极为重要。对于放射性化学物质的处理，可采用无需机械密封的脉冲塔。对于需要最小持液量和非常有效的相分离的情况，则应该采用离心式萃取器。溶剂的回收一般采用蒸发或蒸馏操作，所以萃取全过程包含这些操作所具有的危险性。

2. 萃取操作过程安全控制

萃取操作过程是由混合、分层、萃取相分离、萃余相分离等所需的一系列过程及设备完成，工业生产中所采用的萃取流程主要有单级和多级之分。

对于萃取过程，选择适当的萃取设备是十分重要的。对于腐蚀性强的物质，宜选取结构简单的填料塔，或采用由耐腐蚀金属或非金属材料如塑料、玻璃钢内衬或内涂的萃取设备；对于放射性系统，应用较广的是脉冲塔。

对某一萃取过程，当所需的理论级数为2～3级时，各种萃取设备均可选用；当所需的理论级数为4～5级时，一般可选择转盘塔、往复振动筛板塔和脉冲塔；当需要的理论级数更多时，一般只能采用混合澄清器。

根据生产任务和要求，如需要设备的处理量较小时，可用填料塔、脉冲塔；处理量较大时，可选用筛板塔、转盘塔及混合澄清器。在选择设备时还要考虑物质的稳定性与停留时间。若萃取物系中伴有慢的化学反应，要求有足够的停留时间，选用混合澄清器较为合适。另外，对萃取塔的正确操作也是安全生产的重要环节。

5.5.3 物料输送

在化工生产过程中，经常需要将各种原材料、中间体、产品以及副产品和废弃物从前一个工段输送到后一个工段，或由一个车间输送到另一个车间，或输送到仓库储存。由于所输送物料的形态不同（块状、粉状、液体、气体），所采用的输送方式和机械也各异，但无论采取何种形式输送，保证它们的安全运行都是十分重要的。

1. 固体物料的输送危险性分析及安全控制

皮带、刮板、螺旋输送机、斗式提升机等输送设备连续往返运转，在运行中除设备本身会发生故障外，还容易造成人身伤害，因此除要加强对机械设备的常规维护外，还应对齿轮、皮带、链条等部位采取防护措施。

在皮带传动运行过程中，要防止高温物料烧坏皮带或斜刮撕裂皮带的事故。皮带同皮带轮接触的部位对于操作工人是极其危险的部位，可造成断肢伤害甚至危害生命安全。

要严密注意齿轮传动负荷的均匀、物料的粒度以及混入其中的杂物，或因卡料而拉断链条、链板，甚至拉毁整个输送设备机架。齿轮同齿轮、齿条、链条相啮合的部位是极其危险的部位，该处连同它的端面均应采取防护措施，防止发生重大人身伤亡事故。

2. 气力输送危险性分析及安全控制

从安全技术考虑，气力输送系统除设备本身因故障损坏外，最大的问题是系统的堵塞和由静电引起的粉尘爆炸。

（1）堵塞。具有黏性或湿性过高的物料较易在供料处、转弯处黏附管壁，造成管路堵塞。大管径长距离输送管比小管径短距离输送管更易发生堵塞；管道连接不同心时，有错偏或焊渣突起等障碍处易堵塞，输料管径突然扩大，或物料在输送状态中突然停车时，易造成堵塞等。为避免堵塞，设计时应确定合适的输送速度，选择管系的合理结构和布置形式，尽量减少弯管的数量；输料管壁厚通常为3～8mm。输送磨削性较强的物料时，应采用管壁较厚的管道，管内表面要求光滑、无褶皱或凸起。

（2）静电。物料在气力输送系统中同管壁发生摩擦而使系统产生静电，是导致粉尘爆炸的重要原因之一，必须采取下列措施加以消除：输送物料的管道应选用导电性较好的材料，并应良好地接地；若采用绝缘材料管道，且能产生静电时，管外应采取可靠的接地措施；输送管道直径要尽量大，管路弯曲和变径应平缓，弯曲和变径处要少，管内壁应平滑、不许装设网格之类的部件等。

3. 液体输送危险性分析及安全控制

（1）离心泵。操作前应压紧填料函，但不要过紧、过松，以防磨损轴部或使物料喷出。停车前应逐渐关闭泵出口阀门，使泵进入空转；使用后放干净泵与管道内积液，以防冬季冻坏设备和管道。在输送可燃液体时，管内流速不能大于安全流速，且管道应有可靠的接地措施以防静电，同时要避免吸入口产生负压，使空气进入系统发生爆炸。安装离心泵时，混凝土基础需稳固，且基础不应与墙壁、设备或房屋基础相连接，以免产生共振。为防止杂物进入泵体，吸入口应加滤网，泵与电机的联轴节应加防护罩以防绞杀。在生产中，若输送的液体物料不允许中断，则需要考虑配置备用泵和备用电源。

（2）往复泵。蒸汽往复泵以蒸汽为驱动力，不用电和其他动力，可以避免产生火花，故特别适用于输送易燃液体。当输送酸性和悬浮液时，选用隔膜往复泵较为安全。往复泵开动前，需对各运动部件进行检查。观察其活塞、缸套是否磨损，吸液管上的垫片是否适合法兰，以防泄漏，各注油处应适当加油润滑。开车时，将泵体内壳充满水，排除缸内空气，若在出口装有阀门，还应将出口阀门打开。需要特别注意的是，对于往复泵等正位移泵，严禁用出口阀门调节流量，否则将造成设备或管道的损坏。

（3）旋转泵。旋转泵同往复泵一样，同属于正位移泵，同往复泵的主要区别是泵中没有活门，只有在泵中旋转着的转子。旋转泵依靠旋转排送液体并留出空间形成低压将液体连续吸入或排出。因为旋转泵属于正位移泵，故流量不能用出口管道上的阀门进行调节，而采用改变转子转速或回流支路的方法调节流量。

4. 气体物料输送过程的安全技术

为避免压缩机汽缸、储气罐以及输送管路因压力增高而引起爆炸，要求这些部分有足够的强度，同时要安装经校验的压力表和安全阀（或爆破片）。安全阀泄压应将其危险气体导至安全的地方，还可安装压力超高报警器、自动调节装置或压力超高自动停车装置。

在压缩机运行中，冷却水不能进入汽缸，以防发生“水锤”（水锤是在突然停电或者在阀门关闭太快时，由于压力水流的惯性，产生水流冲击波，就像锤子敲打一样）。氧压机严禁与油类接触。一般采用含 10%以下甘油的蒸馏水作为润滑剂，其中水的含量应以汽缸壁充分润洗而不产生水锤为准（80～100 滴/min）。

气体抽送、压缩设备上的垫圈易损坏漏气，应经常检查、及时修换。对于特殊压缩机，应根据压送气体物料的化学性质的不同，有不同的安全要求。例如，乙炔压缩机中，同乙炔接触的部件不允许用铜制造，以防产生比较危险的乙炔铜等。

可燃气体的输送管道应经常保持正压，并根据实际需要安装逆止阀、水封和阻火器等安全装置。易燃气体、液体管道不允许与电缆一起敷设。可燃气体管道同氧气管一同敷设时，氧气管道应设在旁边，并保持 250mm 的净距离。

管内可燃气体流速不应过高，管道应良好接地，以防止静电引起事故。对于易燃、易爆气体或蒸汽的抽送、压缩设备的电机部分，应全部采用防爆型，否则应穿墙隔离设置。

5.5.4 冷却、冷凝与冷冻

1. 冷却、冷凝

冷却、冷凝操作在化工生产中容易被人们忽视，实际上它们很重要，不仅涉及原材料定额消耗及产品收率，而且严重地影响安全生产。在实际操作中应做到以下几点：

（1）根据被冷却物料的温度、压力、理化性质以及所要求冷却的工艺条件，正确选用冷却设备和冷却剂。

（2）对于腐蚀性物料的冷却，最好选用耐腐蚀材料的冷却设备，如石墨冷却器、塑料冷却器以及用高硅铁管、陶瓷管制成的套管冷却器和钛材冷却器等。

（3）严格注意冷却设备的密闭性，不允许物料蹿入冷却剂中，也不允许冷却剂蹿入被冷却的物料（特别是酸性气体）中。

（4）冷却设备所用的冷却水不能中断，否则不能及时导出反应热，致使反应异常，系统压力增高，甚至产生爆炸。另一方面，若冷却、冷凝器断水，会使后部系统温度升高，未冷凝的危险气体外逸排空，可能导致燃烧或爆炸。用冷却水控制系统温度时，一定要安装自动调节装置。

（5）开车前首先清除冷凝器中的积液，再打开冷却水，然后才能通入高温物料。

（6）为保证不凝性可燃气体安全排空，可充氮气保护。

（7）检修冷凝、冷却器时，应彻底清洗、置换，切勿带料焊接。

2. 冷冻

在某些化工生产过程中，如蒸汽、气体的液化，某些组分的低温分离，以及某些物品的输送、储藏等，常需将物料降到比水或周围空气更低的温度，这种操作称为冷冻或制冷。

冷冻剂的种类较多，但目前尚无一种理想的冷冻剂能够满足所有的条件。冷冻剂与冷冻机的大小、结构和材质有着密切的关系。常用的压缩冷冻机由压缩机、冷凝器、蒸发器与膨胀阀四个基本部分组成。冷冻设备所用的压缩机以氨冷冻压缩机较为多见，在使用氨冷冻压缩机时应注意以下事项：

（1）采用不产生火花的防爆型电气设备。

（2）在压缩机出口方向，应于汽缸与排气阀间设一个能使氨通到吸入管的安全装置，以防压力超高。为避免管路爆裂，在旁通管路上不装任何阻气设施。

（3）易于污染空气的油分离器应装于室外，采用低温不冻结且不与氨发生化学反应的润滑油。

（4）制冷系统压缩机、冷凝器、蒸发器及管路系统，应注意其耐压程度和气密性，防止设备、管路产生裂纹和泄漏，同时要加强安全阀、压力表等安全装置的检查、维护。

（5）制冷系统因发生事故或停电而紧急停车时，应注意被冷物料的排空处理。

（6）装有冷料的设备及容器，应注意其低温材质的选择，防止金属的低温裂开。

复习思考题

5-1　简述化工生产事故的主要特征。

5-2　简述氯化反应的危险性特点。

5-3　工业生产过程操作功能有哪些？

5-4　氯碱生产过程有哪些危险性？

5-5　自动化系统按其功能可分为哪些种类？

5-6　冷却与冷凝方法根据冷却与冷凝所用的设备可分为哪两类？各自的优缺点是什么？

第 6 章　压力容器安全技术

本章概要 · 学习要求

本章主要讲述压力容器相关理论基础、锅炉和气瓶等压力容器的安全技术与管理。通过本章学习，要求学生了解压力容器安全相关基本理论，掌握压力容器的安全使用与管理。

在化工生产过程中需要用容器储存和处理大量物料，由于物料状态、物理及化学性质不同以及采用的工艺方法不同，所用容器多种多样。压力容器从广义上来说包括所有承受压力载荷的密闭容器，包括内压容器和外压容器。工业生产中有一部分压力容器比较容易发事故且事故危害性较大。我国 2014 年颁布的《特种设备目录》中，将部分压力容器列入特种设备目录，由专门机构进行安全监督，并按照规定的技术管理规范进行设计、制造和使用管理，这部分压力容器是指盛装气体或者液体，承载一定压力的密闭设备，其范围规定为最高工作压力大于或者等于 0.1MPa（表压）的气体、液化气体和最高工作温度高于或者等于标准沸点的液体、容积大于或者等于 30L 且内直径（非圆形截面指截面内边界最大几何尺寸）大于或者等于 150mm 的固定式容器和移动式容器；盛装公称工作压力大于或者等于 0.2MPa（表压），且压力与容积的乘积大于或者等于 1.0MPa · L 的气体、液化气体和标准沸点等于或者低于 60℃液体的气瓶；氧舱。在工业上，一般所说的压力容器均指这一类作为特种设备的压力容器。

压力容器是一类广泛使用的特种设备，所承载的显著压力和复杂介质构成危险源，一旦发生事故，必将导致恶劣的事故后果，且在压力容器的设计、制造、使用等众多环节中存在的缺陷都可能成为引发事故的潜在隐患。因此，容器状况的好坏对实现化工安全生产至关重要，必须加强压力容器的安全管理。本章在介绍压力容器安全相关理论及安全管理的基础上，介绍锅炉、气瓶等常见压力容器的安全技术与管理。

6.1　压力容器概述

6.1.1　压力容器常见类型

1. 球形压力容器

球形压力容器又称球罐，壳体呈球形，如图 6-1 所示，是储存和运输各种气体、液体、液化气体的一种有效、经济的压力容器。球形压力容器在化工、石油、炼油、造船及城市煤气工业等领域大量应用。

与圆筒形压力容器相比，球形压力容器的主要优点是受力均匀。在同样壁厚条件下，球罐的承载能力最高，在相同内压条件下，球形压力容器所需要壁厚仅为同直径、同材料的圆筒形压力容器壁厚的1/2（不考虑腐蚀裕量）；在相同容积条件下，球形压力容器的表面积最小。由于球形压力容器壁厚及表面积小等，一般比圆筒形压力容器节省30%～40%的钢材。

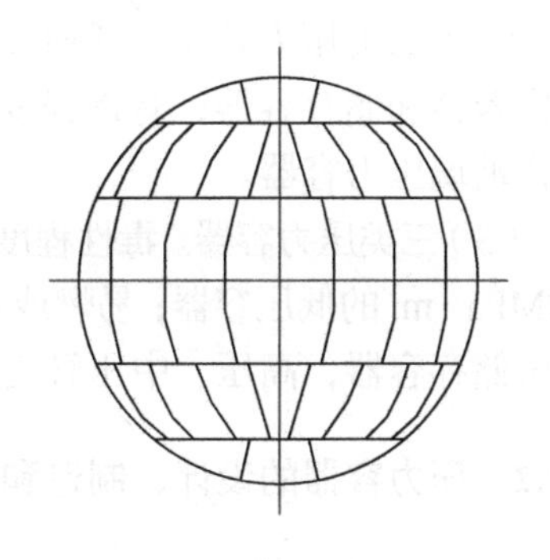

图 6-1　橘瓣式球形压力容器示意图

2. 圆筒形压力容器

圆筒形压力容器通常由筒体、封头、接管、安全附件等部件组成。压力容器工作压力越高，筒体的壁越厚。圆筒形压力容器具有以下优点：结构和制造工艺成熟，便于调质处理和改善材料性能，生产及管理方法方便。圆筒形压力容器是目前使用最广泛的一种容器。

3. 按工作压力分类

按压力容器的设计压力分为低压、中压、高压、超高压 4 个等级。

低压（代号 L）：0.1MPa≤P<1.6MPa；

中压（代号 M）：1.6MPa≤P<10MPa；

高压（代号 H）：10MPa≤P<100MPa；

超高压（代号 U）：P≥100MPa。

4. 按用途分类

按压力容器在生产工艺过程中的作用原理分为反应压力容器、换热压力容器、分离压力容器、储存压力容器。

（1）反应压力容器（代号 R）。主要用于完成介质的物理、化学反应的压力容器，如反应器、反应釜、分解锅、分解塔、聚合釜、高压釜、超高压釜、合成塔、铜洗塔、变换炉、蒸煮锅、蒸球、蒸压釜、煤气发生炉等。

（2）换热压力容器（代号 E）。主要用于完成介质的热量交换的压力容器，如管壳式废热锅、热交换器、冷却器、冷凝器、蒸发器等。

（3）分离压力容器（代号 S）。主要用于完成介质的流体压力平衡缓冲和气体净化分离等的压力容器，如分离器、过滤器、集油器、缓冲器、洗涤器、吸收塔、干燥塔、汽提塔、分汽缸、除氧器等。

（4）储存压力容器（代号 C，其中球罐代号 B）。主要是储存或盛装气体、液体、液化气体等的压力容器，如各种类型的储罐。

在一种压力容器中，当同时具备两个以上的工艺作用原理时，应按工艺过程中的主要作用来划分。

5. 按危险性和危害性分类

（1）一类压力容器。非易燃且无毒介质的低压容器；易燃或有毒介质的低压分离容器和热交换容器。

（2）二类压力容器。任何介质的中压容器；易燃介质或有毒程度为中度危害介质的低压反应容器和储存容器；有毒程度为极度和高度危害介质的低压容器；低压管壳式余热锅炉；搪瓷玻璃压力容器。

（3）三类压力容器。毒性程度为极度和高度危害介质的中压容器和 pV（设计压力×容积）≥0.2MPa·m^3 的低压容器；易燃或毒性程度为中度危害介质的中压反应容器；pV≥10MPa·m^3 的中压储存容器；高压、中压管壳式余热锅炉；高压容器。

6.1.2 压力容器的设计、制造和安装

1. 压力容器的设计

压力容器的正确设计是保证容器安全运行的第一个环节。设计单位必须持有国家市场监督管理总局发放的设计证才能进行压力容器设计。在压力容器设计过程中，壁厚的确定、材料的选用、合理的结构是直接影响容器安全运行的三个方面。

（1）壁厚确定。要保证压力容器安全运行，必须要求它的承压部件具有足够的强度，以抵抗外力的破坏。如果壁太薄，会使容器在压力作用下产生过度的弹性变形和塑性变形，而导致容器破裂。容器在运行中承受着压力载荷、温度载荷、风载荷和地震载荷，这些载荷都会使容器的器壁、整体或局部产生变形，并由此而产生的应力则是确定壁厚的主要因素，对直立设备（如塔器）则应分析计算各种载荷作用下产生的应力弯矩，最后确定壁厚。

（2）材料选用。压力容器的受压元件大多是钢制的，钢材的选用是否合适是设计中的一个关键问题，如果选材不当，即使容器具有足够的壁厚，也可能在使用条件下，或者由于材料韧性降低而发生脆性断裂，或者由于工作介质对材料产生腐蚀而导致腐蚀破裂等。压力容器受压元件所采用材料应符合 GB/T 150—2011《压力容器》的使用规定，用于焊接的碳素钢和低合金钢必须为可焊性良好的钢材，含碳量应小于等于 0.25%，以下为几种常用材料的使用范围。

Q235-A（A3）：含硅量多，脱氧完全，因而质量较好。限定的使用范围为：设计压力≤1.0MPa，设计温度为 0～350℃，用于制造壳体时，钢板厚度不得大于 16mm。不得用于液化石油气体、毒性程度为极度和高度危害的介质及直接受火焰加热的压力容器。

20g：20g 锅炉钢板与一般 20 号优质钢相同，含硫量比 Q235-A 钢低，具有较高的强度，强度极限 δ_b≥402MPa，屈服极限 δ_a = 225～255MPa，使用温度为−20～475℃，常用于制造温度较高的中压容器。

16MnR：16MnR 普通低合金容器钢板，含碳量为 0.12%～0.20%，含锰量为 1.2%～1.6%，强度极限 δ_b = 470～510MPa，屈服极限 δ_a = 284～343MPa，用这种钢制造中、低压容器可减轻温度较高的容器质量。16MnR 使用温度为−20～475℃。

低温容器材料：主要是要求在低温（低于−20℃）条件下有较好的韧性以防脆裂，一般以在使用温度下的冲击值作为依据，除了深冷容器用高合金钢（如 0Cr18Ni9、0Cr18Ni9Ti 等，使用温度下限为−196℃）或有色金属外，一般低温容器用钢多采用锰钒钢（16MnDR、09MnNiDR）。

高温容器用钢：温度小于 400℃可用普通碳钢（沸腾钢为 250℃），使用温度为 400～500℃可用 15MnVR、14MnMoVg，使用温度为 500～600℃可采用 15CrMo、12Cr2Mo1，使用温度为 600～700℃应采用 0Cr13Ni9、0Cr18Ni9Ti 和 1Cr18Ni9Ti 等高合金钢。

（3）合理的结构。不合理的结构可以使容器某些部件产生过高的局部应力，并最后导致容器的疲劳破裂或脆性破裂，要防止因结构不合理而引起的破坏事故。压力容器受压元件的结构设计应符合以下原则：

（i） 防止结构上的形状突变。壳体几何形状的突变或其他结构上的不连续都会使压力容器产生较高的局部应力，因此要尽量避免。对于难以避免的结构不连续，必须采取平滑过渡的结构形式，防止突变。例如，在容器结构上禁止采用平板封头或锥角过大的锥形封头；封头与筒体连接的过渡区要有较大的转角半径；壳体上应避免有凸台；两个厚度不同的零件（如封头与筒体）对焊时，应将较厚的部分削薄成一定的坡度，使厚度的变化逐步过渡等。

（ii）避免局部应力叠加。在受压元件中总是不可避免地存在一些局部应力集中或部件强度受到削弱的结构，如开孔、转角、焊缝等部位。设计时应使这些结构在位置上相互错开，以防局部应力叠加，产生更高的应力。例如，壳体的开孔不要布置在焊缝上；在封头转角等局部应力的部位不要开孔或布置焊缝；筒节与筒节、筒节与封头的焊缝应错开，并具有一定的间隔距离等。

（iii）避免产生过大焊接应力或附加应力的刚性结构。刚性结构既可能因焊接时胀缩受到约束而引起较大的焊接应力，也可能使壳体在压力或温度变化时，因变形受到过分约束而产生附加弯曲应力，设计受压元件时应采取措施避免刚性过大的结构。

（iv）对开孔的形状、大小及位置的限制。受压壳体（包括筒体与封头）上的开孔应为圆形、椭圆形或长圆形；开孔直径或长短径之比要符合设计规定；开孔的位置应避开焊缝和凸形封头的过渡区，筒体上两个或两个以上开孔中心一般不应在同一轴线上；为了减小开孔对筒体强度的削弱，椭圆形或长圆形孔的短径一般应设计在筒体的轴向；为了降低壳体开孔边缘的局部应力，在开孔处应进行补强；为了便于对容器内外部检验，设计时要考虑到人孔、观察孔的设置。

2. 压力容器的制造

压力容器由于制造质量低劣而发生事故比较常见。为了确保压力容器制造质量，国家规定压力容器生产单位必须持有国家市场监督管理总局和国家市场监督管理总局授权省级市场监督管理部门颁发的相应子项目制造许可证，才可从事相应子项目的压力容器生产活动，无制造许可证的单位不得生产压力容器。

压力容器制造质量的优劣主要取决于材料质量、焊接质量和检验质量三个方面。

材料质量直接影响压力容器的安全使用和寿命。制造压力容器的材料必须具有质量合格证书，制造单位应根据设计要求对材料的力学性能和化学成分进行必要的复验。如果由于种种原因制造单位需改变结构或材料时，必须征得原设计单位的同意，并在图纸上附上设计单位的证明文件。

压力容器的制造质量除取决于钢材本身质量外，还取决于焊接质量。这是因为焊缝及其热影响区的缺陷处往往是容器破裂的断裂源，为保证焊接质量，必须做好焊工的培训考试工作，保证良好的焊接环境，认真进行焊接工艺评定，严格焊前预热和焊后热处理。

容器制成后必须进行压力试验。压力试验是指耐压试验和气密性试验。耐压试验包括液压试验和气压试验；除设计图样要求用气体代替液体进行耐压试验外，不得采用气压试验。需要进行气密性试验的容器，要在液压试验合格后进行。压力试验要严格按照试验的安全规定进行，防止试验中发生事故。

压力容器出厂时，制造单位必须按照《固定式压力容器安全技术监察规程》（TSG 21—2016）的规定向订货单位提供有关技术资料。

3. 压力容器的安装

压力容器安装质量的好坏直接影响容器使用安全。压力容器的专业安装单位必须经劳动部门审核批准才可以从事承压设备的安装工作。安装作业必须执行国家有关安装的规范，安装过程中应对安装质量实行分段验收和总体验收，验收由使用单位和安装单位共同进行，总体验收时，应有上级主管部门参加。压力容器安装竣工后，施工单位应将竣工图、安装及复验记录等技术资料及安装质量证明书等移交给使用单位。

6.1.3 压力容器的安全使用

为了确保压力容器的安全运行，必须加强对压力容器的安全管理，消除弊端，防患于未然，不断提高其安全可靠性。

1. 压力容器的安全技术管理

要做好压力容器的安全技术管理工作，首先要从组织上保证。这就要求企业要有专门的机构，并配备专业人员即具有压力容器专业知识的工程技术人员负责压力容器的技术管理及安全监察工作。

压力容器的技术管理工作内容主要有：贯彻执行有关压力容器的安全技术规程；编制压力容器的安全管理规章制度，依据生产工艺要求和容器的技术性能制定容器的安全操作规程；参与压力容器的入厂检验、竣工验收及试车；检查压力容器的运行、维修和压力附件校验情况；压力容器的校验、修理、改造和报废等技术审查；编制压力容器的年度定期检修计划，并负责组织实施；向主管部门和当地劳动部门报送当年的压力容器的数量和变动情况统计报表、压力容器定期检验的实施情况及存在的主要问题；压力容器的事故调查分析和报告，检验、焊接和操作人员的安全技术培训管理，压力容器使用登记及技术资料管理。

2. 建立压力容器的安全技术档案

压力容器的技术档案是正确使用容器的主要依据，用于全面掌握容器的情况，摸清容器的使用规律，防止发生事故。容器调入或调出时，其技术档案必须随同容器一起调入或调出。对技术资料不齐全的容器，使用单位应对其所缺项目进行补充。

压力容器的技术档案应包括：压力容器的产品合格证，质量证明书，登记卡片，设计、制造、安装等原始的技术文件和资料，检查鉴定记录，验收单，检修方案及实际检修情况记录，运行累计时间表，年运行记录，理化检验报告，竣工图，以及中高压反应容器和储运容器的主要受压元件强度计算书等。

3. 对压力容器使用单位的要求

压力容器使用单位应当按照《特种设备使用管理规则》的有关要求，对压力容器进行使用安全管理，设置安全管理机构，配备安全管理负责人、安全管理人员和作业人员，办理使用登记，建立各项安全管理制度，制定操作规程，并且进行检查。

根据《固定式压力容器安全技术监察规程》（TSG 21—2016）中 7.1.2 规定，使用单位应当按照规定在压力容器投入使用前或者投入使用后 30 日内，向所在地负责特种设备使用登记的部门（以下简称使用登记机关）申请办理《特种设备使用登记证》（以下简称《使用登记证》）。

使用单位应当在工艺操作规程和岗位操作规程中，明确提出压力容器安全操作要求。其中操作规程至少包括以下 3 项内容：操作工艺参数（含工作压力、最高或者最低工作温度）、岗位操作方法（含开、停车的操作程序和注意事项）和运行中重点检查的项目和部位，运行中可能出现的异常现象和防止措施，以及紧急情况的处置和报告程序。

使用单位还应当建立压力容器装置巡检制度，并且对压力容器本体及其安全附件、装卸附件、安全保护装置、测量调控装置、附属仪器仪表进行经常性维护保养。对发现的异常情况及时处理并且记录，保证在用压力容器始终处于正常使用状态。

使用单位应当对压力容器进行月度和年度检查，其中月度检查内容主要为压力容器本体及其安全附件、装卸附件、安全保护装置、测量调控装置、附属仪器仪表是否完好，各密封面有无泄漏，以及其他异常情况等。年度检查按照《固定式压力容器安全技术监察规程》（TSG 21—2016）中 7.2 的要求进行，年度检查工作可以由使用单位安全管理人员组织经过专业培训的作业人员进行或者委托有资质的特种设备检验机构进行。

6.1.4 压力容器的定期检验

压力容器定期检验是指特种设备检验机构（以下简称检验机构）按照一定的时间周期，在压力容器停机时，根据《固定式压力容器安全技术监察规程》（TSG 21—2016）的规定对在用压力容器的安全状况所进行的符合性验证活动。

1. 定期检验的要求

定期检验工作的一般程序包括检验方案制定、检验前的准备、检验实施、缺陷及问题的处理、检验结果汇总、出具检验报告等。使用单位应当在压力容器定期检验有效期届满的 1 个月以前向检验机构申报定期检验。

金属压力容器定期检验内容为：以宏观检验、壁厚测定、表面缺陷检测、安全附件检验为主，必要时增加埋藏缺陷检测、材料分析、密封紧固件检验、强度校核、耐压试验和泄漏试验等。具体针对每项检查内容所采取的方法可参考《固定式压力容器安全技术监察规程》（TSG 21—2016）中的 8.3.2~8.3.14 的叙述。

非金属及非金属衬里压力容器定期检验内容为：以宏观检验、安全附件及仪表检验为主，必要时增加密封紧固件检验和耐压试验等。非金属压力容器中的金属受压部件定期检验还应当符合《固定式压力容器安全技术监察规程》（TSG 21—2016）中关于金属压力容器的相应规定。具体针对每项检查内容所采取的方法可参考《固定式压力容器安全技术监察规程》（TSG 21—2016）中的 8.4.2~8.4.6 的叙述。

2. 定期检验的周期

针对压力容器的检验周期，主要从金属压力容器、非金属压力容器和检验周期的特殊规定三方面进行叙述。

1）金属压力容器检验周期

金属压力容器一般于投用后 3 年内进行首次定期检验。以后的检验周期由检验机构根据压力容器的安全状况等级，按照以下要求确定：

（1）安全状况等级为 1、2 级的，一般每 6 年检验一次。

（2）安全状况等级为 3 级的，一般每 3 年至 6 年检验一次。

（3）安全状况等级为 4 级的，监控使用，其检验周期由检验机构确定，累计监控使用时间不得超过 3 年，在监控使用期间，使用单位应当采取有效的监控措施。

（4）安全状况等级为 5 级的，应当对缺陷进行处理，否则不得继续使用。

2）非金属压力容器检验周期

非金属压力容器一般于投用后 1 年内进行首次定期检验。以后的检验周期由检验机构根据压力容器的安全状况等级，按照以下要求确定：

（1）安全状况等级为 1 级的，一般每 3 年检验一次。

（2）安全状况等级为 2 级的，一般每 2 年检验一次。

（3）安全状况等级为 3 级的，应当监控使用，累计监控使用时间不得超过 1 年。

（4）安全状况等级为 4 级的，不得继续在当前介质下使用；如果用于其他适合的腐蚀性介质时，应当监控使用，其检验周期由检验机构确定，但是累计监控使用时间不得超过 1 年。

（5）安全状况等级为 5 级的，应当对缺陷进行处理，否则不得继续使用。

3）检验周期的特殊规定

（1）检验周期的缩短。有下列情况之一的压力容器，定期检验周期应当适当缩短：

（i）介质或者环境对压力容器材料的腐蚀情况不明或者腐蚀情况异常的。

（ii）具有环境开裂倾向或者产生机械损伤现象，并且已经发现开裂的。

（iii）改变使用介质并且可能造成腐蚀现象恶化的。

（iv）材质劣化现象比较明显的。

（v） 超高压水晶釜使用超过 15 年的或者运行过程中发生超温的。

（vi）使用单位没有按照规定进行年度检查的。

（vii）检验中对其他影响安全的因素有怀疑的。

采用“亚胺法”造纸工艺，并且无有效防腐措施的蒸球，每年至少进行一次定期检验。

使用标准抗拉强度下限值大于 540 MPa 低合金钢制球形储罐，投用一年后应当进行开罐检验。

（2）检验周期的延长。安全状况等级为 1、2 级的金属压力容器，符合下列条件之一的，定期检验周期可以适当延长：

（i）介质腐蚀速率每年低于 0.1 mm、有可靠的耐腐蚀金属衬里或者热喷涂金属涂层的压力容器，通过 1 次或 2 次定期检验，确认腐蚀轻微或者衬里完好的，其检验周期最长可以延长至 12 年。

（ii）装有触媒的反应容器以及装有填料的压力容器，其检验周期根据设计图样和实际使用情况，由使用单位和检验机构协商确定（必要时征求设计单位的意见）。

6.1.5　压力容器的安全附件

安全附件是承压设备安全、经济运行不可缺少的组成部分。根据容器的用途、工作条件、介质性质等具体情况选用必要的安全附件，可提高压力容器的可靠性和安全性。

1. 安全泄压装置

压力容器在运行过程中，由于各种原因，可能会出现器内压力超过其最高许用压力（一般为设计压力）的情况。为了防止超压，确保压力容器安全运行，一般装有安全泄压装置，以自动、迅速地排出容器内的介质，使容器内压力不超过其最高许用压力。压力容器常见的安全泄压装置有安全阀、防爆片和防爆帽。

（1）安全阀。压力容器在正常工作压力运行时，安全阀保持严密不漏；当压力超过设定值时，安全阀在压力作用下自行开启，使容器泄压，以防止容器或管线的破坏；当容器压力泄至正常值时，它又能自行关闭，停止泄放。

（i）安全阀的种类。安全阀按其整体结构及加载机构形式来分，常用的有杠杆式和弹簧式两种。它们是利用杠杆与重锤或弹簧力的作用，压住容器的介质，当介质压力超过杠杆与重锤或弹簧力所能维持的压力时，阀芯被顶起，介质向外排放，器内压力迅速降低；当器内压力小于杠杆与重锤或弹簧力后，阀芯再次与阀座闭合。

弹簧式安全阀的加载装置是弹簧，通过调节螺母，可以改变弹簧的压缩量，调整阀瓣对阀座的紧压力，从而确定其开启压力。代销弹簧式安全阀结构紧凑，体积小，动作灵敏，对震动不太敏感，可以装在移动式容器上；缺点是阀内弹簧受高温影响时，弹性有所降低。

杠杆式安全阀靠移动重锤的位置或改变重锤的质量调节安全阀的开启压力，它具有结构简单、调整方便、比较准确以及使用温度较高的优点。但杠杆式安全阀结构比较笨重，难以用于高压容器上。

（ii）安全阀的选用。《固定式压力容器安全技术监察规程》（TSG 21—2016）规定，安全阀的制造单位必须有国家相关主管部门颁发的制造许可证才可制造，产品出厂时应有合格证，合格证上应有质量检查部门的印章及检验日期。

（iii）安全阀的安装。安全阀应垂直向上安装在压力容器本体的液面以上的气相空间部位，或与连接在压力容器气相空间上的管道相连接。安全阀确实不便装在容器本体上，而用短管与容器连接时，接管的直径必须大于安全阀门的进口直径，接管上一般禁止装设阀门或其他引出管。压力容器一个连接口上装设数个安全阀时，该连接口入口的面积至少等于数个安全阀的面积总和。压力容器与安全阀之间一般不应装设中间截止阀门，对于盛装易燃、毒性程度为极度、高度、中高度危害或黏性介质的容器，为便于安全阀更换、清洗，可装截止阀，但截止阀的流通面积不得小于安全阀的最小流通面积，并且要有可靠的措施和严格的制度，以保证在运行中截止阀保持全开状态并加铅封。选择安装位置时，应考虑到安全阀的日常检查、维护和检修的方便，安装在室外露天的安全阀要有防止冬季阀内水分结冰的可靠措施。装有排气管的安全阀，排气管的最小截面积应大于安全阀内的出口截面积，排气管应尽可能短而直，并且不得装阀。安装杠杆式安全阀时，必须使它的阀杆保持在铅垂的位置。所有进气管、排气管连接法兰的螺栓必须均匀上紧，以免阀体产生附加应力，破坏阀体的同心度，影响安全阀的正常工作。

（iv）安全阀的维护和检验。安全阀在安装前应由专业人员进行水压实验和气密性实验，经实验合格后进行调整校正。安全阀的开启压力不得超过容器的设计压力，校正调整后的安全阀应进行铅封。要使安全阀动作灵敏可靠和密封性能良好，必须加强日常维护检查。安全阀应经常保持清洁，防止阀体弹簧等被油垢脏物粘住或被腐蚀。还应经常检查安全阀的铅封是否完好，气温过低时有无冻结的可能性，检查安全阀是否有泄漏。对杠杆式安全阀，要检查其重锤是否松动或被移动等，如发现缺陷应及时校正或更换。安全阀要定期检验，每年至少校验一次。定期检验工作包括清洗、研磨、实验和校正。

（2）防爆片。容器在正常运行时，防爆片虽可能有较大的变形，但它能保持严密不漏。当容器超压时，膜片即断裂排泄介质，避免容器因超压而爆炸。运行中应经常检查爆破片法兰连接处有无泄漏，防爆片有无变形。通常情况下，防爆片应每年更换一次，发生超压而未爆破的爆破片应立即更换。

（3）防爆帽。防爆帽又称爆破帽，也是一种断裂型安全泄压装置。爆破帽的样式较多，但基本作用原理一样，主要元件是一端封闭、中间具有一薄弱断面的厚壁短管。当容器的压力超过规定时，防爆帽即从薄弱断面处断裂，气体从管孔中排出。为了防止防爆帽断裂飞出伤人，在它的外面应装有保护装置。

2. 其他安全附件

（1）压力表。压力表是测量压力容器中介质压力的一种计量仪表。压力表的种类较多，按作用原理和结构，可分为液柱式、弹性元件式、活塞式和电量式四大类。压力容器大多使用弹性元件式单弹簧管压力表。

（i）压力表的选用。应根据被测压力的大小、安装位置的高低、介质的性质（如温度、腐蚀性等）来选择压力表的精度等级、最大量程、表盘大小以及隔离装置。装在压力容器上的压力表，其表盘刻度极限应为容器最高工作压力的1.5～3倍，最好为2倍。压力表量程越大，允许误差的绝对值越大，视觉误差也越大。按容器的压力等级要求，低压容器一般不低于2.5级，中压及高压容器不应低于1.5级。为便于操作人员清楚准确地看出压力指示，压力表盘直径不能太小，在一般情况下，表盘直径不应小于100mm。如果压力表距离观察地点远，表盘直径应增大，距离超过2m时，表盘直径最好不小于150mm；距离超过5m时，表盘直径不应小于250mm。超高压容器压力表的表盘直径应不小于150mm。

（ii）压力表的安装。安装压力表时，为便于操作人员观察，应将压力表安装在最醒目的位置，并要求充足的照明，同时注意避免受辐射热、低温及震动的影响。装在高处的压力表应稍微向前倾斜，但倾斜角不要超过30°。压力表接管应直接与容器本体相接。为了便于卸换和校验压力表，压力表与容器之间应装设三通旋塞。旋塞应装在垂直的管段上，并要有开启标志，以便核对与更换。对于蒸汽容器，在压力表和容器之间应装有存水弯管。盛装高温、强腐蚀及凝结性介质的容器，在压力表与容器连接管路上应装有隔离缓冲装置，使高温或腐蚀介质不与弹簧弯管直接接触，依据液体的腐蚀性选择隔离液。

（iii）压力表的使用。使用中的压力表应根据设备的最高工作压力，在它的刻度盘上画明警戒红线，但注意不要涂画在表盘玻璃上，其原因：一是会产生很大的视差；二是玻璃转动导致红线位置发生变化使操作人员产生错觉，造成事故。压力表应保持洁净，表盘玻璃要明亮透明，使表内指针指示的压力值能清楚易见，压力表的接管要定期吹洗。在容器运行期间，如发现压力表指示失灵、刻度不清、表盘玻璃破裂、泄压后指针不归零、铅封损坏等情况，应立即校正或更换。压力表的维护和校验应符合国家计量部门的有关规定，一般6个月校验一次，通常压力表上应有校验标记，注明下次校验日期或校验有效期。校验后的压力表应加铅封，未经检验合格和无铅封的压力表均不可安装使用。

（2）液面计是压力容器的安全附件。压力容器的液面显示多用玻璃板液面计，介质为粉体物料的压力容器，多数选用放射性同位素料位仪表，指示粉体的粉位高度。无论选用哪种类型的液面计或仪表，均需符合《固定式压力容器安全技术监察规程》（TSG 21—2016）规定的安全要求，主要有以下几方面：

（i）应根据压力容器的介质、最高工作压力和温度正确选用。在安装使用前，低、中压容器液面计，应进行1.5倍液面计公称压力的水压试验；高压容器液面计，应进行1.25倍液面计公称压力的水压试验；盛装0℃以下介质的压力容器，应选用防霜液面计。

（ii）寒冷地区室外使用的液面计，应选用夹套型或保温型结构的液面计。易燃、毒性程度为极度、高度危害介质的液化气体压力容器，应采用板式或自动液面指示计，并应有防止泄漏的保护装置。要求液面指示平稳的，不应采取浮子（标）式液面计。

（iii）液面计应安装在便于观察的位置。若液面计的安装位置不便于观察，则增加其他辅助设施，大型压力容器还应有集中控制的设施和报警装置。液面计的最高和最低安全液位应做出明显的标记。

（iv）压力容器操作人员应加强液面计的维护管理，使其经常保持完好和清晰，应对液面计实行定期检修制度，使用单位可根据运行实际情况在管理制度中具体规定。液面计有下列情况之一的，应停止使用：超过检验周期；玻璃管（板）有裂纹、破碎；阀件固死；经常出现假液位。

（v）使用放射性同位素料位检测仪表，应严格执行国务院颁布的《放射性同位素与射线装置安全和防护条例》的规定，采取有效保护措施，防止使用现场放射危害。

3. 压力容器安全泄放量

压力容器的安全泄放量是指压力容器在超压时为保证容器内压力不再升高，在单位时间内必须泄放的介质的量。压力容器的安全泄放量按下列方法计算。

（1）压缩气体或水蒸气压力容器的安全泄放量。对于压缩机储气罐和气包等压力容器的安全泄放量，应取设备的最大生产能力（产气量）。气体储罐等压力容器的安全泄放量按式（6-1）计算：

$$G' = 2.838 \times 10^{-3} \rho \gamma d^2 \tag{6-1}$$

式中，G'为压力容器的安全泄放量，kg/h；ρ为泄放压力下的气体密度，kg/m^3；d为压力容器进口管的内径，mm；γ为压力容器进口管内气体的流量，m/s。

（2）液化气体压力容器的安全泄放量。介质为易燃液化气体或装设在有可能发生火灾的环境下工作的非易燃液化气体，对无绝热材料保温层的压力容器，有

$$G' = 2.55 \times 10^3 F A^{0.82} / r \tag{6-2}$$

式中，G'为压力容器的安全泄放量，kg/h；r为在泄放压力下液化气体的气化潜热，kJ/kg；F为系数，压力容器装在地面以下，用沙土覆盖时取$F = 0.3$，压力容器在地面上时取$F = 1$，对设置在大于10t/（m^2·min）喷淋装置下时取$F = 0.6$。

压力容器的受热面积A（m^2），按下列公式计算：

对半球形封头的卧式压力容器 $A = \pi D_0 L$

对椭圆形封头的卧式压力容器 $A = \pi D_0 (L + 0.3 D_0)$

对立式压力容器 $A = \pi D_0 L'$

对球形压力容器　　$A=1/2\pi D_0^2$，或从地平面起到7.5m高度以下所包括的外表面积（取二者中较大的值）

式中，D_0为压力容器直径，m；L为压力容器总长，m；L'为压力容器内最高液位，m。

对有完善的绝热材料保温层的液化气体压力容器，按以下公式计算：

$$G' = 2.61\times(650-t)\lambda A^{0.82}/\delta r \tag{6-3}$$

式中，G'为压力容器的安全泄放量，kg/h；t为泄放压力下的饱和温度，℃；λ为常温下绝热材料的热导率，W/（m·K）；A为压力容器的受热面积，m^2；δ为保温层厚度，m；r为在泄放压力下液化气体的气化潜热，kJ/kg。

介质为非易燃液化气体的压力容器，而且装设在无火灾危险的环境下工作时，安全泄放量可根据其有无保温层分别选用不低于相应公式计算值的30%。对于化学反应有气体体积增大的压力容器，其安全泄放量应根据压力容器内化学反应生成的最大气量以及反应时所需的时间确定。

6.2　锅炉安全技术与管理

6.2.1　锅炉运行的安全管理

1. 水质处理

锅炉给水不管是地面水还是地下水，都含有各种杂质，这些含有杂质的水若不经过处理就进入锅炉，会威胁锅炉的安全运行。为确保锅炉安全可靠地运行，必须对锅炉给水进行必要的处理。

由于各地水质不同，锅炉炉型较多，因此水处理方法也各不相同，在选择水处理方法时要因炉、因水而定。目前水处理方法主要有两种：炉内水处理和炉外水处理，另外要进行除气处理。

（1）炉内水处理，也称锅内水处理。将自来水或经过沉淀的天然水直接加入，向汽包内加入适当的药剂，使之与锅水中的钙、镁盐类生成松散的泥渣沉降，然后通过排污装置排除。这种方法较适用于小型锅炉，也可作为高、中压锅炉的炉外水处理补充，以调整炉水质量。常用的几种药剂有：碳酸钠、氢氧化钠、磷酸钠、六偏磷酸钠、磷酸氢二钠和一些新型有机防垢剂。

（2）炉外水处理。在给水进入锅炉前，通过各种物理和化学方法，将水中对锅炉运行有害的杂质除去，使给水达到标准，从而避免锅炉结垢和腐蚀。常用的方法有：离子交换法，能除去水中的钙、镁离子，使水软化（除去硬度），可防止炉壁结垢，中小型锅炉已普遍使用；阴阳离子交换法，能除去水中的盐类，生产脱盐水（俗称纯水），高压锅炉均使用脱盐水，直流锅炉和超高压锅炉的用水要经二级除盐；电渗析法，能除去水中的盐类，常作为离子交换法的前级处理，有些水在软化前要经机械过滤。

（3）除气。溶解在锅炉给水中的氧气、二氧化碳，会使锅炉的给水管道和锅炉本体腐蚀，尤其当氧气和二氧化碳同时存在时，金属腐蚀会更加严重。除氧的方法有喷雾式热力除氧、真空除氧和化学除氧。使用最普遍的是热力除氧。

2. 锅炉启动的安全要点

锅炉装置复杂，包括一系列部件、辅机，锅炉的正常运行包含燃烧、传热、工质流动等过程，启动一台锅炉要进行多项操作，要用较长的时间，各个环节协调动作，逐步达到正常的工作状态。

锅炉启动的过程中，其部件、附件等由冷态（常温或室温）变为受热状态，由不承压转变为承压，其物理状态、受力情况等产生很大变化，最容易产生各种事故。据统计，锅炉事故约有半数是在启动过程中发生的，因而对锅炉启动必须进行认真的准备。

（1）全面检查。启动锅炉之前一定要进行全面检查，符合启动要求后才能进行下一步操作。启动前的检查应按照锅炉运行规程逐项进行，主要内容有：检查汽水系统、燃烧系统、风烟系统、锅炉本体和辅机是否完好；检查人孔、手孔、看火门、防爆门及各类阀门、接板是否正常；检查安全附件是否齐全、完好并使之处于启动所要求的位置；检查各种测量仪表是否完好等。

（2）上水。为防止产生过大热应力，上水水温最高不应超过90～100℃；上水速度要缓慢，全部上水时间在夏季不小于1h，在冬季不小于2h。冷炉上水至安全水位时应停止上水，以防受热膨胀后水位过高。

（3）烘炉和煮炉。新装、大修或长期停用的锅炉，其炉膛和烟道的墙壁非常潮湿，一旦骤然接触高温烟气，会产生裂纹、变形甚至发生倒塌事故。为了防止出现这种情况，在上水后启动前要在炉膛中用文火缓慢加热锅炉，使炉墙中的水分逐渐蒸发。烘炉应根据事先制定的烘炉升温曲线进行，整个烘炉时间根据锅炉大小、型号不同而定，一般为3～14d。烘炉后期可以同时进行煮炉，煮炉的目的是清除锅炉蒸发受热面中的铁锈、油污和其他污物，减少受热面腐蚀，提高锅水和蒸汽的品质。煮炉时，在锅水中加入碱性药剂，步骤为：上水至最高水位；加入适量药剂（2～4kg/t）；燃烧加热锅水至沸腾但不升压（开启空气阀或抬起安全阀排气），维持10～12h；减弱燃烧，排污之后适当放水；加强燃烧并使锅炉升压到25%～100%工作压力，运行12～14h；停炉冷却，排除锅水并清洗受热面。烘炉和煮炉虽不是正常启动，但锅炉燃烧系统和汽水系统已经部分或大部分处于工作状态，锅炉已经开始承受温度和压力，所以必须认真进行。

（4）点火与升压。一般锅炉上水后即可点火升压；进行烘炉、煮炉的锅炉，待煮炉完毕、排水清洗后再重新上水，然后点火升压。从锅炉点火到锅炉蒸汽压力上升到工作压力，是锅炉启动中的关键环节，需要注意以下问题：

（i）防止炉膛内爆炸，即点火前应开动引风机数分钟给炉膛通风，分析炉膛内可燃物的含量，低于爆炸下限时才可以点火。

（ii）防止热应力和热膨胀造成的破坏。为了防止产生过大的热应力，锅炉的升压过程一定要缓慢进行。

（iii）监视和调整各种变化。点火升压过程中，锅炉的蒸汽参数、水位及各部件的工作状况在不断变化。为了防止异常情况及事故出现，要严密监视各种仪表指示的变化。另外，也要注意观察各受热面，使各部位冷热交换温度变化均匀，防止局部过热，烧坏设备。

（5）暖管与并汽。暖管即用蒸汽缓慢加热管道、阀门、法兰等软件，使其温度缓慢上升，避免向冷态或较低温度的管道突然供入蒸汽，以防止热应力过大而损坏管道、阀门等元件；同时将管道中的冷凝水驱出，防止在供汽时发生水击。冷态蒸汽管道的暖管时间一般不少于

2h，热态蒸汽管道一般为0.5～1h。并汽也称并炉、并列，即投入运行的锅炉向共用的蒸汽总管供汽。并汽时应燃烧稳定、运行正常、蒸汽品质合格以及蒸汽压力稍低于蒸汽总管内气压（低压锅炉0.02～0.05MPa，中压锅炉0.1～0.2MPa）。

3. 锅炉运行中的安全要点

锅炉运行中，保护装置与连锁不得停用，需要检验和维修时，应经有关主要领导批准。锅炉在运行中，安全阀每月进行一次超压排汽试验，磁安全阀电气回路试验应每月进行一次。安全阀排汽试验后，回座压力、阀瓣开启高度应符合规定，并记录。锅炉运行中，应定期进行排污试验。

4. 锅炉停炉时的安全要点

锅炉停炉分正常停炉和紧急停炉（事故停炉）两种。

（1）正常停炉。正常停炉是计划内停炉，停炉中应该注意的主要问题是：防止降压降温过快，以避免锅炉元件因降温收缩不均匀而产生过大的热应力。停炉操作应按规定的次序进行。锅炉正常停炉时先停燃料供应，随之停止送风，降低引风。与此同时，逐渐降低锅炉负荷，相应地减少锅炉上水，但应维持锅炉水位稍高于正常水位。锅炉停止供汽后，应隔绝与蒸汽的主管连接，排汽降压，待锅内无气压时，开启空气阀，以免因降温形成真空。为防止锅炉降温过快，在正常停炉的4～6h内，应紧闭炉门和烟道接板，之后打开烟道接板，缓慢加强通风，适当放水。停炉18～24h，在锅水温度降至70℃以下时，方可全部放水。

（2）紧急停炉。紧急停炉是指锅炉运行中出现：水位低于表的下部可见边缘；不断加大向锅炉给水及采取其他措施，但水位仍继续下降；水位超过最高可见水位（满水），经放水仍不能见到水位；给水泵全部失效后给水系统故障，不能向锅炉进水；水位表及安全阀全部失效；炉元件损坏等严重威胁锅炉安全运行的情况，则应立即停炉。

紧急停炉的操作次序是，立即停止添加燃料和送风，减弱引风。与此同时，设法熄灭炉膛内的燃料，对于一般层燃炉可以用砂土或湿土灭火，链条炉可以开快挡使炉排快速运转，把红火送入灰坑。灭火后即把炉门、灰门及烟道接板打开，以加强通风冷却。锅内可以较快降压并更换锅水，锅水冷却至70℃左右允许排水。但因缺水紧急停炉时，严禁给炉上水，并不得开启空气阀及安全阀快速降压。

6.2.2 锅炉的安全附件

1. 安全阀

安全阀是锅炉设备中的重要安全附件之一，它能自动开启排汽以防止压力超过规定限度。安全阀通常应该具有的功能包括：当锅炉中介质压力超过允许压力时，安全阀自动开启，排汽降压，同时发出鸣叫声向工作人员报警；当介质降到允许工作压力之后，自动“回座”关闭，使锅炉能够维持运行；在锅炉正常运行中，安全阀保持密封不漏。

一般来说，在锅炉正常工作压力下安全阀处于闭合状态，在锅炉压力超过正常工作压力时安全阀才应开启排气。但安全阀的开启压力不允许超过锅炉的最高允许工作压力，以保证锅炉受压元件有足够的安全裕度。安全阀的开启压力也不应太接近锅炉正常工作压力，以免安全阀频繁开启而损坏并影响锅炉的正常运行。

安全阀应该垂直地装在汽包、联箱的最高位置。在安全阀和汽包、安全阀和联箱之间应装设取用蒸汽的出气管和阀门，并且安装安全阀时应该装设排气管，防止排气时伤人。排气管应尽量直通室外，并有足够的截面积，以减少阻力，保证排气畅通。安全阀排气管底部应该接到地面的泄水管，在排气管和泄水管上都不允许装设阀门。安全阀每年至少进行一次定期检验。

2. 压力表

压力表是测量和显示锅炉汽水系统压力大小的仪表。严密监视锅炉各受压元件实际承受的压力，将它控制在安全限度之内，是锅炉实现安全运行的基本条件和基本要求，因而压力表是运行操作人员必不可少的耳目。锅炉没有压力表、压力表损坏或装设不符合要求，都不得投入运行或继续运行。

压力表的量程应与锅炉工作压力相适应，通常为锅炉工作压力的 1.5～3 倍，最好为 2 倍。压力表度盘上应该画红线，指出最高允许工作压力。压力表每半年至少校验一次，校验后应该铅封。压力表的连接管不应有漏气现象，否则会降低压力表的指示值。

压力表应该装设在便于观察和吹洗的位置，应防止受到高温、冰冻和振动的影响。为避免蒸汽直接进入弹簧弯管影响其弹性，压力表下边应装设存水弯管。

3. 水位表

水位表是用来显示汽包内水位高低的仪表。操作人员可以通过水位表观察和调节水位，防止发生锅炉缺水或满水事故，保证锅炉安全运行。

锅炉上常用的水位表有玻璃管式和玻璃板式两种。玻璃管的耐压能力有限，使用工作压力不宜超过 1.6MPa。为防止玻璃管破碎喷水伤人，玻璃管应当设有防护装置。玻璃板水位表比玻璃管水位表能耐更高的压力和温度，不易泄漏，但结构较为复杂，多用于高压锅炉。

水位表应装在便于观察、冲洗的位置，并有充足的照明；水连管和气连管应水平布置，以防造成假水位；连接管的内径不得小于 18mm。连接管尽可能短，若长度超过 500mm 或有弯曲时，内径应适当放大；汽水连接管上应避免装设阀门，若装有阀门，则在正常运行时需将阀门全开；水位表应设放水塞和接到安全地点的放水管，其汽旋塞、水旋塞、放水塞的内径以及水位表玻璃管的内径不得小于 8mm。水位表应有指示最高、最低安全水位的明显标志，水位表玻璃板（管）的最低可见边缘应比最低安全水位低 25mm，最高可见边缘应比最高安全水位高 5mm。

水位报警器用于在锅炉水位异常（高于最高安全水位或最低安全水位）时发出警报，提醒运行人员采取措施，消除险情。额定蒸发量不小于 2t/h 的锅炉，必须装设高低水位报警器，警报信号应能区分高低水位。

6.3 气瓶安全技术与管理

6.3.1 气瓶的安全附件

1. 安全泄压装置

气瓶的安全泄压装置是为了防止气瓶在遇到火灾等高温时，瓶内气体受热膨胀而发生破裂爆炸。气瓶专用的安全泄压装置分为温度驱动型和压力驱动型，包括易熔合金塞或玻璃泡装置、爆破片装置（或爆破片）、爆破片-易熔合金塞复合装置、安全阀等。爆破片装在瓶阀上，其爆破压力略高于瓶内气体的高温升压力。

安全泄压装置的设置和选用原则：

（1）车用气瓶、溶解乙炔气瓶、焊接绝热气瓶、液化气体气瓶集束装置以及长管拖车和管束式集装箱用大容积气瓶，应当装设安全泄压装置。

（2）盛装剧毒气体、自燃气体的气瓶，禁止装设安全泄压装置。

（3）盛装有毒气体的气瓶不应当单独装设安全阀，盛装高压有毒气体的气瓶应当选用爆破片-易熔合金塞复合装置。

（4）燃气气瓶和氧气、氮气以及惰性气体气瓶，一般不装设安全泄压装置。

（5）盛装易于分解或者聚合的可燃气体、溶解乙炔气体的气瓶，应当装设易熔合金塞装置。

（6）盛装液化天然气以及其他可燃气体的低温绝热气瓶内胆，至少装设两个安全阀；盛装其他低温液化气体的低温绝热气瓶，应当装设爆破片装置和安全阀。

（7）车用液化石油气钢瓶、车用二甲醚钢瓶，应当装设带安全阀的组合阀或者分立的安全阀。车用压缩天然气气瓶，应当装设爆破片-易熔合金塞串联复合装置或者玻璃泡装置。

（8）工业用非重复充装焊接钢瓶应当装设爆破片。

（9）前款所列以外的气瓶，依据相关标准以及设计文件要求装设安全泄压装置。

2. 其他附件

气瓶上装有两个防震圈，这是瓶体的保护装置。气瓶在充装、使用、搬运过程中，通常会因滚动、震动、碰撞而损坏瓶壁，以致发生脆性破坏，这是气瓶爆炸事故中一种常见的直接原因。

瓶帽是瓶阀的保护装置，可避免在气瓶搬运过程中因碰撞而损坏瓶阀，保护出气口螺纹不被损坏，防止灰尘、水分或油脂等杂物落入阀内。

瓶阀是控制气体出入的装置，一般用黄铜和钢制造。充装可燃气体的气瓶的瓶阀，其出气口螺纹为左旋；充装助燃气体的气瓶的瓶阀，其出气口螺纹为右旋。瓶阀的这种结构可有效地防止可燃气体与非可燃气体的错装。

6.3.2 气瓶的颜色和标志

《气瓶颜色标志》（GB/T 7144—2016）对气瓶的颜色、字样和色环做了严格规定。常见气瓶的颜色见表 6-1。

表 6-1 常见气瓶的颜色

序号	充装气体名称	化学式	瓶色	字样	字色	色环
1	氢	H_2	淡绿	氢	大红	p=20MPa 大红色单环 p≥30MPa 大红色双环
2	氧	O_2	淡蓝	氧	黑	p=20MPa 白色单环 p≥30MPa 白色双环
3	氨	NH_3	淡黄	液氨	黑	—
4	氯	Cl_2	深绿	液氯	白	—
5	空气	—	黑	空气	白	p=20MPa 白色单环 p≥30MPa 白色双环
6	氮	N_2	黑	氮	白	p=20MPa 白色单环 p≥30MPa 白色双环
7	二氧化碳	CO_2	铝白	液化二氧化碳	黑	p=20MPa 黑色单环
8	乙烯	C_2H_4	棕	液化乙烯	淡黄	p=15MPa 白色单环 p=20MPa 白色双环

6.3.3　气瓶的安全管理

1. 充装安全

为了保证气瓶在使用或充装过程中不因环境温度升高而处于超压状态，必须对气瓶的充装量进行严格控制。确定压缩气体及高压液化气体气瓶的充装量时，要求瓶内气体在最高使用温度（60℃）下的压力不超过气瓶的最高许用压力。对低压液化气体气瓶，则要求瓶内液体在最高使用温度下，不会膨胀至瓶内满液，即要求瓶内始终保留有一定气相空间。

（1）气瓶充装过量是气瓶破裂爆炸的常见原因之一。因此必须加强管理，严格执行《气瓶安全技术规程》（TSG 23—2021）的安全要求，防止充装过量。充装压缩气体的气瓶，要按不同温度下的最高允许充装压力进行充装，防止气瓶在最高使用温度下的压力超过气瓶的最高使用压力。充装液化气体的气瓶，必须严格按规定的充装系数充装，不得超量，若发现超装，应设法将超装量卸出。

（2）防止不同性质的气体混装，气体混装是指在同一气瓶内灌装两种气体（或液体）。如果这两种介质在瓶内发生反应，将会造成气瓶爆炸事故，如装过可燃气体（如氢气等）的气瓶，未经置换、清洗等处理，甚至瓶内还有一定量余气，又灌装氧气，结果瓶内氢气与氧气发生化学反应，产生大量反应热，瓶内压力急剧升高，气瓶爆炸，酿成严重事故。

属下列情况之一的，应先进行处理，否则严禁充装：①钢印标记、颜色标记不符合规定及无法判定瓶内气体的；②改装不符合规定或用户自行改装的；③附件不全、损坏或不符合规定的；④瓶内无剩余压力的；⑤超过检验期的；⑥外观检查存在明显损伤，需进一步进行检查的；⑦氧化性或强氧化性气体沾有油脂的；⑧易燃气体气瓶的首次充装，事先未经置换和抽空的。

2. 储存安全

（1）气瓶的储存应有专人负责管理。管理人员、操作人员、消防人员应经过安全技术培训，了解气瓶、气体的安全知识。

（2）气瓶的储存。空瓶、实瓶应分开（分室储存），如氧气瓶与氢气瓶、液化石油气瓶，乙炔瓶与氧气瓶、氯气瓶不能同储一室。

（3）气瓶库（储存间）应符合《建筑设计防火规范》（GB 50016—2014），应采用二级以上防火建筑。与明火或其他建筑物应有符合规定的安全距离。

（4）气瓶库应通风、干燥，防止雨（雪）淋、水浸，避免阳光直射，要有便于装卸、运输的设施。库内不得有暖气、水、煤气等管道通过，也不准有地下管道或暗沟，爆炸场所的照明灯具及电气设备应防爆。

（5）地下室或半地下室不能储存气瓶。

（6）瓶库有明显的“禁止烟火”“当心爆炸”等各类必要的安全标志。

（7）储气的气瓶应戴好瓶帽，最好戴固定瓶帽。

（8）实瓶一般应立放储存。卧放时，应防止滚动，瓶头（有阀端）应朝向一方，垛放不得超过 5 层，并妥善固定。气瓶排放应整齐，固定牢靠。数量、号位的标志要明显，要留有通道。

（9）瓶库要有运输和消防通道，设置消防栓和消防水池。在固定地点备有专用灭火器、灭火工具和防毒用具。

（10）实瓶的储存数量应有限制，在满足当天使用量和周转量的情况下，应尽量减少储存量。

（11）容易发生聚合反应的气体的气瓶，必须规定储存限期。

（12）瓶库账目清楚，数量准确，按时盘点，账物相符。

（13）建立并执行气瓶进出库制度。

3. 使用安全

（1）使用气瓶的人员应学习气体与气瓶的安全技术知识，在技术熟练人员的指导监督下进行操作练习，合格后才能独立使用。

（2）检查确认气瓶和瓶内气体质量完好后方可使用。若发现气瓶颜色、钢印等辨别不清，检验超期，气瓶损坏（变形、划伤、腐蚀），气体质量与标准规定不符等现象，应拒绝使用并妥善处理。

（3）按照规定，正确、可靠地连接调压器、回火防止器、输气、橡胶软管、缓冲器、气化器、焊割炬等，检查、确认没有漏气现象。连接上述器具前，应微开瓶阀吹除瓶出口的灰尘、杂物。

（4）气瓶使用时一般应立放（乙炔瓶严禁卧放使用），不得靠近热源。与明火、可燃和助燃气体气瓶之间的距离不得小于 10m。

（5）使用易发生聚合反应的气体的气瓶时，应远离射线、电磁波、振动源。

（6）防止日光暴晒、雨淋、水浸。

（7）移动气瓶时，应手扳瓶肩转动瓶底，移动距离较远时可用轻便的小车运送，严禁抛、滚、滑、翻和肩扛、脚踹。

（8）禁止敲击、碰撞气瓶。绝对禁止在气瓶上焊接、引弧。不准用气瓶作支架和铁砧。

（9）注意操作顺序。开启瓶阀应轻缓，操作者应站在阀出口的侧后；关闭瓶阀应轻而严，不能用力过大，避免关得太紧、太死。

（10）瓶阀冻结时，不准用火烤，可将瓶移入室内或温度较高的地方或用 40℃以下的温水浇淋解冻。

（11）注意保持气瓶及附件清洁、干燥，禁止沾染油脂、腐蚀性介质、灰尘等。

（12）瓶内气体不得用尽，应留有剩余压力（余压），余压不应低于 0.05MPa。

（13）保护瓶外油漆防护层，既可防止瓶体腐蚀，也是识别标志，可以防止误用和混装。瓶帽、防震圈、瓶阀等附件都要妥善维护、合理使用。

（14）气瓶使用完毕要送回瓶库或妥善保管。气瓶的定期检验应由取得检验资格的专门单位负责进行，未取得资格的单位和个人不得从事气瓶的定期检验。各类气瓶的检验周期如下：

（i）盛装腐蚀性气体和海水等腐蚀性环境的气瓶，每两年检验一次。

（ii）盛装一般气体的气瓶、低温绝热气瓶和溶解乙炔气瓶，每三年检验一次。

（iii）盛装氮、六氟化硫、四氟甲烷及惰性气体的气瓶，每五年检验一次。

（iv）民用液化石油气气瓶和液化二甲醚气瓶，每四年检验一次；车用液化石油气气瓶和液化二甲醚气瓶，每五年检验一次。

气瓶在使用过程中，发现有严重腐蚀、损伤或对其安全可靠性有怀疑时，应提前进行检验。库存和使用时间超过一个检验周期的气瓶，使用前应进行检验。气瓶检验单位对要检验的气瓶逐只进行检验，并按规定出具检验报告，未经检验和检验不合格的气瓶不得使用。

复习思考题

6-1　压力容器按工作压力分为几类？

6-2　弹簧式安全阀和重锤式安全阀有哪些区别？

6-3　简述安全阀的安装、使用和检验的要求。

6-4　简述压力容器安全装置的分类及其概念。

6-5　简述锅炉运行的安全管理要点。

6-6　简述气瓶储存的安全管理要点。

第7章 化工本质安全化

本章概要·学习要求

本章主要讲述化工本质安全化概念、本质安全化设计策略、装置和管理本质安全化设计。要求学生了解本质安全化理念，理解本质安全化的设计原则，掌握化工装置本质安全化设计策略。

随着化工过程的高参数、高能量、高风险性增加，化工事故隐患越来越多，事故也更加具有灾害性、突发性和社会性，对化工安全技术的研究也必须伴随着化工行业的发展而不断完善。将本质安全化原理应用于化工行业对预防化工事故具有重要意义，传统预防事故的方法是以法令为第一阶段，以有关标准或规范为第二阶段，再以总结或企业经验标准为第三阶段来制订安全措施，但是用这种“事故的后补式”方法并没有真正消除或降低化工过程中的危险因素。因此，应极力提倡事前彻底研究化工装置事故发生的潜在原因，系统地采取安全措施，采用“问题发现式”的预测方法。本质安全化就是试图从过程设计、流程开发、物质管理等源头上消除或降低化工过程的危害，被广泛地认为是有效的事故预防手段。

7.1 化工本质安全化概述

7.1.1 本质安全化理念的产生与发展

化工行业事故多发的现状促进了化工安全科学的研究，大量的安全理论和安全技术在近三十年来蓬勃发展，传统的安全管理方法和技术手段是通过在危险源与人物和环境之间的保护层来控制危险。保护层包括对人员的监督控制系统警报、保护装置及应急系统等。这种依靠附加安全系统的传统过程安全方法和手段起到了较好的效果，在一定程度上改善了化学工业的安全状况，但是通过这种方法保证安全也存在很多不利之处。

1977年，Trevor Kletz首次提出化工过程本质安全化的概念，为过程安全的内涵赋予了新的含义：预防化学工业中重大事故频发的最有效手段，不是依靠更多、更可靠的附加安全设施，而是从根源上消除或降低系统内可能引起事故的危险，来取代这些安全防护装置。1991年Kletz定义了本质安全化的通则，见表7-1。

表 7-1　本质安全化通则

通则	释义
最小化	减少系统中危险物质
替换	使用安全或危险性较小的物质或工艺替代危险的物质或工艺
缓和	采用危险物质的最小危害形态或者危害最小的工艺条件
限制影响	通过改进设计和操作，限制或减小事故可能造成的破坏程度
简化	通过设计简化操作，减少安全防护装置使用，减少人为失误的可能性
容错	使工艺设备具有容错功能，保证设备能够经受扰动，反应过程能承受非正常功能

20 世纪 80 年代以来，美国、加拿大、欧盟等国家和地区已经对本质安全化课题开展了一系列研究和实际应用，取得了一定的成果。1997 年，由欧盟资助 INSIDE（Inherent SHE in Design Project Team）项目研究了本质安全化技术在欧洲过程工业的应用，主要目的是验证本质安全化设计方法在化学工业应用的可行性，鼓励化学工艺和设备本质安全化的应用及研究，提出了乙烯类本质安全化应用技术方法。在 2000 年针对本质安全健康环境分析方法工具箱（inherent safety health and environment evaluation tool，INSET）的相关研究有了一定的成果。在 2001 年，Mansfield 整理工具箱的相关理论并发表报告，工具箱收集了 31 种优化方法，主要是在设计阶段从安全、健康、环境角度分析工艺优化的选择问题；工具箱分为 4 个过程，分别是化学路线的选择、化学路线的具体评价分析、工艺过程设计的最优化和工艺设备设计，主要覆盖设备寿命周期的早期设计阶段。相关学者根据欧洲一些化工企业运用 INSET 的实际情况，分析得出本质安全化原理是有效的，INSET 是可行的，在设计早期阶段运用更具有经济价值，但在设计的早期阶段由于得不到全面的数据信息，只能采用较为简单的本质安全化分析方法，具有一定的局限性。

7.1.2　本质安全化评价方法及指标体系

在化工过程领域中，工艺流程的选择是初期设计中的一个关键问题，本质安全化的工艺方法能起到减少和控制风险的效果，然而就目前来说，绝对的本质安全化是不存在的，因此人们需要寻找合适的方法评价每个过 程中本质安全化的程度，把安全、健康以及环境的影响进行量化。描述这些的指标可以包括温度、压力、屈服强度以及工作介质等多个方面。

目前国内外从事这一领域的研究者较多，但多以定性研究为主，定量研究的成果相对较少，其中具有代表性的化学工艺过程本质安全化分析的方法主要有：

（1）PIIS 法。Edwards 和 Lawrence 提出本质安全原型指数（prototype index of inherent safety，PIIS）法。这种方法主要是对化工工艺过程路线选择的评价，对每个指标给定安全系数。优点是对较容易获得信息的指标进行分析，最后得出安全系数之和，这种方法应用比较广泛，缺点是没有综合考虑化工过程的安全、环境与职业健康等方面，评价过于简单化。

（2）ISI 法。Heikkila 和 Hume 提出本质安全指数（inherent safety index，ISI）法。这种方法在 PIIS 指标基础上发展而来，扩大了本质安全化指标的范围，对过程的把握更加全面。方法的实施需结合化工事故统计数据、专家经验及专业技术分析。但这种方法对指标权重和等级的划分比较主观，所得结果可能产生较大差异，可比性不佳。

（3）SHE 法。Koller 等提出安全健康环境指数（safety，health and environmental，SHE）

法，针对安全、健康和环境提出了11类指标，重点增加了对人体健康和环境影响因素的考虑。

（4）IISI法。Khan和Amyotte提出综合固有安全指数（integrated inherent safety index，IISI）法。这种方法结合了风险指数（hazard index，HI）法和本质安全潜在指数（inherent safety potential index，ISPI）法的优点进行化工工艺过程本质安全化量化计算，将本质安全化的应用程度转换成指标形式来评价过程的本质安全性，能够较为直观地显示本质安全化原理的应用对过程的影响，相比PIIS、ISI及SHE等孤立的指标结构是一个明显的进步。

近几年来，又有很多新的本质安全化的评价方法和指标，如ISIM（inherent safety index module）、IRET（integrated risk estimation tool）和PRI（process route index）等，这些方法各具特色，在多个方面逐步推进和完善了本质安全化评价的理念和可操作性。

国内方面对本质安全化的研究起步较晚，这方面的专题研究开展得较少，但是国内也越来越重视化工行业的本质安全化研究，通过吸收和总结国外的成果，在诸如《职业安全卫生术语》（GB/T 15236—2008）、《化工企业安全卫生设计规范》（HG 20571—2014）等一些标准和法规中逐步推广本质安全化的理念和方法。

7.2 本质安全化设计原理与策略

7.2.1 设计原理与应用

本质安全原理是本质安全设计的依据，是保证过程朝本质安全方向发展的一般性原则。根据国际过程安全组织（International Process Safety Group，IPSG）和美国化学工程师协会（AIChE）的化工过程安全中心（Center for Chemical Process Safety，CCPS）对本质安全设计原理的定义，按照它们的优先级，依次为最小化或强化、替代、缓和、简化。*Perry's Chemical Engineers' Handbook* 重申了本质安全设计原理，并阐述了用户友好设计原理，认为应按照原理的优先级，在应用各原理时优先选择本质提升方案。本质安全原理是定性的描述，没有统一的衡量标准，导致应用程度参差不齐，有些学者建议用本质安全指标进行量化，如最小化对应总量值指标，替代对应易燃性、爆炸性、毒性指标等。

在化工过程整个生命周期的不同阶段，本质安全原理应用的机会和程度是不同的，现有的资料显示，相关研究主要集中于过程的早期阶段，研究对象可分为物质和过程两类，前者主要包括反应原料和路径的选择、溶剂的选择、物质储存和输送的方式等，后者主要包括反应器的强化、反应器的选择、操作方式的选择、过程条件的改良等若干方面。研究成果主要针对消除或减小引发火灾、爆炸、泄漏、中毒等事故的危害因素，下面按照本质安全原理的优先级，分别对各原理的应用情况进行描述。

1. 最小化

最小化原理的重要应用之一是反应器的选择，反应器的大小和处理物料的量成为重要的考量因素，人们根据各类反应器自身的特点，应用最小化原理进行分析，提出了各类反应器的本质安全潜力。一般认为，连续搅拌反应器系统比间歇搅拌反应器本质安全性更好，因为对一定的生产任务，前者具有更小的反应器体积，物料混合更充分，减少了副产物的生成，且浓度、温度等参数均一，易于控制并降低了过程失效的概率。塞流式反应器具有最小的反应器体积，且设计简单，设备连接少，对放热反应换热效率高等，但沿管长压降较高，不利于控制。环流反应器在很多场合可代替间歇搅拌反应器，因为更高的传质效率使环流反应器体积大为降低。如果仅从反应器体积和物料的量值考虑反应器的安全性，按优劣依次为塞流式反应器、环流反应器、连续搅拌反应器系统、间歇搅拌反应器，但是反应的类型和机理有时与上述结论相矛盾。例如，Englund 阐述了对于乳胶生产过程，间歇搅拌反应器的安全性优于连续搅拌反应器系统。所以，应在深刻理解反应机理的基础上应用最小化原理，综合考虑和权衡各安全因素，确定最优的反应器。

储存和输送的物料应满足最小化原理，根据生产的需要确定危害性原料或中间产物最小的储存量，因为储存设备和输送管线是发生泄漏的重要危险源，所以必须确认其最小量值，尤其对于具有危害性的中间产物或副产物，应采取措施尽量避免对它们的储存和运输。

2. 替代

替代原理主要应用于对反应物和溶剂的替代。通过采用新原料，改变反应路线，开发新型过程技术，实现对危害反应物（或反应路径）的替代。例如，Buxton 通过环境影响最小化的反应路径综合，提出了若干生产萘甲胺的可替代方案，可消除中间产物异氰酸甲酯。此外，新型过程技术的开发加强了替代原理的应用，如超临界过程、多米诺反应、酶催化过程、激光微排反应等。

易燃性溶剂在高于闪点或沸点下操作是火灾危害的主要原因之一，所以用水或低危害有机溶剂代替高挥发性有机溶剂是替代原理的另一重要应用。例如，尽量采用低挥发性高沸点的溶剂，工业脱脂时以水性或半水性清洗系统代替有机类清洗系统等。美国环境保护局开发了专家系统辅助纺织工业中溶剂的选择，Overton 等阐述了用低危害物质代替苯，取代易燃性溶剂，以次氯酸钠代替氯气净化水等替代过程。

3. 缓和

缓和原理的实现通过物理和化学两种方式，前者包括稀释、制冷等，后者是通过化学方法改良苛刻的过程条件。沸点较低的物质常储存于压力系统中，通过用高沸点溶剂进行稀释能够降低系统压力，发生泄漏时可有效降低泄漏速率，如果过程允许，应在稀释状态下储存和操作危害性物质，常见的该类物质如氨水代替液氨、盐酸代替氯化氢、稀释的硫酸代替发烟硫酸等。稀释系统还可应用于缓和反应速率、限制最高反应温度等方面，但增加稀释系统会提高过程的复杂性，所以需要权衡对过程安全性的利弊。制冷具有类似于稀释的优点，危害性物质如氯，通常在低于其常压沸点下储存，可以减小物质蒸气压，有效降低泄漏时物质的气化速率，减少或消除液体气溶胶的形成，从而提高过程的本质安全性。Marshall 等通过对 6 种物质的低温储存进行分析，结果表明总体上制冷储存的安全性优于高压储存。

改善苛刻的反应条件是缓和原理的另一个重要应用。例如，采用新型催化剂实现了在低压下甲醇氧化生产醛；聚烯烃技术的改进使过程压力有效降低；采用高沸点溶剂可以降低过程压力，同时降低过程失控时的最大压力等。

4. 简化

反应器设计的强化能够减少复杂的安全装置。例如，反应器设计压力大于反应失效时的最大压力，则不需要超压安全联锁装置，同时可有效减小泄放系统的尺寸，从而使过程设备简化，前提是充分理解失效条件下的反应机理、热力学和动力学特性并进行评价。

Hendershot 提出将 1 个进行复杂反应的间歇反应器分解成 3 个较小的反应器完成，可以减小单个反应器的复杂性，减少物料流股间的交互作用，但分解后反应器个数增加，且中间产物的属性及输送也会增大过程的复杂性。与最小化实例相比，恰为相反的过程，可见各原理在应用时会出现矛盾，所以应根据反应的实际情形对不同实现过程进行综合评价以确定安全性最优的过程。

各原理在应用时存在一定交叉，原理之间可能相互抵触。例如，反应精馏满足最小化原理，但不符合简化原理，只能通过深入理解反应及失效时的特性，综合评价过程的本质安全性。本质安全原理的应用发展较慢，主要归因于：应用本质安全的经济效益没有得到广泛认可；传统过程开发模式中引入安全分析较晚，应用本质安全的机会下降；与新过程开发比较，对已有过程应用本质安全更加困难；本质安全的应用有赖于新型过程的开发等诸多因素。

7.2.2 本质安全化的化工过程设计策略

1. 可行性分析

可行性分析即通过贯彻执行国家职业卫生和安全生产法律法规，促进项目实现本质安全化，尤其是项目选址的确立，要综合考虑地形地质、气象水源及周边环境等因素，以避免周边环境与项目间产生制约关系。

2. 工艺探索阶段

化工过程是指通过相关工艺处理原料转化为产品的过程，在化工过程中化学反应占据着核心位置，所以化学反应工艺设计在系统集成中具有本质的重要性。对化工过程的本质安全化起到决定性作用的是反应系统。具体来说，原料路线、反应条件及路线是化工工艺体现本质安全化的关键，尤其是加深对化学反应本质过程的危险性分析，如爆炸范围、评估化学活性物质危险性、预测反应放热等。

首先，反应物的选择可借助化学品理化特性数据库，将可燃、有毒或高毒的物质用不易燃、无毒或低毒的物质替代，来限制或减少危害；其次，反应条件可通过应用新工艺路线规避产生危险的中间产物或危险原料，或用催化剂等有效化学剂降低副反应危害，以改善条件苛刻度；最后，反应路线可通过各种试验优化过程工艺，促使反应介质浓度、温度和压力降低，从而缓和反应条件。

3. 概念设计阶段

概念设计阶段设计要侧重降低过程环境影响和实现经济最优，随着社会经济的快速发展，人类越来越重视安全问题，为此，化工生产过程既要达到上述目的，也要加强过程本质安全化设计的研究。首先，库存设置方面，可运用物料衡算工具减少或限制中间储存设施量，达到削减库存的目的；其次，流程安全性方面，可利用流程模拟软件不断模拟优化流程，以实现流程的优化简化；最后，能量释放方面，可通过对化工过程反应热转移与机理和动力学三者关系的分析，采取稀释、连续过程或将液相进料用气相进料取代等，尽量缓和剧烈反应，减少热危害。

4. 基础设计阶段

基础设计阶段以生产装置形式设计为主，一般通过提高设备可靠性实现本质安全化提升。该阶段应充分考虑对新型设备和技术的应用，以实现对设备大小合理调整的目的，从而避免储存于设备内的能量物料大量向外释放，或减少危险物料的外泄，同时要确保设备不会因腐蚀导致可靠性降低，必须合理考虑防范措施和设备材质的选择。

5. 工程设计阶段

工程设计阶段要以上一阶段设计内容为基础，一方面需要增加对定型设备规格型号、材质及零部件等要素详细说明的清单，另一方面需要设计非定型设备装配制造的加工图，包括设备平面和立面的布置图、装置安装施工流程图，以及带控制点的管线流程图等。

本质安全化的化工过程设计并非纯单向的，各阶段均能评价前一阶段工作状态，且发现失误或缺陷时必须返回研究和修正上一阶段，即通过不断地重新设计，以保证设计方案的合理性、科学性。化工过程本质安全化设计流程如图 7-1 所示。

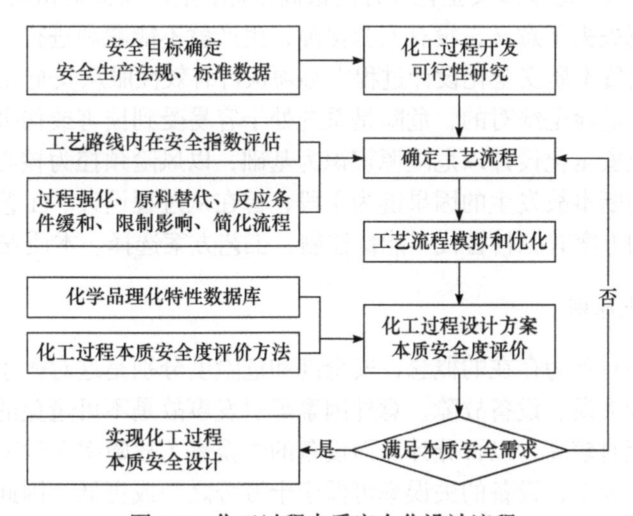

图 7-1　化工过程本质安全化设计流程

7.3　石油化工装置本质安全化设计

在石油化工生产装置中，保持安全运行已经成为贯彻装置生命周期的必然追求。在流程工业中常用的安全措施有增加安全设备、增加操作人员及巡检频率等，此类措施虽然在一定条件下有利于降低风险，但是增加安全设备必然导致流程复杂和对安全系统要求的提高，增加操作人员及巡检频率也将增加操作人员的工作强度及心理压力，这与企业追求利润的基本目标相悖。因此，对过程进行本质安全设计显得尤为重要。

本质安全化设计的目标是：采用物质技术手段，预防生产安全事故，尤其是防止重特大事故和类似事故重复发生；即使发生事故，人员也能免遭伤害或能安全撤离，最大限度地减轻事故的严重程度。石油化工装置本质安全化设计不同于传统的过程控制设计，它是以安全系统工程为理论基础，以危险、有害因素辨识为前提，以安全评价为手段，以风险预控为核心，以事故致因理论为指导的集科学性、系统性、主动性、超前性于一体的贯穿于石油化工装置可行性研究、初步设计、施工图设计等全过程的现代设计方法。根据石油化工装置设计、施工和运行管理等，对石油化工装置本质安全化的设计原则、设计程序和设计方法进行探讨，为石油化工装置本质安全化设计提供一种指导性的思路和实用性的方法。

7.3.1 本质安全化的设计原则

自 20 世纪 50 年代本质安全化理论诞生以来，大致经历了经验、制度和预控三个阶段。预控即本质安全化阶段，是安全管理的最高阶段，其基本的原理是运用风险管理技术，采用技术和管理综合措施，以管理潜在风险源来控制事故，从而实现一切意外和风险均可控的目标。本质安全化设计是实现该目标的主要前提和保证。本质安全化设计是从项目规划、工艺开发、过程控制等源头消除或降低危险、有害因素，从而实现安全生产的目的，因此必须遵守以下设计原则。

1. 安全第一、预防为主的原则

以人为本、安全第一是本质安全化设计的最高目标，生产和安全相互依存，不可分割。离开生产活动，安全就失去了意义，没有安全保障，生产就不能顺利进行。安全和生产的辩证关系要求石油化工装置本质安全化设计过程中必须执行有效性服从安全性的原则。

安全是相对的，危险是绝对的，危险是系统处于容易受到损害或伤害的状态，通常指危险或有害因素。本质安全化设计以危险源辨识为基础，以风险预控为核心，以管理人的不安全行为为重点，以切断事故发生的因果链为手段，旨在从过程设计、工艺开发等源头消除或降低危险源。采取的方案有原料替代、能量控制、工艺方案选择、本质安全化评价等。

2. 设备技术优先原则

安全和危险是一对互为存在的概念，安全度和危险度分别是这对概念的定性和定量的度量。人的操作和管理失误、设备故障、意外因素等引发事故是不可避免的。大量事故和试验证明，人的失误率相对较高，以百分计。而设备的失误率（故障率）较低，以千分计、万分计。经过技术设计和加工，设备的失误率可低于十万分之一或更低。因此，创造失误率低的物质技术条件来保障安全生产，就成为必然的选择。要保障安全生产，工艺技术、工具设备、控制系统和建筑设施等应具有预防人为失误和设备故障引发事故的功能，最低限度也要做到即使发生事故，人员不受伤害或能安全撤离，以降低事故的严重程度，这就是本质安全化设计的设备技术优先原则。

3. 目标故障原则

事故是指造成人员死亡、伤害、职业病、财产损失或其他损失的意外事件。造成事故的根本原因是存在危险有害物质、能量和危险有害物质、能量失去控制的综合作用，并导致危险有害物质的泄漏、散发和能量的意外释放。故障是功能单元终止执行要求功能的能力，根据故障的表现形式可分为显形故障和隐形故障。显形故障是指能够显示自身存在的故障，属于安全故障，隐形故障是指不能显示自身存在的故障，属于危险故障，危险故障是使本质安全化系统处于危险并使其功能失效的潜在故障，隐形故障一旦出现，可能使生产装置陷入危险。本质安全化系统的设计目标就是使系统具有零隐形故障，并且尽量少地影响有效性的显形故障，从而实现装置生产的零事故。

4. 故障安全原则

故障安全包括失误安全和故障安全。失误安全是指失误操作不会导致装置事故发生或自动阻止误操作的能力。故障安全为设备、设施、工艺发生故障时，装置还能暂时正常工作或自动转变为安全状态的功能。冗余、容错、重化是实现故障安全的本质安全化设计方法，危险源识别、风险评价、设计对策是实现故障安全的重要程序和内容。

5. 安全性、有效性、经济性综合原则

有效性和安全性的目标是矛盾的，有效性的目标是使过程保持运行（安全—运行），而安全性的目标是使过程停下来（安全—停车）。提高安全性必然降低有效性。经济性综合原则是根据装置运行要求、工艺特点，在满足设计安全等级的前提下，尽量提高装置的有效性，以减少装置的无谓停车，提高生产的经济效益。提高装置的有效性和安全性，必然增加装置的成本开销，冗余以及富余的安全等级是一种浪费。科学的设计方法就是根据实际的生产过程，选择合理的系统冗余度，对于不是很重要的过程，可以牺牲一些系统安全性来提高项目的经济性和系统的有效性，而对于主要的、高危的生产过程则采用较高冗余度，以确保生产的安全平稳。在安全和经济发生冲突时，必须执行安全第一的原则。

7.3.2　本质安全化的设计程序

石油化工装置本质安全化设计程序包括石油化工装置整个安全生命周期。根据国际电工委员会 IEC 61508 文件，安全生命周期是指实现装置安全必须进行的有关活动，包括从项目初步设计的启动到装置及其辅助设施不再可用（失效）为止的整个周期。用系统化的方法处理以上活动，以得到装置安全要求所采用的整体本质安全化生命周期的理论框架（图 7-2）。石油化工装置的设计一般分为可行性研究、初步设计、施工图设计等阶段，因此石油化工装置的本质安全化设计也应分步进行，以提高装置本质安全化水平。石油化工装置的本质安全化设计不是纯单向的，每一个阶段都会对前一个阶段的工作进行评价，如发现不足和错误，则返回前一个阶段重新研究并进行修正，再重新设计，直到设计方案符合装置本质安全化要求，其设计程序的流程如图 7-3 所示。

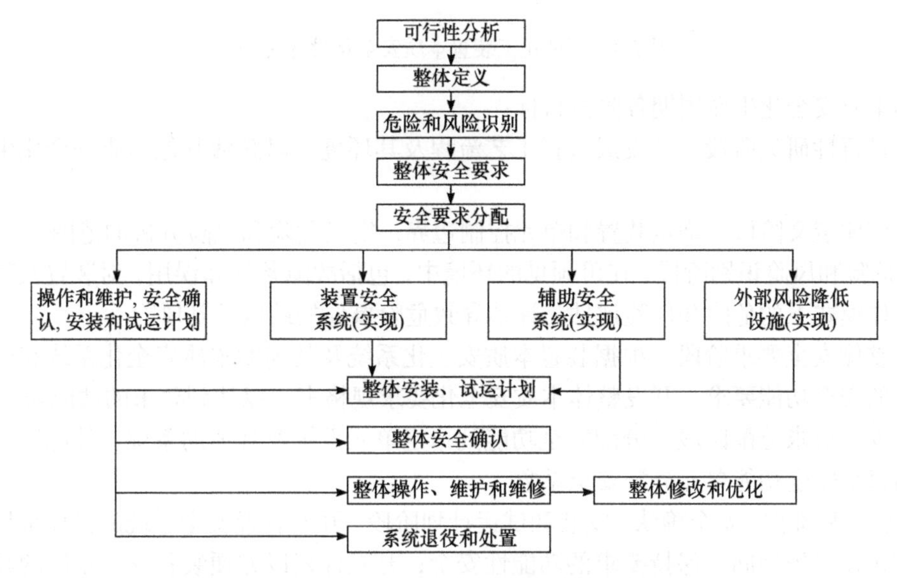

图 7-2　整体本质安全化生命周期的理论框架

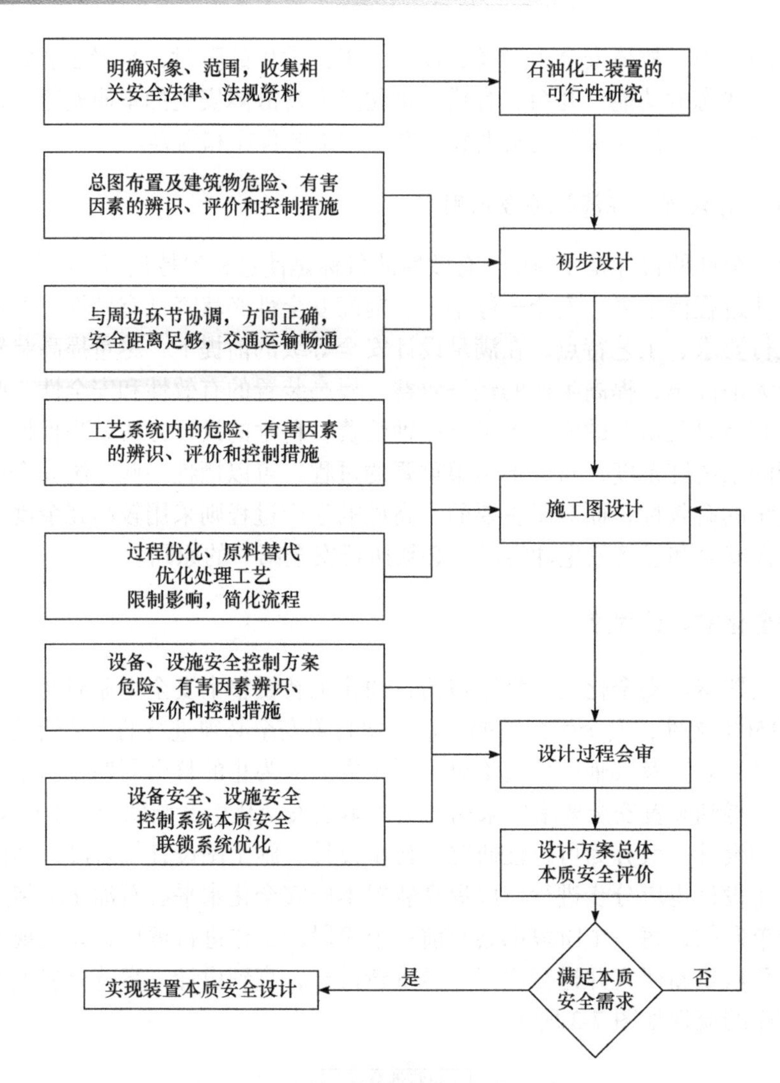

图 7-3 石油化工装置本质安全化设计流程

整体本质安全化生命周期各阶段目标：

（1）可行性研究阶段。开发或选择工艺流程及其环境，以激活其他本质安全化生命周期活动。

（2）整体定义阶段。确定装置和单元控制边界，定义危险和风险分析的范围。

（3）危险和风险识别阶段。在可预见的环境中，包括故障条件和误用，对装置及其系统进行所有操作模式下的危险和风险评估，评估导致危险事件的结构及其风险。

（4）整体安全要求阶段。根据装置本质安全化系统及其辅助本质安全化系统和外部风险降低系统的安全功能要求，开发整体本质安全化要求规格书，以达到要求的功能安全。

（5）安全要求分配阶段。分配安全功能到指定单元系统及其辅助系统、外部风险降低设施，并给每个安全功能单元分配安全系数。

（6）操作和维护，安全确认，安装和试运计划阶段。开发装置安全系统的操作维护计划，以确保在操作维护期间，保持要求的功能性安全；开发计划以方便装置安全系统的整体安全确认；以可控的方式开发装置安全系统的安装、试运计划，以得到要求的功能性安全。

（7）装置安全系统（实现）阶段。创建符合装置安全要求的装置安全系统，包括人、机、料、法、环 5 个方面的安全功能要求和安全完整性要求。

（8）辅助安全系统（实现）阶段。创建辅助安全系统，以满足安全功能要求和安全完整性要求。

（9）外部风险降低设施（实现）阶段。创建外部风险降低设施，以满足本质安全化功能要求和安全完整性要求。

（10）整体安装、试运阶段。安装和试运装置安全系统。

（11）整体安全确认阶段。按照整体本质安全化要求，并考虑分配到各个单元安全系统的安全要求，确认装置安全系统整体安全要求规格书。

（12）整体操作、维护和维修阶段。运行、维护和维修装置安全系统，以保持要求的功能性安全。

（13）整体修改和优化阶段。确保在修改和优化过程之后，装置安全系统的功能性安全是适当的。

（14）系统退役和处置阶段。确保装置安全系统的功能性安全在退役或处置过程中是适当的。

7.3.3　本质安全化措施的设计方法

石油化工装置的本质安全化设计是建立在以物为中心的风险预测和事故预防技术基础上的设计理念，强调先进的设计技术、本质安全化措施是保障生产安全、预防操作失误、降低装置风险的有效途径。为了实现故障安全，石油化工装置往往采用多重安全防护措施。这些措施不仅包括直接安全技术措施、间接安全技术措施、指示性安全技术措施，也包括当这些措施不能避免事故和危害发生时所采用的安全管理防护措施等，其层次结构如图 7-4 所示。根据安全防护等级的层次结构，分别采取消除、替换、强化、弱化、屏护、时空隔离保险、联锁冗余设计、警告提示等措施，措施的最佳组合可有效消除或降低装置事故的发生。

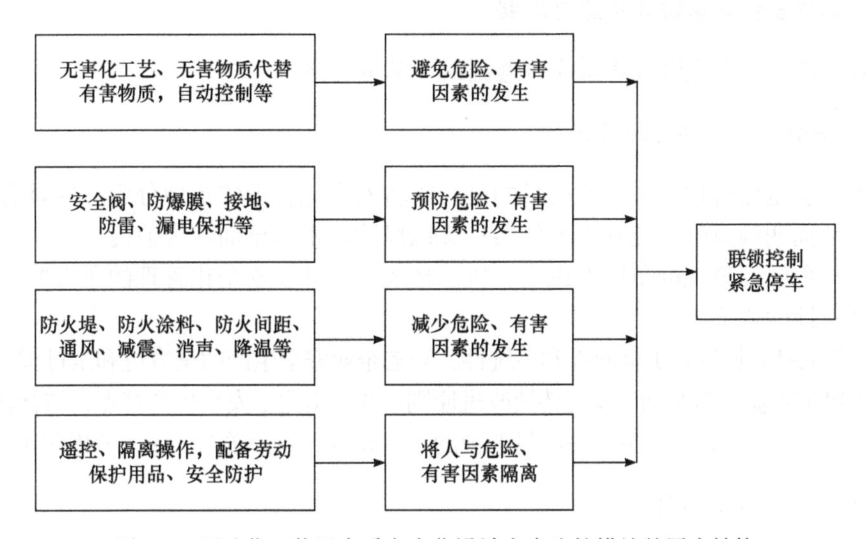

图 7-4　石油化工装置本质安全化设计安全防护措施的层次结构

1. 可行性研究阶段

可行性研究阶段主要通过贯彻安全生产的法律法规、技术标准及工程系统资料，实现项目本质安全化的总体布局。

2. 初步设计阶段

初步设计阶段主要对总图布置及建筑物的危险、有害因素进行辨识，实现项目选址和厂区平面布置的本质安全化。在选址时，除考虑建设项目的经济性和技术的合理性，并满足工业布局和城市规划的要求外，在安全方面应重点考虑地质、地形、水文、气象等自然条件对企业安全生产的影响及企业与周边地区的相互影响。在满足生产工艺流程、操作要求、使用功能需要和消防及环境要求的同时，主要从风向、安全防火距离、交通运输安全以及各类作业和物料的危险、有害性出发，确定厂区平面布置，并着手装置的工艺流程设计。

3. 施工图设计阶段

施工图设计阶段是在选定工艺流程的条件下，进行设备选型、管道走线、控制方案及控制设备等设计。设备包括标准设备、专业设备、特征设备和电气设备等。在选用生产设备时，除了应满足工艺功能外，应对设备的劳动安全性能给予足够的重视，保证设备按规定使用时不会发生任何危险，不排放超过标准规定的有害物质；尽量选用自动化程度、本质安全化程度高的生产设备。选用的锅炉、压力容器等特种设备，必须由持有安全、专业许可证的单位进行设计、制造、检验和安装，并应符合国家标准和有关规定的要求。这一阶段应重点考虑物料的腐蚀性，为保证不因设备腐蚀造成可靠性的下降，应充分考虑设备材质和防腐措施。

7.4 化工本质安全化管理体系

7.4.1 化工本质安全化管理体系建立思路

建立有效的本质安全管理体系应该遵循以下基本思路。

1. 本质安全化管理要素的设置

设置本质安全化管理体系要素的目的是：①将安全化管理体系划分为一些具有相对独立性的条款，从而明确风险预控管理的框架；②以风险识别的全面性为前提，在明确管理框架的基础上，从危险源辨识的角度考虑人、机、环境可能涉及安全化管理的所有要素，以清单方式提出针对性的要求。

要素设置的基本原则：①全面性和系统性，涵盖企业安全生产的全方位和全过程；②体现管理过程，以 PDCA 循环为基础，体现持续改进原则；③突出化工安全生产特点，结合化工重大危险源及事故发生案例，在要素中考虑容易忽视的环节要素，如停送电，应该考虑闭锁要素。

2. 危险源辨识和风险评估

危险源辨识是风险评估的前提。危险源辨识的充分与否直接决定了风险评估效果。危险源辨识就是对化工所要评估的单元或系统、工作活动和任务中的危害识别，包括人、机、环境和行为的各种危险因素，并根据风险预控管理的要求，分析其产生方式。

风险评估是对风险的定量或定性分析，以确定特定风险发生的可能性及损失的范围和程度，其结果通常伴有风险的排序。风险评估的目的在于确保企业生产经营的风险能被有效地鉴定、理解，并提出对策，将风险最小化，达到合理可容忍的水平。

危险源辨识和风险评估的基本方法有：前期风险评估、危险与可操作性分析、失效模式与影响分析、定量风险评估、安全检查表分析、事故树、工作安全分析等数十种方法。

危险源辨识和风险评估应贯穿于化工从可行性研究开始到衰减期的全过程，并选择职工易于理解、易于操作的方法，确保全员参与及不断提高职工风险意识。

3. 建立本质安全化管理体系

在风险评估基础上，建立结构化的安全管理体系。该体系必须以国家相应的规范、标准为基本要求，结合行业特点，从管理、技术等各方面确定风险控制对策，并确保企业生产经营工作高效运转。结构化的安全管理体系包括：针对管理层的管理标准和流程；针对操作层的安全工作程序和工作标准。

4. 执行与改进

按照所建立的本质安全化管理体系，协调组织风险管理各项措施的实施，并不断通过各种信息反馈，检查风险管理措施的实施情况，视情形进行调整和修正，确保实现风险预控管理目标。

7.4.2　重大危险源的识别与管理

重大危险源一旦发生事故，往往是群死、群伤的火灾、爆炸、中毒等灾难性事故。《危险化学品安全管理条例》根据重大危险源的特点分别对重大危险源的设施、化学品的存放和保管、安全评价、登记注册等方面提出了严格要求，并对违反重大危险源管理规定的处罚和政府的监督管理职能等方面作了相关的规定。

1. 重大危险源的概念

重大危险源概念最早是20世纪初，以英国、法国、美国为代表的一些工业国家，由于在化学品生产、储存、使用、运输过程中屡屡出现重大火灾、爆炸、泄漏等工业事故，为改变事故高发的不利局面而提出来的。危险化学品重大危险源是指长期或临时生产、储存、使用和经营危险化学品，且危险化学品的数量等于或超过临界量的单元。单元是指涉及危险化学品的生产、储存装置、设施或场所，分为生产单元和储存单元。生产单元是指危险化学品的生产、加工及使用等的装置及设施，当装置及设施之间有切断阀时，以切断阀作为分隔界线划分为独立的单元。储存单元是指用于储存危险化学品的储罐或仓库组成的相对独立的区域，储罐区以罐区防火堤为界线划分为独立的单元，仓库以独立库房（独立建筑物）为界线划分为独立的单元。

2. 危险化学品重大危险源的临界量

危险化学品重大危险源的临界量是指对于某种或某类危险化学品规定的数量，若单元中危险化学品数量等于或超过该数量，则该单元定为重大危险源。《危险化学品重大危险源辨识》（GB 18218—2018）列出了爆炸品、易燃气体、毒性气体、易燃液体、易于自燃的物质、遇水放出易燃气体的物质、氧化性物质、有机过氧化物、毒性物质名称及临界量，见表 7-2、表 7-3。

表 7-2 危险化学品名称及其临界量

序号	危险化学品名称和说明	别名	CAS 号	临界量/t
1	氨	液氨；氨气	7664-41-7	10
2	二氟化氧	一氧化二氟	7783-41-7	1
3	二氧化氮		10102-44-0	1
4	二氧化硫	亚硫酸酐	7446-09-5	20
5	氟		7782-41-4	1
6	碳酰氯	光气	75-44-5	0.3
7	环氧乙烷	氧化乙烯	75-21-8	10
8	甲醛（含量＞90%）	蚁醛	50-00-0	5
9	磷化氢	磷化三氢；膦	7803-51-2	1
10	硫化氢		7783-06-4	5
11	氯化氢（无水）		7647-01-0	20
12	氯	液氯；氯气	7782-50-5	5
13	煤气 （CO，CO 和 H_2、CH_4 的混合物等）			20
14	砷化氢	砷化三氢、胂	7784-42-1	1
15	锑化氢	三氢化锑；锑化三氢；䏲	7803-52-3	1
16	硒化氢		7783-07-5	1
17	溴甲烷	甲基溴	74-83-9	10
18	丙酮氰醇	丙酮合氰化氢； 2-羟基异丁腈；氰丙醇	75-86-5	20
19	丙烯醛	烯丙醛；败脂醛	107-02-8	20
20	氟化氢		7664-39-3	1
21	1-氯-2,3-环氧丙烷	环氧氯丙烷（3-氯-1,2-环氧丙烷）	106-89-8	20

续表

<table>
<tr><th>序号</th><th>危险化学品名称和说明</th><th>别名</th><th>CAS 号</th><th>临界量/t</th></tr>
<tr><td>22</td><td>3-溴-1,2-环氧丙烷</td><td>环氧溴丙烷；溴甲基环氧乙烷；表溴醇</td><td>3132-64-7</td><td>20</td></tr>
<tr><td>23</td><td>甲苯二异氰酸酯</td><td>二异氰酸甲苯酯；TDI</td><td>26471-62-5</td><td>100</td></tr>
<tr><td>24</td><td>一氯化硫</td><td>氯化硫</td><td>10025-67-9</td><td>1</td></tr>
<tr><td>25</td><td>氰化氢</td><td>无水氢氰酸</td><td>74-90-8</td><td>1</td></tr>
<tr><td>26</td><td>三氧化硫</td><td>硫酸酐</td><td>7446-11-9</td><td>75</td></tr>
<tr><td>27</td><td>3-氨基丙烯</td><td>烯丙胺</td><td>107-11-9</td><td>20</td></tr>
<tr><td>28</td><td>溴</td><td>溴素</td><td>7726-95-6</td><td>20</td></tr>
<tr><td>29</td><td>乙撑亚胺</td><td>吖丙啶；1-氮杂环丙烷；氮丙啶</td><td>151-56-4</td><td>20</td></tr>
<tr><td>30</td><td>异氰酸甲酯</td><td>甲基异氰酸酯</td><td>624-83-9</td><td>0.75</td></tr>
<tr><td>31</td><td>叠氮化钡</td><td>叠氮钡</td><td>18810-58-7</td><td>0.5</td></tr>
<tr><td>32</td><td>叠氮化铅</td><td></td><td>13424-46-9</td><td>0.5</td></tr>
<tr><td>33</td><td>雷汞</td><td>二雷酸汞；雷酸汞</td><td>628-86-4</td><td>0.5</td></tr>
<tr><td>34</td><td>三硝基苯甲醚</td><td>三硝基茴香醚</td><td>28653-16-9</td><td>5</td></tr>
<tr><td>35</td><td>2,4,6-三硝基甲苯</td><td>梯恩梯；TNT</td><td>118-96-7</td><td>5</td></tr>
<tr><td>36</td><td>硝化甘油</td><td>硝化丙三醇；甘油三硝酸酯</td><td>55-63-0</td><td>1</td></tr>
<tr><td>37</td><td>硝化纤维素[干的或含水（或乙醇）＜25%]</td><td rowspan="5">硝化棉</td><td rowspan="5">9004-70-0</td><td>1</td></tr>
<tr><td>38</td><td>硝化纤维素（未改型的，或增塑的，含增塑剂＜18%）</td><td>1</td></tr>
<tr><td>39</td><td>硝化纤维素（含乙醇≥25%）</td><td>10</td></tr>
<tr><td>40</td><td>硝化纤维素（含氮≤12.6%）</td><td>50</td></tr>
<tr><td>41</td><td>硝化纤维素（含水≥25%）</td><td>50</td></tr>
<tr><td>42</td><td>硝化纤维素溶液（含氮量≤12.6%，含硝化纤维素≤55%）</td><td>硝化棉溶液</td><td>9004-70-0</td><td>50</td></tr>
<tr><td>43</td><td>硝酸铵（含可燃物＞0.2%，包括以碳计算的任何有机物，但不包括任何其他添加剂）</td><td></td><td>6484-52-2</td><td>5</td></tr>
<tr><td>44</td><td>硝酸铵（含可燃物≤0.2%）</td><td></td><td>6484-52-2</td><td>50</td></tr>
</table>

续表

序号	危险化学品名称和说明	别名	CAS 号	临界量/t
45	硝酸铵肥料（含可燃物≤0.4%）			200
46	硝酸钾		7757-79-1	1000
47	1,3-丁二烯	联乙烯	106-99-0	5
48	二甲醚	甲醚	115-10-6	50
49	甲烷，天然气		74-82-8（甲烷） 8006-14-2（天然气）	50
50	氯乙烯	乙烯基氯	75-01-4	50
51	氢	氢气	1333-74-0	5
52	液化石油气（含丙烷、丁烷及其混合物）	石油气（液化的）	68476-85-7 74-98-6（丙烷） 106-97-8（丁烷）	50
53	一甲胺	氨基甲烷；甲胺	74-89-5	5
54	乙炔	电石气	74-86-2	1
55	乙烯		74-85-1	50
56	氧（压缩的或液化的）	液氧；氧气	7782-44-7	200
57	苯	纯苯	71-43-2	50
58	苯乙烯	乙烯苯	100-42-5	500
59	丙酮	二甲基酮	67-64-1	500
60	2-丙烯腈	丙烯腈；乙烯基氰； 氰基乙烯	107-13-1	50
61	二硫化碳		75-15-0	50
62	环已烷	六氢化苯	110-82-7	500
63	1,2-环氧丙烷	氧化丙烯；甲基环氧乙烷	75-56-9	10
64	甲苯	甲基苯；苯基甲烷	108-88-3	500
65	甲醇	木醇；木精	67-56-1	500
66	汽油（乙醇汽油、甲醇汽油）		86290-81-5（汽油）	200
67	乙醇	酒精	64-17-5	500
68	乙醚	二乙基醚	60-29-7	10

续表

序号	危险化学品名称和说明	别名	CAS号	临界量/t
69	乙酸乙酯	醋酸乙酯	141-78-6	500
70	正己烷	己烷	110-54-3	500
71	过乙酸	过醋酸；过氧乙酸；乙酰过氧化氢	79-21-0	10
72	过氧化甲基乙基酮（10%<有效氧含量≤10.7%，含A型稀释剂≥48%）		1338-23-4	10
73	白磷	黄磷	12185-10-3	50
74	烷基铝	三烷基铝		1
75	戊硼烷	五硼烷	19624-22-7	1

表7-3 未在表7-2中列举的危险化学品类别及其临界量

类别	符号	危险性分类及说明	临界量/t
健康危害	J（健康危害性符号）	—	—
急性毒性	J1	类别1，所有暴露途径，气体	5
	J2	类别1，所有暴露途径，固体、液体	50
	J3	类别2、类别3，所有暴露途径，气体	50
	J4	类别2、类别3，吸入途径，液体(沸点≤35℃)	50
	J5	类别2，所有暴露途径，液体(除J4外)、固体	500
物理危险	W（物理危险性符号）	—	—
爆炸物	W1.1	—不稳定爆炸物 —1.1项爆炸物	1
	W1.2	1.2、1.3、1.5、1.6项爆炸物	10
	W1.3	1.4项爆炸物	50
易燃气体	W2	类别1和类别2	10
气溶胶	W3	类别1和类别2	150(净重)
氧化性气体	W4	类别1	50

续表

类别	符号	危险性分类及说明	临界量/t
易燃液体	W5.1	—类别 1 —类别 2 和 3，工作温度高于沸点	10
	W5.2	—类别 2 和 3，具有引发重大事故的特殊工艺条件，包括危险化工工艺、爆炸极限范围或附近操作、操作压力大于 1.6 MPa 等	50
	W5.3	—不属于 W5.1 或 W5.2 的其他类别 2	1000
	W5.4	—不属于 W5.1 或 W5.2 的其他类别 3	5000
自反应物质和混合物	W6.1	A 型和 B 型自反应物质和混合物	10
	W6.2	C 型、D 型、E 型自反应物质和混合物	50
有机过氧化物	W7.1	A 型和 B 型有机过氧化物	10
	W7.2	C 型、D 型、E 型、F 型有机过氧化物	50
自燃液体和自燃固体	W8	类别 1 自燃液体 类别 1 自燃固体	50
氧化性固体和液体	W9.1	类别 1	50
	W9.2	类别 2、类别 3	200
易燃固体	W10	类别 1 易燃固体	200

注：以上危险化学品危险性类别及包装类别依据 GB 12268 确定，急性毒性类别依据 GB 20592 确定。

危险化学品临界量的确定方法：①在表 7-2 范围内的危险化学品，其临界量按表 7-2 确定；②未在表 7-2 范围内的危险化学品，依据其危险性，按表 7-3 确定临界量；若一种危险化学品具有多种危险性，按其中最低的临界量确定。

3. 重大危险源的识别

1）重大危险源的识别基础

危险化学品重大危险源的辨识依据是危险化学品的危险特性及其数量。单元内存在危险化学品数量等于或超过表 7-2 或表 7-3 规定的临界量，即被定为重大危险源；单元内存在危险化学品的数量根据处理危险化学品种类的多少区分为以下两种情况。

一种情况是单元内存在的危险化学品为单一品种，则该危险化学品的数量即为单元内危险化学品的总量，若等于或超过相应的临界量，即定为重大危险源。另一种情况是单元内存在的危险化学品为多品种时，则按式（7-1）计算，若满足式（7-1），则定为重大危险源。

$$q_1/Q_1+q_2/Q_2+\cdots+q_n/Q_n \geqslant 1 \tag{7-1}$$

式中，$q_1, q_2, \cdots, q_n$ 为每种危险化学品实际存在量，t；$Q_1, Q_2, \cdots, Q_n$ 为与各种危险品相对应的临界量，t；n 为单元中危险化学品的种类数。

2）重大危险源的分级

重大危险源根据其危险程度，分为一级、二级、三级和四级，一级为最高级别，分级方法如下：

（1）分级指标采用单元内各种危险化学品实际存在（在线）量与其在《危险化学品重大危险源辨识》（GB 18218—2018）中规定的临界量比值，经校正系数校正后的比值之和 R 作为分级指标。

（2）R 的计算方法具体如下：

$$R = \alpha\left(\beta_1 \frac{q_1}{Q_1} + \beta_2 \frac{q_2}{Q_2} + \cdots + \beta_n \frac{q_n}{Q_n}\right) \tag{7-2}$$

式中，$q_1, q_2, \cdots, q_n$ 为每种危险化学品实际存在（在线）量，t；$Q_1, Q_2, \cdots, Q_n$ 为与各危险化学品相对应的临界量，t；$\beta_1, \beta_2, \cdots, \beta_n$ 为与各危险化学品相对应的校正系数；α 为该危险化学品重大危险源厂区外暴露人员的校正系数。

（3）校正系数 β 的取值根据单元内危险化学品的类别设定。校正系数 β 取值见表 7-4 和表 7-5。

（4）校正系数 α 的取值根据重大危险源的厂区边界向外扩展 500m 范围内常住人口数量设定。厂外暴露人员校正系数 α 值见表 7-6。

（5）根据计算出来的 R 值，按表 7-7 确定危险化学品重大危险源的级别。

表 7-4 毒性气体校正系数 β 取值表

名称	β	名称	β
一氧化碳	2	氯	4
二氧化硫	2	硫化氢	5
氨	2	氟化氢	5
环氧乙烷	2	二氧化氮	10
氯化氢	3	氰化氢	10
溴甲烷	3		

注：危险化学品类别依据《危险货物品名表》（GB 12268—2012）中分类标准确定。

表 7-5 未在表 7-4 中列举的危险化学品校正系数 β 取值

类别	符号	β	类别	符号	β
急性毒性	J1	4	急性毒性	J4	2
	J2	1			
	J3	2		J5	1

续表

类别	符号	β	类别	符号	β
爆炸物	W1.1	2	易燃液体	W5.4	1
	W1.2	2	自反应物质和混合物	W6.1	1.5
	W1.3	2		W6.2	1
易燃气体	W2	1.5	有机过氧化物	W7.1	1.5
气溶胶	W3	1		W7.2	1
氧化性气体	W4	1	自燃液体和自燃固体	W8	1
易燃液体	W5.1	1.5	氧化性固体和液体	W9.1	1
	W5.2	1		W9.2	1
	W5.3	1	易燃固体	W10	1
			遇水放出易燃气体的物质和混合物	W11	1

注：未在表 7-5 中列出的有毒气体β=2，剧毒气体β=4。

表 7-6　校正系数 α 取值

厂外可能暴露人员数量	α	厂外可能暴露人员数量	α
100 人以上	2.0	1～29 人	1.0
50～99 人	1.5	0 人	0.5
30～49 人	1.2		

表 7-7　重大危险源级别和 R 的对应关系

重大危险源级别	R	重大危险源级别	R
一级	$R\geqslant100$	三级	$50>R\geqslant10$
二级	$100>R\geqslant50$	四级	$R<10$

4. 重大危险源的管理

企业应对本单位的安全生产负责。在对重大危险源进行辨识和评价后，应对每个重大危险源制定一套严格的安全管理制度，通过技术措施和组织措施对重大危险源进行严格控制和管理。通常情况下，危险化学品重大危险源的管理应符合以下基本要求：

（1）企业制定一套严格的重大危险源管理制度。制度中应具体列出每个重大危险源的管理要求，同时要做好相关的记录工作。

（2）对企业内每个重大危险源应设置重大危险源的标志，标志中应简单列出相关的基本安全资料和防护措施。

（3）企业应为每个重大危险源编制应急预案，并应进行定期的演练。

（4）按国家规定的时间对企业的重大危险源进行安全评价，确保企业的重大危险源在安全状态下运行。

（5）安全评价报告应当报所在地设区的市级人民政府负责危险化学品安全监督管理综合工作的部门备案。

（6）构成重大危险源的危险化学品必须在专用仓库内单独存放，实行双人收发、双人保管制度。

（7）按照国家法规要求，进行危险化学品登记，并按照登记的要求做好相关的工作。

本质安全化管理体系中的重大危险源管理方案见图 7-5。

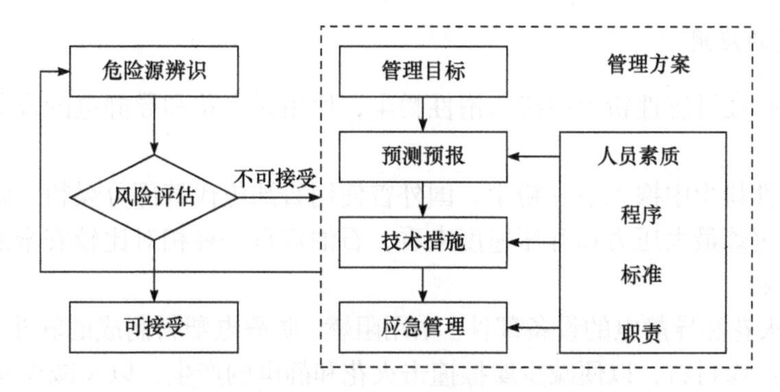

图 7-5　本质安全化管理体系中的重大危险源管理方案

7.5　本质安全化设计案例

本质安全化原则在粉尘防爆中的应用

近年来国内的粉尘爆炸事故时有发生，尽管国内外对粉尘爆炸机理和影响因素进行了大量的研究，但对其认识还不够深入，尤其要彻底解决粉尘爆炸问题仍然十分困难。传统的粉尘防爆措施有泄爆、抑爆以及隔爆等，这些措施在减少粉尘爆炸损失方面发挥了积极作用，但还没有从根本上消除粉尘爆炸危险，本质安全化技术才是解决粉尘爆炸问题的根本途径。下文将基于本质安全化的最小化、替代、缓和及简单化等原则，对预防粉尘爆炸的具体措施和作用进行阐述。

粉尘爆炸事故的发生需要同时具备五个条件。一定浓度的可燃物质（粉尘）、点火源和氧化剂，这三个条件和气体燃爆条件相同。此外，粉尘必须悬浮在空气中，即呈粉尘云状态，空间还要相对密闭。由于粉尘爆炸需要这五个条件同时具备，只要消除其中任何一个条件就不会发生粉尘爆炸。消除和避免五个条件同时出现就能有效地预防粉尘爆炸事故，下文围绕五个方面对本质安全措施分别加以介绍。

1. 最小化原则的应用

减少粉体筒仓的容积，减少转运点粉尘的悬浮，以及减少粉尘的沉积均是最小化原则的具体体现，也是粉尘防爆的首选措施。

（1）减少粉体筒仓的容积。应根据工艺设计的实际需要，尽量选用较小的粉体筒仓。对于生产线改造而言，更要避免利用原有的较大筒仓盛装粉体物料，因为较小的筒仓容积可以降低粉尘爆炸强度。

（2）减少转运点粉尘的悬浮。当粉体物料在重力作用下滑落，受到机械振动或扰动时，会使粉尘悬浮在空气中，形成粉尘云。对于粉料运输产生的粉尘可以利用封闭式皮带机和螺旋输送机等将其减少。在转运点采用倾斜的溜槽能有效减少粉尘云的产生。在筒仓加装“浮顶”、舱壁加装“滑道”等方式使得粉料呈整体缓慢落下，不会形成大范围的粉尘云。

（3）及时清理，减少粉尘的沉积。难以清理的空间应加以封闭，防止粉尘的积聚。一般可采用防爆型的真空吸尘器及时清扫沉积的粉尘，防止粉尘积聚。减少粉尘沉积可避免粉尘爆炸导致的扬尘，从而避免二次粉尘爆炸事故的发生。

2. 替代原则的应用

替代原则包括在可燃性粉尘中掺入惰性粉尘，使用无火花和导静电的设备部件，改变危险的操作程序等。

（1）在可燃性粉尘中掺入惰性粉尘。国外曾使用石油焦代替部分煤粉，降低煤粉的爆炸危险性。从粉尘爆炸最大压力和升压速度来看，石油焦是一种相对比较安全的粉状燃料，具有较好的惰化效果。

（2）使用无火花和导静电的设备部件。采用阻燃、防静电塑料制成的箕斗，在进出料的漏斗等处避免采用绝缘材料，以便减少摩擦撞击火花和静电的产生，以及减少积聚放电。

（3）改变危险的操作程序。如果可行，应尽量采用连续工作的粉体加工设备替代间歇设备，因为连续工作的设备内部的细小粉尘比间歇设备少。此外，间歇设备需要经常地启动和关闭，还需要经常进行清理，故连续工作的设备相对安全。

3. 缓和原则的应用

缓和原则通过改变粉尘的状态或操作条件实现，具体包括控制粉尘的粒径（比表面积），避免粉尘和可燃气体同时出现，以及控制储存条件，设备和管道的抗爆设计等。

（1）控制粉尘的粒径（比表面积）。随着粉尘粒径的减小，其比表面积增大，活性增强，导致粉尘爆炸的最小点火能量和最小引燃温度迅速降低。在工艺允许时，当粉尘粒径控制在100μm以上时，基本上可消除粉尘爆炸危险。

（2）避免粉尘和可燃气体同时出现。当可燃性气体或者蒸气与粉尘同时存在时，尽管混合物的最大爆炸压力变化不大，但是对最大升压速度的影响很大，为此要尽量避免爆炸性气体和粉尘同时出现，可以采用氮气、二氧化碳等气体惰化密闭的粉尘环境。

（3）控制储存条件。依赖于粉体的化学性质，相对湿度和含水量会促进或者抑制粉体的活性，因此，控制粉体的储存条件尤其是温度和湿度，有利于保持粉体的稳定，可减少粉尘爆炸的可能性。

（4）设备和管道的抗爆设计。为避免粉尘爆炸的碎片以及造成二次爆炸的影响，可以将设备和管道设计成抗爆型，这种设备强化属于缓和原则的子准则——限制影响。

4. 简单化原则的应用

简单化原则可以应用于粉尘防爆的多个方面，具体包括简化泄放管道、机械隔离、强健性设计等。

（1）简化泄放管道。在工艺系统设计时，应该采用短而直的粉体输送管道和通风除尘以及泄放管道，当发生粉尘爆炸时，能够快速将爆炸压力和产物泄放。

（2）机械隔离。生产工艺设备之间可采用机械隔离的方法实现相对独立，从而阻断爆炸的传播。例如，螺旋输送器在中间没有叶片的地方会积聚有一定厚度的物料，能够阻隔爆炸的传播；星形卸料阀使得其进料口和出料口不直接连通，可避免爆炸的传播扩散。尽管这些措施很简单，但对于防止爆炸扩展具有重要意义。

（3）强健性设计。强健性设计是使得工艺设备具有足够的强度，足以抵抗粉尘爆炸超压和意外事件的影响，无需增设泄压、抑爆等安全措施，这种设备的强健性设计属于简单化原则的子准则——容错性准则。

复习思考题

7-1 化工本质安全化设计的基本原则有哪些？

7-2 本质安全化的设计策略可分为哪几个阶段？

7-3 简述本质安全化措施的设计。

7-4 企业安全生产管理的主要内容是什么？

第 8 章　化工园区安全

本章概要·学习要求

本章主要讲述化工园区概况，化工园区风险管理，化工园区事故模式，演化机理与保护层机理，化工园区应急救援体系。要求学生了解化工园区风险识别、评估和控制，理解化工园区应急救援体系，掌握事故模式与演化机理、保护层机理。

化学工业园区简称化工园区，是现代化学工业为适应资源或原料转换，顺应经营国际化、大型化、集约化、最优化和效益最大化发展趋势的产物，是化工行业取得长期发展的主导方向，是近年来国际化学工业发展的主流，也是我国化学工业发展的新型模式。

化工园区的建设与发展在促进当地经济和化工产业发展的同时，也带来了新的安全和环境问题。为提升我国化学工业园区风险管理与防治技术水平，有效地协调园区安全管理和应急救援力量，提高园区整体事故预防、控制和应对能力，必须开展对化工园区风险管理和事故应急技术的研究。

8.1　化工园区概况

8.1.1　化工园区发展现状

1. 国外化工园区发展概况

20 世纪 40 年代初，美国在具有丰富石油资源、众多炼厂和交通运输便利的墨西哥湾沿岸地区，率先采用基地型集中模式发展石油化工，在该地区逐步形成了巴吞鲁日、诺科、贝敦、博蒙特、阿瑟港、迪尔派克等一批大型石油化工产业聚集区，开创了世界化工园区大规模建设和发展的先河。

第二次世界大战结束后，日本及西欧发达国家借鉴美国模式，相继在沿海、沿江地区建起了石油化工产业较为集中的石油化工产业带，促进了战后经济的恢复和腾飞。在日本太平洋沿岸的东京湾、伊势湾、大阪湾与濑户内海地区等，在比利时的安特卫普和德国路德维希港等地区，逐渐发展形成了较为集中的大型炼化一体化生产基地。这些化工产业聚集带和聚集区经过长期的经营发展，具备了现代化工园区的基本特征。

近 30 年来，发展中国家借鉴美国、欧洲和日本的发展经验，采取集中化、规模化、基地化、炼化一体化、园区化的发展模式，在化工园区建设方面取得很大的进展。例如，韩国的蔚山、丽川、大山，沙特的朱拜勒和延布，泰国的马塔保，印度的贾姆纳加尔等地区，先后建成了一批具有世界级规模、产业聚集程度更高的石化工业园区。自20世纪90年代中后期以来，随着世界天然气勘探开发的升温和天然气工业的迅速发展，以天然气加工利用为主要内容的大型天然气化工园区开始在一些重要的资源国逐步兴起。

2. 我国化工园区发展概况

我国开发区的兴起以1980年中央决定建立深圳、珠海、汕头、厦门4个经济特区为标志，其后全国各地经济技术开发区相继建立，其他各种专业类型的开发区如高新技术产业开发区、化工园区、旅游度假区、保税区等也于20世纪80年代中后期在全国范围内兴起。

经过近20年的发展，化工园区已成为我国发展现代石油和化学工业的一种成功模式。截至2020年底，全国重点化工园区或以石油和化工为主导产业的工业园区共有616家，其中国家级化工园区（包括经济技术开发区、高新区等）48家。其中，产值超过千亿的超大型园区由“十二五”末的8家增加到17家，500亿～1000亿的大型园区35家，超大型和大型园区产值占比超过化工园区总产值的50%，化工园区集聚规模效益明显。

“十三五”以来，国内化工园区把安全、绿色、智慧化建设放在首位，大力提升安全监管水平、发展循环经济，安全水平、能源循环利用率不断提升。截至2021年5月，57家化工园区在国家发展和改革委员会产业发展司的支持下开展了循环化改造。2022年高质量发展化工园区30强见表8-1。2022年高质量发展卓越化工园区为上海化学工业经济技术开发区。

表8-1 2022年高质量发展化工园区30强

排名	化工园区名称	省（自治区）
1	惠州大亚湾经济技术开发区	广东
2	南京江北新材料科技园	江苏
3	宁波石化经济技术开发区	浙江
4	江苏省泰兴经济开发区	江苏
5	宁夏回族自治区宁东能源化工基地	宁夏
6	齐鲁化学工业区	山东
7	东营港经济开发区	山东
8	扬州化学工业园区	江苏
9	中国化工新材料（嘉兴）园区	浙江
10	杭州湾上虞经济技术开发区	浙江
11	江苏扬子江国际化学工业园	江苏
12	宁波大榭开发区	浙江
13	沧州临港经济技术开发区	河北
14	江苏常州滨江经济开发区	江苏
15	泉港石化工业园区	福建

续表

排名	化工园区名称	省（自治区）
16	江苏常熟新材料产业园（江苏高科技氟化学工业园）	江苏
17	烟台化工产业园	山东
18	国家东中西区域合作示范区（徐圩新区）	江苏
19	中国石油化工（钦州）产业园	广西
20	济宁新材料产业园区	山东
21	镇江新区新材料产业园	江苏
22	盘锦辽滨沿海经济技术开发区（原辽东湾新区）	辽宁
23	泉惠石化工业园区	福建
24	衢州高新技术产业开发区	浙江
25	南通经济技术开发区化工园区	江苏
26	聊城化工产业园	山东
27	福建漳州古雷港经济开发区	福建
28	河北石家庄循环化工园区	河北
29	如东县洋口化学工业园	江苏
30	茂名高新技术产业开发区	广东

8.1.2 化工园区的重要地位

1. 有利于招商引资和高新技术项目的引进

目前已建成的化工园区大部分是由于招商引资快速发展起来的，大批长期引不进来、行业发展急需的技术和项目已相继在园区落户，对于推动园区的发展、提升行业的整体水平具有带动作用。高新技术项目的引进，可有力地提升地方经济，带动相关技术和产品的发展，形成有特色的地方经济和品牌。

2. 有利于实施城市建设发展规划

随着以城市为中心的经济圈的快速发展，城市规模迅速扩大，许多原来处于城市边缘的化工企业已逐步成为市区的组成部分，若不搬迁，不仅制约企业的发展空间，而且对居民生活和周边环境产生影响。通过城市规划、实施企业搬迁、落实园区建设，可改善城市环境，为园区发展提供难得的机遇。

3. 有利于改善长期困扰我国化学工业发展的技术落后、规模和布局“小而散”的问题

我国除部分石油、石化企业规模较大外，化工企业普遍规模偏小，对企业延长产业链和提高竞争力不利，给环境治理造成巨大压力；通过建设化工园区，可以实现生产要素的合理配置，有助于企业采用先进的生产技术、扩大生产规模，提升竞争力，有利于集中治理环境，可以实现化学工业的集约化和可持续发展。

4. 符合化学工业发展的内在规律

化学工业的特点是产品链长、关联度高，上道工序的产品通常是下道工序的原料，生产装置可以通过管道连接。化工园区模式不仅可节省原料运输费用，而且相互关联的化工装置集聚在一起，有利于生产控制、安全操作，有利于“三废”的集中治理。

总之，化工园区的不断建设和发展，对于促进我国产业结构调整、资源优化配置、引进国外先进技术、提升生产技术水平、改善投资环境、吸引外资、发展区域经济以及促进化工行业的可持续发展，起到积极的示范、带动和辐射作用。未来国家化工产业的发展势必更多地依托化工园区平台，化工园区作为载体和平台的作用在化工产业中越来越重要，园区式发展将成为未来我国化工行业发展的必然趋势。

8.2 化工园区分类及特点

在我国，化工园区主要具有以下特征：

（1）在较大面积的土地上，聚集若干化工或石化企业，以及为这些企业配套的各项公共服务设施。

（2）设有一个行政主管机构或公司，给这些相对集中的园区企业提供必要的公共服务、基础设施与社会管理等。

（3）入园企业按照园区功能定位、规模、安全与环境规划以及其他入园条件或标准，以生产要素为纽带，组成一个有机整体，以实现企业之间的相互分工协作与现代化的生产产业链。

根据化工园区产业类别以及园内企业性质，化工园区主要可分为以下 4 种类型：①以化工原料（包括油、气以及其他化学品）仓储运输和原料加工为主的临港化工仓储园区；②不具备明显产业链的化工企业（包括精细化工型、老企业扩张型和城市搬迁型）聚集区；③具备全周期产业链式的大型石油化工园区；④以煤炭化工为主的煤化工工业园区。

对化工园区的分类因目标不同有多种分类方法，按照产业特色主要分为石油化工型、煤化工型、精细化工型，按照发展方式分为企业扩张型和城市搬迁型，如表 8-2 所示。

表 8-2 化工园区的分类

分类方式	类型	特点	代表园区
按照产业特色划分	石油化工型	以大型炼油-乙烯装置为龙头，带动下游相关产业发展，规模较大	南京化学工业园、惠州大亚湾石化工业区
	煤化工型	本地区具有丰富的煤炭资源，以煤化工项目为龙头，带动下游相关产业发展	宁夏回族自治区宁东能源化工基地
	精细化工型	以精细或者专用化学品以及大宗合成材料生产为主	南通经济技术开发区化工园区
按照发展方式划分	企业扩张型	在原有企业的基础上，以自有的特色产品作为核心，扩张、辐射而建	齐鲁化学工业区
	城市搬迁型	将城市中原有的分散企业集中搬迁至新的化工园区	天津经济技术开发区化学工业园区

8.3 化工园区风险管理

化工园区的风险管理是根据化工园区相关风险分析和风险评价的结果，对化工园区内安全功能区域规划的风险水平可接受程度做出相应决策判断，再根据相关的法律法规和技术标准选择有效的、合理的控制技术，进行风险的预防、降低和控制。化工园区风险管理不仅有利于维持生产经营的稳定和提高经济效益，还有利于化工行业转型。

8.3.1 化工园区的风险辨识

在对园区企业和规划项目涉及的主要原辅材料、产品、工艺、设备等进行统计分析的基础上，运用危险、有害因素辨识的科学方法，识别园区内的危险化学品重大危险源、特殊危险化学品（如重点监管危险化学品、剧毒化学品、易制爆化学品等）、重点监管的危险化工工艺、危险性较高的设备设施等；辨识园区企业和规划项目在生产和储运过程中可能造成事故的其他危险、有害因素，统计分析化工园区 5km 范围内的防护目标（含高敏感防护目标、重要防护目标和一般防护目标），分析园区总体安全特性。

1. 风险辨识流程

化工园区的风险辨识流程是人们对存在于外界环境中的各种事物进行辨别和判断，确定其可能的风险，并由此而表现出各种风险态度的过程。风险辨识既体现了人们对风险要素知晓的能力，也反映了人们驾驭和处置风险的信心。对风险辨识过程的研究有助于风险分析、风险评估、风险管理等工作，并制约着有关风险管理的相关法规、政策、标准的制定。

风险辨识过程是人们的主观认识和客观风险实际相结合的过程。客观存在的风险根源外在表现为不同类型的风险因素，可能造成不同的风险事故和风险损失等风险要素。人们受状态因素和心理因素的影响，以不同深度、广度感受和知觉这些客观风险，采取不同的风险态度和风险决策。风险辨识流程如图 8-1 所示。

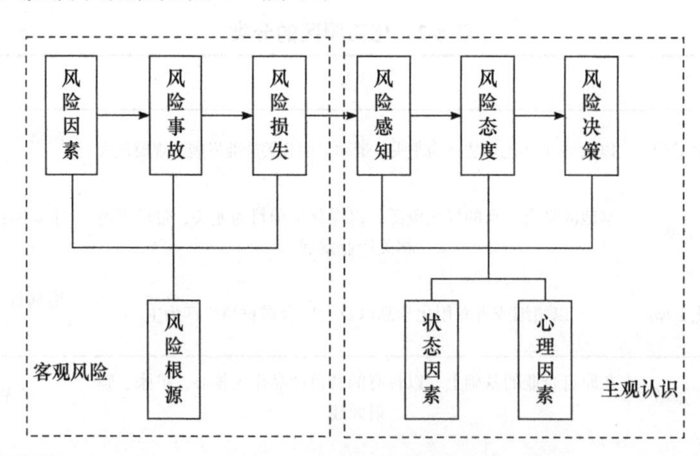

图 8-1 风险辨识流程

化工园区风险辨识首先应以保护层分析为基础，对各级保护层（包括：重大危险源安全设计保护层级、监控预警保护层级、固定装置自动消防系统安全防护保护层级、企业事故应急响应安全保护层级、火灾风险分区区域应急体系保护层级、化工园区事故应急处置与区域事故隔离防护层级、周围社区事故应急处置与区域事故隔离防护层级等）的一般特性，特征性、独立性、可靠性等进行识别和分析，找到可能存在的危险源、事故发生的条件、相关事故发生可能性和后果严重程度。

化工园区风险辨识还应对园区内各企业的危险性进行识别和分析，具体包括：①厂址的危险性；②总平面布置的危险性；③道路及运输的危险性；④建、构筑物的危险性；⑤工艺过程的危险性；⑥生产设备、装置、工艺设备的危险性；⑦安全管理措施存在的问题；⑧重大危险源辨识。

2. 风险辨识方法

风险辨识方法很多，每种方法都有其目的性和应用的范围。常见的风险辨识方法如下。

1）专家经验法

对照有关标准、法规、检查表或依靠分析人员的观察分析能力，借助于经验和判断能力直观地评价对象危险性和危害性的方法。经验法是辨识中常用的方法，其优点是简便、易行，其缺点是受辨识人员知识、经验和现有资料的限制，可能出现遗漏。为弥补个人判断的不足，常采取专家会议的方式相互启发、交换意见、集思广益，使危险、危害因素的辨识更加细致、具体。

检查表是在大量实践经验基础上编制的，美国职业安全卫生管理局（OHSA）制定、发布了各种用于辨识危险、危害因素的检查表，我国一些行业的安全检查表、事故隐患检查表也可作为借鉴。

2）德尔菲（Delphi）法

德尔菲法也称专家调查法，表示集中众人智慧预测，是专家估计法之一，可用于很难用数学模型描述的某些风险的辨识。它有三个特点：参加者之间相互匿名、对各种反应进行统计处理、带动反馈地反复征求意见。为保证结果的合理性，避免个人权威、资历、劝说、压力等因素的影响，在对预测结果处理时，主要应考虑专家意见的倾向性和一致性。倾向性是指专家意见的主要倾向是什么，或大多数意见是什么，统计上称此为集中趋势。一致性是指专家意见在此倾向性意见周围分散到什么程度，统计上称此为离散趋势。意见的倾向性和一致性两个方面对风险辨识或其他预测和决策等都是需要的，专家的倾向性意见常被作为主要参考依据，而一致性程度则表示这一倾向意见参考价值的大小，或其权威程度的大小。

3）流程图法

流程图法是将一项特定的生产活动按步骤或阶段顺序以若干个模块形式组成一个流程图系列，在每个模块中都标出各种潜在的风险因素或风险事件，从而给决策者一个清晰的总体印象。

流程图并不是为了识别如火灾、盗窃、责任等损失的具体原因，而主要是用来考察特定事故的影响，企业可以对照流程图，以询问方式提出大量风险假设并推断可能产生的后果。例如，假设电力供给中断，会造成什么后果？推断后果：如果电力中断，将引起硝化搅拌机突然停止运转，可能会引起事故。这种询问有助于引发人们的思考：是否应当装备有自动启动的备用电源，或者一旦发生事故，会有怎样的后果。

通过一系列询问来解释流程图的方法，可能因为缺乏某种构架，而忽略了一些潜在的问题，这就需要对流程图进行另一种方式的解释：一种有效的方法是在阅读流程图的同时填写一张简单的表格，按照每个阶段依次填写生产过程中可能发生的损失事故，以及事故的原因和后果。

4）事故树分析法

事故树分析法是按事故发展的时间顺序由初始事件开始推论可能的后果，从而进行风险辨识的方法。在风险辨识中，利用事故树分析法不但能够查明项目的风险因素，求出风险事故发生的概率，还能提出各种控制风险因素的方案，既可做定性分析，也可做定量分析。

3. 化工园区主要风险因素

化工园区存在的风险因素主要受园区企业物料的危险特性、工艺条件、设备设施、人员、第三方或不可抗拒力等影响。随着生产技术的发展和生产规模的扩大，化工园区安全已成为一个社会问题，一旦发生火灾和爆炸事故，不但导致设备损坏、生产停顿，而且造成大量人员伤亡，产生无法估量的损失和难以挽回的影响。

1）化工园区事故风险的特征

（1）化工生产中存在多种危险性因素，化工园区成为这些危险性因素的聚集地。化工园区的主要危险性因素包括：易燃易爆气体或物质泄漏造成的火灾或爆炸；有毒有害气体泄漏造成的空气污染；有毒有害物质泄漏造成的水体污染。

（2）化工园区危险区域的危险因素分析。化工园区的危险区域主要集中在原料存储区、产品生产区、码头装卸区等。

原料存储区集合了大量危险化工原料，数量大、品种多，多是有毒有害、易燃易爆、性质极其不稳定的物质，稍有不慎就可能导致安全事故。原料存储区最常见的安全事故包括火灾爆炸、人员中毒、窒息等。因此，原料存储区是化工生产中重点管理和防范的对象。

工艺装置区通常容易发生设备故障导致的安全事故。这些区域的机械设备种类繁多，线管纵横交错，设备操作复杂，动态设备与静态设备并存，通常会因为设备设计不合理、材质缺失、焊接质量差、密封不严、操作失误等造成安全事故。例如，反应器的火灾和爆炸主要是因为原料的易燃易爆性，生产过程中高温、高压、蒸发、干燥等因素都可能是导致安全事故的关键因素。因此，必须要严格控制生产工艺的准确性，确保生产安全。

码头装卸区域的作业靠近水体，如果装卸过程中发生泄漏，会对周围的空气、水体等造成影响，且污染物会随水流扩散，容易造成严重的环境污染。除此之外，码头装卸区同样存在火灾爆炸、中毒等安全隐患，尤其应注意易腐蚀物质和易燃品要轻搬轻放，以防撞击爆炸。

2）化工园区存在的主要事故风险

（1）从化工园区企业层面分析，根据《企业职工伤亡事故分类》（GB/T 6441—1986），综合考虑化工园区的起因物、引起事故的诱导性原因、致害物、伤害方式等，可将化工园区主要事故风险类型分为：化工工艺类、特种设备类、电气安全类、作业环境类、安全防护类、人员与管理类等，具体如表 8-3 所示。

表 8-3 化工园区主要风险类型

类别	主要事故风险因素
化工工艺类	火灾、化学爆炸、中毒、化学腐蚀、物理爆炸、窒息、高温灼烫、低温冻伤、辐射、粉尘爆炸、高处坠落、开停车、检修、危险品运输、车辆伤害等
特种设备类	设备本身失效、承压元件的失效、安全保护装置失效等，挤压、坠落、物体打击、超载、碰撞、基础损坏、夹钳、擦伤、卷入等
电气安全类	触电、电气火灾、静电危害、雷击、停电、短路、过载等
作业环境类	电磁辐射、噪声、振动、高温、粉尘、空气动力性噪声等
安全防护类	无防护设施、设备，防护设施、设备不符合要求等
人员与管理类	违反操作规程、人员失误、违章指挥、监护不力、生理缺陷、心理缺陷等； 安全责任制、安全管理制度、岗位安全操作规程不健全，不能够有效贯彻落实，不能够持续改进等； 事故应急预案不健全、不使用、不能够持续改进、不举行演练、演练未达到效果等

（2）从化工园区层面分析，化工园区的事故类型有：火灾、爆炸（化学性）、容器爆炸、毒物泄漏、危险化学品运输事故和电气系统事故等。①火灾爆炸。一旦化工园区内的某个企业发生火灾爆炸事故，均有可能影响到其周边的其他企业，进而有可能发生多米诺效应，造成更大的火灾爆炸事故。②容器爆炸。压力容器超压发生的爆炸主要包括压力容器破裂引起的气体爆炸和压力容器内盛装的可燃性液体气爆炸，爆炸原因包括化学反应失控或环境温度过高等。容器爆炸对作业环境和作业人员都会产生很大危害。③毒物泄漏。毒物泄漏后形成的气体在空气中扩散，容易影响到化工园区内其他企业。④危险化学品运输事故。在运输危险化学品过程中可能因为运输车辆故障、交通事故等发生泄漏，导致火灾、爆炸、毒物泄漏等事故，对相应化工园区道路周边区域造成危害。⑤电气系统事故。电气设备的结构和装置设计不完善或者错误操作，都可能导致触电伤亡、电气设备损坏等事故，甚至还可能引发大面积停电，造成严重的经济损失。

3）化工园区存在的主要危险和有害因素

根据《生产过程危险和有害因素分类与代码》（GB/T 13861—2022），将化工园区生产过程中的危险和有害因素分为四大类。

（1）人的因素。心理、生理性危险和有害因素；行为性危险和有害因素。

（2）物的因素。物理性危险和有害因素；化学性危险和有害因素；生物性危险和有害因素。

（3）环境因素。室内作业场所环境不良；室外作业场所环境不良；地下（含水下）作业环境不良；其他作业环境不良。

（4）管理因素。职业安全卫生组织机构不健全；职业安全卫生责任未落实；职业安全卫生管理规章制度不完善；职业安全投入不足；职业健康管理不完善；其他管理因素缺陷。

8.3.2 化工园区风险评估

1. 化工园区风险评估程序

化工园区风险评估程序主要包括：前期准备，危险、有害因素辨识与分析，划分评估单元，选择评估方法，整体性定性、定量评估与分析，提出安全对策和措施建议，做出评估结论，编制安全风险评估报告等。化工园区风险评估工作程序见图 8-2。

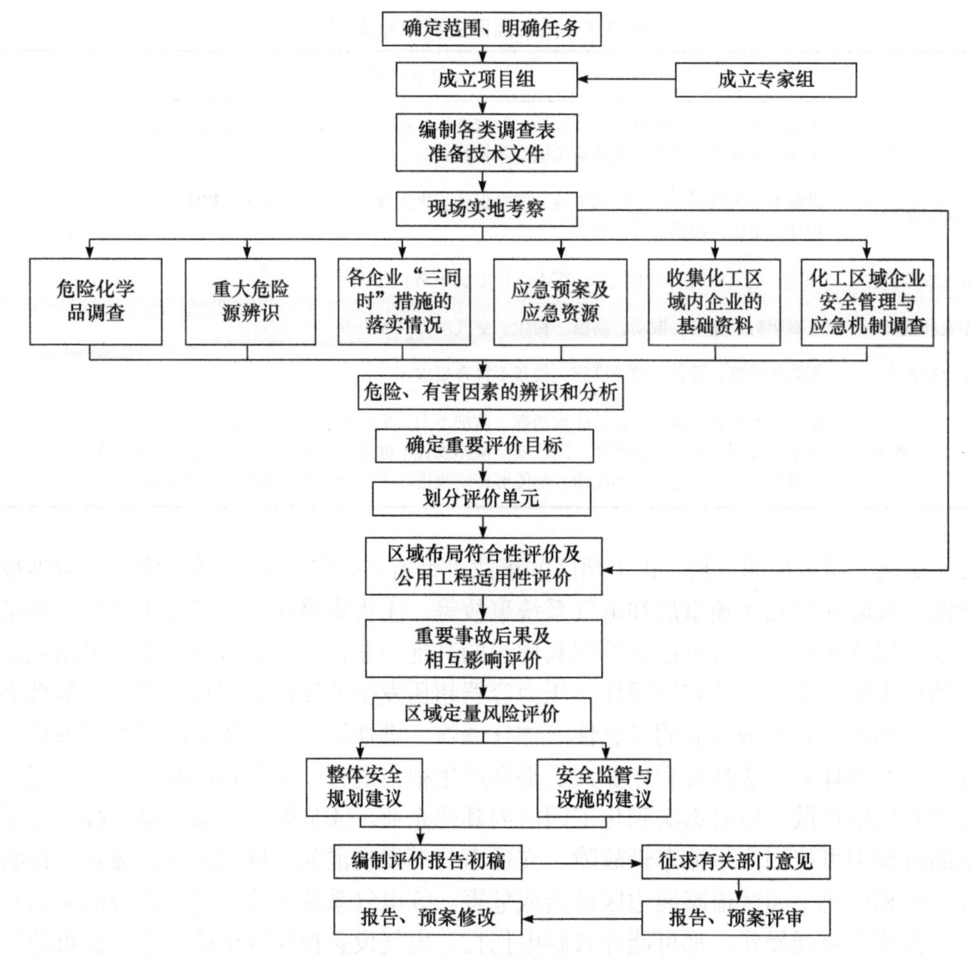

图 8-2 化工园区风险评估工作程序

1）前期准备

前期准备工作应包括：明确评估对象和评估范围；组建评估组；明确评估目的和目标；确定评估规则；制订计划进度；收集国内相关法律、法规、规章、标准、规范；实地调查被评估对象的基础资料，现场勘察，准确记录勘察结果。

2）危险、有害因素辨识与分析

辨识和分析化工园区可能存在的各种危险、有害因素，分析危险、有害因素发生作用的途径及其变化规律。

3）划分评估单元

评估单元划分应考虑化工园区区域性的特点以及风险评估的特点，划分的评估单元应相对独立，具有明显的特征界限，便于实施评估。

评估单元可分为：选址安全性单元、外部安全距离单元、功能区划分安全性单元、项目布局安全性单元、项目安全风险单元、区域安全风险单元、区域危险化学品运输安全风险单元、安全容量合理性单元、区域安全保障单元、安全管理单元以及评估所需的其他单元。

4）选择评估方法

根据评估目的和目标以及划分的评估单元的特点，选择科学、合理、适用的定性、定量评估方法进行整体性评估与分析。定性、定量评估方法的选择应根据化工园区在不同建设阶段的特点进行。能进行定量评估的应采用定量评估方法，不能进行定量评估的可选用半定量或定性评估方法。对于不同的评估单元，可根据评估的需要和评估单元特征选择不同的评估方法。

5）整体性定性、定量评估与分析

（1）选址安全性。根据GB 50160—2008、GB 50016—2014、GB 50074—2014、GB 50489—2009、GB 18265—2019等标准，从国家有关法律、法规、规章、标准、规范的符合性，以及气象、水文、地质、地形地貌等角度，定性评估化工园区选址的安全性，分析化工园区与周边社会环境的相互影响等。

（2）外部安全防护距离。从国家有关法律、法规、规章、标准、规范的符合性角度，定性评估化工园区整体外部安全防护距离的符合性。当国家法律、法规、规章、标准、规范没有明确的距离规定或需进一步论证外部安全防护措施的有效性时：①涉及爆炸物的危险化学品生产装置和储存设施应采用事故后果法确定园区外部安全防护距离；②涉及有毒气体或易燃气体，且其设计最大量与GB 18218—2018规定的临界量比值之和大于或等于1的危险化学品生产装置和储存设施，应采用定量风险评价方法确定园区外部安全防护距离，当园区存在上述装置和设施时，应将园区内所有的危险化学品生产装置和储存设施作为一个整体进行定量风险评估，确定外部安全防护距离；③其他情形可结合区域定量安全风险评估结果和园区安全容量分析结果综合考量。

（3）规划布局安全性。结合国家有关法律、法规、规章、标准、规范的要求，检查化工园区功能分区与项目布局的合理性，同时结合热辐射、冲击波超压或毒物浓度等随距离变化的规律，预测事故后果、多米诺事故影响以及个人风险、社会风险的模拟结果，定量评估化工园区内企业布局的安全性。

（4）园区内部安全距离。从国家有关法律、法规、规章、标准、规范的符合性角度，定性评估化工园区内各企业与企业之间安全防护距离的符合性。当国家法律、法规、规章、标准、规范没有明确规定或需进一步论证企业外部安全防护措施的有效性时：①涉及爆炸物的危险化学品生产装置和储存设施应采用事故后果法确定企业外部安全防护距离；②涉及有毒气体或易燃气体，且其设计最大量与GB 18218—2018规定的临界量比值之和大于或等于1的危险化学品生产装置和储存设施应采用定量风险评价方法确定企业外部安全防护距离，当企业存在上述装置和设施时，应将企业内所有的危险化学品生产装置和储存设施作为一个整体进行定量风险评估，确定企业外部安全防护距离。

（5）事故后果预测及定量区域安全风险评估。对园区内可能引发重大事故的危险源进行辨识，并分析已辨识危险源发生事故的可能性及事故模式；定量模拟主要事故后果的严重程度，得出热辐射、冲击波超压或毒物浓度等随距离变化的规律，搜集、调查和整理外部的重要场所以及法律、行政法规规定予以保护的其他区域，列出可能的影响范围和目标；采用多米诺效应分析方法，对园区整体规划布局的合理性进行定量分析。事故后果预测可借助具备相应分析功能的软件进行，并应将主要计算数据及结果作为报告的附件。通过个人风险和社会风险指标，对化工园区内的企业风险、输入、输出危险化学品运输沿线风险和区域的累积风险进行定量风险评估，定量风险评估的结果应与风险基准进行比较，并判定风险的可接受程度。

6）应急救援

采用科学、合理的定性或定量评估方法，开展园区应急能力匹配性分析，对园区应急救援平台建设，专业危险化学品应急救援资源整合和优化，消防站或特勤队伍建设，安全生产预警机制的建立，防范及应急处置措施的落实，应急预案的完善及演练，事故信息管理等安全保障能力进行综合分析。

7）基础设施和公用工程安全分析

根据国家有关法律、法规、规章、标准、规范的要求，采用科学、合理的定性、定量方法，通过对化工园区供水、排水、供电、供热、交通、医疗、消防、应急、公共管廊等现状和规划情况进行统计，分析评估该区域基础设施和公用工程的综合保障能力，及其在事故状态下的承受能力，并提出针对性的加强建议。

8）安全对策措施建议

为保障化工园区在规划、建设阶段或建成实施后的安全条件，应从选址、布局、安全风险、产业规划、安全保障、应急救援、安全管理等方面提出安全对策措施；从保证评估对象安全条件的需要提出其他安全对策措施。

9）评估结论

应概括评估结果，给出评估对象在评估时的条件下与国家有关法律、法规、规章、标准、规范的符合性结论，给出危险、有害因素引发各类事故的可能性及其严重程度的预测性结论，明确评估对象在规划、建设或建成实施后能否具备安全条件的结论。

2. 化工园区定量风险评估方法

化工园区风险评估需根据评估目的和目标以及划分的评估单元的特点，选择科学、合理、适用的定性、定量评估方法进行整体性评估与分析，定性、定量评估方法的选择应根据化工园区在不同建设阶段的特点进行。

定量风险评估方法是化工园区最主要的风险评估方法。定量风险评估是对化工园区危险进行识别、定量评价，并做出全面、综合的分析。借助定量风险评价所获得的数据和结论，并综合考虑经济、环境、可靠性和安全性等因素，制定适当的风险管理程序及措施，为设计、运行、安全管理及决策提供技术支持。

定量风险评价的流程图见图 8-3。

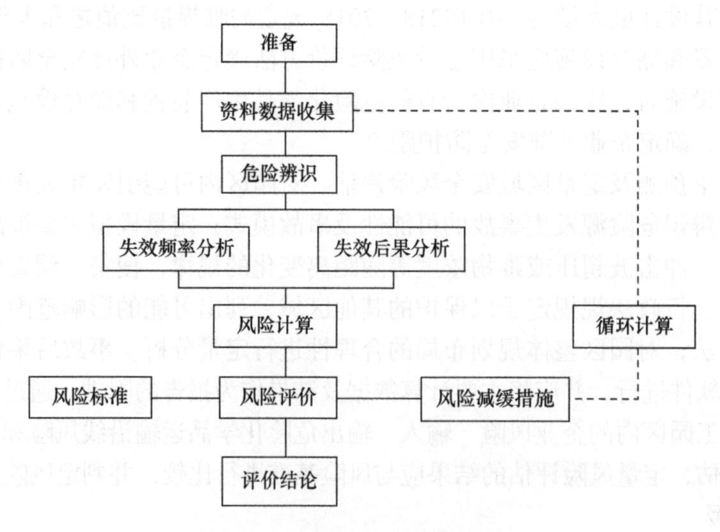

图 8-3 定量风险评价的流程图

化工园区定量风险评估主要环节如下：

1）危险辨识

应根据评价对象的具体情况进行系统的危险辨识，识别系统中可能对人造成急性伤亡或对物造成突发性损坏的危险，确定其存在的部位、方式及发生作用的途径和变化规律。

当危险性单元满足以下条件之一时，必须进行定量风险评价：①政府主管部门要求；②依据 GB 18218—2018 识别的重大危险源；③单元过于复杂，不能使用定性、半定量的方法做出合理的风险判断。④具有潜在严重后果的单元。

2）泄漏场景

在定量风险评价中，应包括对个人风险和社会风险起作用的所有泄漏场景，泄漏场景应同时满足以下条件：

（1）至少导致 1%的致死伤害概率。

（2）泄漏场景可根据泄漏孔径大小分为完全破裂和孔泄漏两大类，有代表性的泄漏场景见表 8-4。

（3）当设备（设施）直径小于 150mm 时，取小于设备（设施）直径的孔泄漏场景及完全破裂场景。

表 8-4　泄漏场景

泄漏场景	孔径范围/mm	代表值/mm
小孔泄漏	0～5	5
中孔泄漏	5～50	25
大孔泄漏	50～150	100
完全破裂	＞150	整个设备的直径

3）失效频率分析

失效频率可使用以下数据来源：①工业失效数据库；②企业历史数据；③供应商的数据；④基于可靠性的失效概率模型。

使用工业数据库时，应确保使用的失效数据与数据内在的基本假设相一致，并应考虑设备（设施）的工艺条件、运行环境和设备管理水平等因素的影响，对泄漏频率进行修正。

4）失效后果分析

失效后果分析应采用先进、可靠的模型，并至少包括以下失效后果：池火；喷射火；火球；闪火；蒸气云爆炸；凝聚相含能材料爆炸；毒性气体扩散。

5）风险计算

风险计算应给出个人风险、社会风险和潜在生命损失。个人风险可表现为个人风险等值线，社会风险可表现为 *F-N* 曲线（图 8-4），并遵循如下原则。

（1）计算网格单元的尺寸大小取决于当地人口密度和事故影响范围，网格尺寸应尽可能小而不会影响计算结果。

（2）个人风险应在标准比例尺地理图上以等值线的形式给出，应表示出频率大于 10^{-8}/年的个人风险等高线。

（3）个人风险可只考虑人员处于室外的情况，社会风险应考虑人员处于室外和室内两种情况。

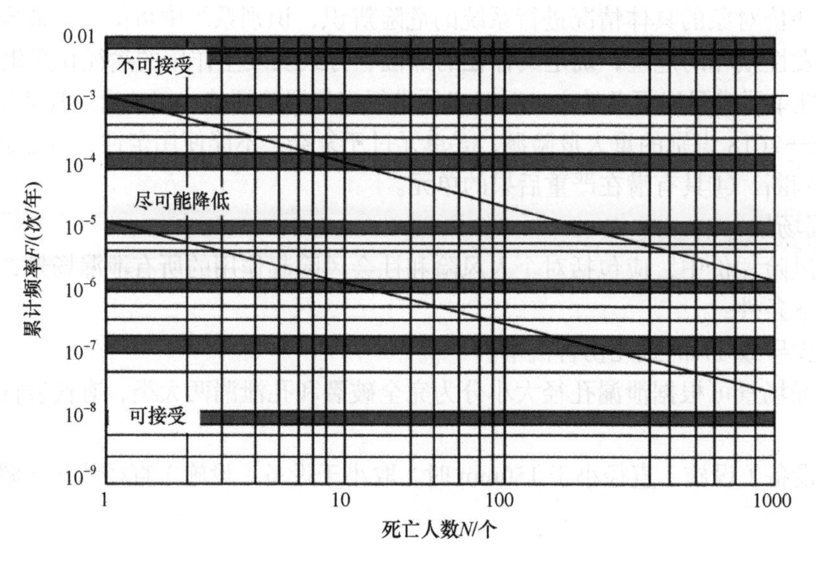

图 8-4　推荐的社会风险标准(F-N)曲线

6）风险评价

将风险评价的结果和风险可接受标准相比较，判断项目的实际风险水平是否可以接受。如果评价的风险超出容许上限，则应采取降低风险的措施，并重新进行定量风险评价，并将评价的结果再次与风险可接受标准进行比较分析，直到满足风险可接受标准。

风险可接受准则可采用最低合理可行原则（as low as reasonably practicable，ALARP）：①如果风险水平超过容许上限，该风险不能被接受；②如果风险水平低于容许下限，该风险可以接受；③如果风险水平在容许上限和下限之间，可考虑风险的成本与效益分析，采取降低风险的措施，使风险水平"尽可能低"。推荐的个人风险标准见表 8-5。

表 8-5　推荐的个人风险标准

应用对象	典型对象	最大可容许风险/年	标准说明
高敏感（或高密度）场所	党政机关、军事禁区和军事管理区、古迹、学校、医院、敬老院、居民区、大型体育场馆、大型商场、影剧院、大型宾馆饭店等	1×10^{-6}	在高敏感或高密度场所不接受 1×10^{-6}/年的个人风险；1×10^{-6}/年的个人风险等值线不应进入该区域
中密度场所	零星居民区、办公场所、劳动密集型工厂、小型商场（商店）、小型体育及文化娱乐场所等	1×10^{-5}	1×10^{-5}/年个人风险等值线不应进入该区域
低密度场所	周边化工企业等	1×10^{-4}	1×10^{-4}/年个人风险等值线不应进入该区域
企业内部	—	1×10^{-3}	厂区内不应出现 1×10^{-3}/年个人风险等值线

8.3.3 化工园区风险源控制

风险源控制是利用工程技术和治理手段消除、控制风险，防止危险源导致事故、造成职员伤害和财物损失。

1. 化工园区风险消除技术

若能从根本上消除化工园区风险，就可以防止事故发生。但是系统安全的一个重要观点是人们不可能彻底消除所有的危险源，只能有选择地消除几种特定的危险源。一般来说，当化工园区某种危险源的危险性较高时，应该首先考虑能否采取措施消除。

1）消除危险源

化工园区可以通过选择恰当的生产工艺、技术、设备、结构形式或合适的原材料来彻底消除某种危险源。例如：①用压气或液压系统代替电力系统，防止发生电气事故；②用液压系统代替压气系统，避免压力容器、管路破裂造成冲击波；③用非危险品物料代替危险品物料，防止发生火灾、爆炸、中毒事故。应该留意，有时采取措施消除了某种风险，却有可能带来新的风险。例如，用压气系统代替电力系统可以防止电气事故，但是压气系统也有可能发生物理爆炸事故。

2）化工园区本质安全化

本质安全化一般是针对某一个系统或设施而言，是表明该系统的安全技术与安全管理水平已达到当代的最高水平要求，系统可以较为安全可靠地运行。化工园区本质安全化主要包括以下几方面：

（1）降低事故发生概率。主要包括：提高设备可靠性、选用可靠的工艺技术、提高系统抗灾能力、减少人为失误、加强监督检查等。

（2）降低事故严重度。主要包括：限制能量或分散风险、防止能量逸散、加装缓冲装置、避免人身伤亡等。

（3）设备本质安全化。设备本质安全化是指操作失误时，设备能自动保证安全；当设备出现故障时，能自动发现并自动消除，能确保人身和设备的安全。为使设备达到本质安全化而进行的研究、设计、改造和采取的各种措施的最佳组合称为设备本质安全化。

设备是构成生产系统的物质系统，由于物质系统存在各种危险与有害因素，为事故的发生提供了物质条件。本质安全化的设备具有高度的可靠性和安全性，可以杜绝或减少伤亡事故，减少设备故障，从而提高设备利用率，实现安全生产。从设备的设计、使用过程分析，要实现设备的本质安全化，可以从以下三方面入手：①设计阶段，采用技术措施消除危险，使人不可能接触或接近危险区；②操作阶段，建立有计划的维护保养和预防性维修制度；③管理措施，指导设备的安全使用，向用户及操作人员提供有关设备危险性的资料、安全操作规程、维修安全手册等技术文件，加强对操作人员的教育和培训，提高工人发现危险和处理紧急情况的能力。

2. 化工园区风险控制技术

可以从技术上采取措施，控制化工生产过程及设备的风险，并建立有效的安全防护系统，推行先进适用的技术装备，可提高化工生产的风险控制水平。

1）限制化工园区的危险能量或危险物质

受实际技术、经济条件的限制，有些危险源不能被彻底根除，这时应该限制它们拥有的能量或危险物质的量，降低其危险性。

（1）减少能量或危险物质的量。例如：①必须使用电力时，采用低电压防止触电；②限制可燃性气体浓度，使其不达到爆炸极限；③控制化学反应速率，防止产生过多的热或过高的压力。

（2）防止能量蓄积。能量蓄积会使危险源拥有的能量增加，从而增加发生事故和造成损失的危险性。采取措施防止能量蓄积，可以避免能量意外地忽然开释。例如：①利用金属喷层或导电涂层防止静电蓄积；②控制工艺参数，如温度、压力、流量等。

（3）安全地开释能量。在可能发生能量蓄积或能量意外开释的场合，人为地开辟能量泄放渠道，安全地开释能量。例如：①压力容器上安装安全阀、破裂片等，防止容器内部能量蓄积；②在有爆炸危险的建筑物上设置泄压窗，防止爆炸摧毁建筑物；③电气系统设置接地保护；④设施、建筑物安装避雷保护装置。

2）化工园区风险隔离

隔离是一种常用的控制能量或危险物质的安全技术措施，既可用于防止事故发生，也可用于避免或减少事故损失。预防事故发生的隔离措施有分离和屏蔽两种，前者是指时间上或空间上的分离，防止一旦相遇则可能产生或开释能量或危险物质的物质相遇；后者是指利用物理的屏蔽措施局限、约束能量或危险物质。一般说来，屏蔽较分离更可靠，因而得到广泛应用。

隔离措施的主要作用如下：

（1）把不能共存的物质分开，防止产生新的能量或危险物质。例如，把燃烧三要素中的任何一种要素与其余的要素分开，防止发生火灾。

（2）局限、约束能量或危险物质在某一范围，防止其意外释放。例如，在带电体外部加绝缘物，防止漏电。

（3）防止职员接触危险源。通常把这些措施称为安全防护装置。例如，利用防护罩、防护栅等把设备的转动部件、高温热源或危险区域屏蔽。

3）减少化工园区物的故障和人为失误

物的故障和人为失误在事故致因中占有重要位置，因此应该努力减少故障和失误的发生。可以通过增加安全系数、增加可靠性或设置安全监控系统来减少物的故障，可以从技术措施和治理措施两方面采取防止人失误措施。一般地，技术措施比治理措施更有效。

常用的防止人失误的技术措施有用机器代替人操纵、采用冗余系统、耐失误设计、警告及良好的人、机、环境匹配等。

（1）用机器代替人操纵。用机器代替人操纵是防止人为失误发生的最可靠的措施。由于机器在人们规定的约束条件下运转，自由度较少，不像人那样有行为自由性，因此可以很轻易地实现人们的意图。与人相比，机器运转的可靠性较高。机器的故障率一般为 10^{-4}～10^{-6}，而人为失误率一般为 10^{-2}～10^{-3}。因此，用机器代替人操纵，不仅可以减轻人的劳动强度、提高工作效率，而且可以有效地避免或减少人为失误。应该留意到，并非任何场合都可以用机器代替人，这是由于人具有机器无法相比的优点，很多功能是无法用机器代替的。

（2）采取冗余系统。可以采取 2 人操纵、人机并行的方式构成冗余系统。2 人操纵方式是本来由 1 个人可以完成的操纵由 2 个人来完成，一般 1 个人操纵而另 1 个人监视，组成核对系统（check system），假如1个人操纵发生失误，另1个人可以纠正失误。人机并行方式是由职员和机器共同操纵组成的人机并联系统，人的缺点由机器来弥补，机器发生故障时由职员发现并采取适当措施来处理。各种审查（review）也可以看作冗余措施。在时间比较充裕的场合，通过审查可以发现失误的结果并采取措施纠正失误。

（3）耐失误设计。通过精心的设计，使职员不能发生失误或者发生失误也不会带来事故等严重后果的设计。耐失误设计一般采用不同的外形或尺寸防止安装、连接操纵失误，以及采用联锁装置防止职员误操纵两种方式。

（4）警告。警告是提醒人们留意的主要方法，使人把注意力集中于可能会被遗漏的信息，也可以提示人调用自己的知识和经验。可以通过人的各种感官实现警告，相应的有视觉警告、听觉警告、触觉警告和味觉警告，其中视觉警告、听觉警告应用得最多。

4）其他风险控制对策

（1）开展化工园区危险化学品重大危险源的普查、申报、风险评价、分级管理与监控、检测检验等工作，建立起适合、完善的重大事故风险防控体系。

（2）大力推进园区危险化学品企业安全标准化工作，进一步提高化工企业的风险管理水平。

（3）进一步淘汰不符合化工产业规划、周边安全防护距离不符合要求、能耗高、污染重和安全生产没有保障的危险化学品企业。

（4）开展化工园区区域定量风险评价与安全规划，实现化工园区安全合理布局，避免先盲目建设后治理整顿的老路，有效预防和减少园区重特大事故的发生。

（5）运输危险化学品、烟花爆竹、民用爆炸物品的道路专用车辆等要安装使用具有行驶记录功能的卫星定位装置，建立全国联网的危险化学品道路运输安全动态监控平台。

（6）针对危险化学品泄漏、扩散、火灾和爆炸等突发性灾害，开展事故灾难应急规划、应急响应、应急信息共享与集成、应急人群疏散等应急救援技术与装备研究开发，增强应急救援能力。

3. 化工园区风险减缓措施

避免或减少事故损失的风险控制技术的基本出发点是防止意外释放的能量波及人或物，或者减轻其对人和物的作用。事故后假如不能迅速控制局面，则事故规模有可能进一步扩大，甚至引起二次事故而释放出更多的能量或危险物质，在事故发生前就应该考虑到采取避免或减少事故损失的技术措施。常用的避免或减少事故损失的安全技术如下。

1）隔离

作为避免或减少事故损失的隔离，其作用在于把被保护的人或物与意外开释的能量或危险物质隔开。隔离措施有阔别、封闭和缓冲三种。

（1）阔别。把可能发生事故而开释出大量能量或危险物质的工艺、设备或工厂等布置在阔别人群或被保护物的地方。例如，把爆破材料的加工制造、储存设施安排在阔别居民区和建筑物的地方，化工园区阔别市区等。

（2）封闭。利用封闭措施可以控制事故造成的危险局面，限制事故的影响。例如，防火密闭可以防止有毒、有害气体蔓延，高速公路两侧的围栏防止失控的汽车冲到公路两侧的沟里。把某一区域封闭起来作为安全区可保护职员。例如，矿井里设置的避难室。

（3）缓冲。缓冲可以吸收能量，减轻能量的破坏作用。例如，安全帽可以吸收冲击能量，防止职员头部受伤。

2）个体防护

实际上，个体防护也是一种隔离措施，它把人体与意外开释的能量或危险物质隔离开。利用事先设计好的薄弱环节使事故能量按人们的意图开释，防止能量作用于被保护的人或物。一般地，设计的薄弱部分即使破坏了，却以较小的损失避免了大的损失，因此，这种安全技术又称接受微小损失。

3）避难与救援

事故发生后应该努力采取措施控制事态的发展，但是当判明事态已经发展到不可控制的地步时，则应迅速避难，撤离危险区。为了满足事故发生时的应急需要，在厂区布置、建筑物设计和交通设施设计中，要充分考虑一旦发生事故时的职员避难和应急救援，为了在一旦发生事故时职员能够迅速地脱离危险区域，事前应该做好应急计划，并且平时应该进行避难、援救演习。

4. 化工园区风险管理对策

1）园区企业必须依法设立、证照齐全有效

依法设立是企业安全生产的首要条件和前提保障。企业的设立应当符合国家产业政策和当地产业结构规划；企业的选址应当符合当地城乡规划；新建化工企业必须按照有关规定进入化工园区，必须经过正规设计，必须装备自动监控系统及必要的安全仪表系统，周边距离不足的和城区内的化工企业要搬迁进入化工园区。

证照齐全有效主要指各种企业安全许可证照，包括建设项目“三同时”审查和各类相应的安全许可证要齐全并确保在有效期内。

2）园区必须建立健全并严格落实全员安全生产责任制，严格执行领导带班值班制度

安全生产责任制是生产经营单位安全生产的重要制度，建立健全并严格落实全员安全生产责任制是企业加强安全管理的重要基础。严格领导带班值班制度是强化企业领导安全生产责任意识、及时掌握安全生产动态的重要途径，是及时应对突发事件的重要保障。

3）园区企业应确保从业人员符合录用条件并培训合格，依法持证上岗

从业人员的良好素质是化工企业实现安全生产必须具备的基础条件。只有经过严格的培训，掌握生产工艺及设备操作技能、熟知本岗位存在的安全隐患及防范措施、需要取证的岗位依法取证后，才能承担并完成自己的本职工作，保证自身和装置的安全。

4）园区应严格管控重大危险源，严格变更管理，遇险科学施救

严格管控危险化学品重大危险源是有效预防、遏制重特大事故的重要途径和基础性、长效性措施。变更管理是指对人员、工作过程、工作程序、技术、设施等永久性或暂时性的变化进行有计划的控制，确保变更带来的危害得到充分识别，风险得到有效控制。在作业遇险时，在不能保证自身安全的情况下盲目施救，往往会使事故扩大，造成施救者受到伤害甚至死亡。

5）园区企业应按要求定期排查治理事故隐患

隐患是事故的根源。排查治理隐患是安全生产工作的最基本任务，是预防和减少事故的最有效手段，也是安全生产的重要基础性工作。《危险化学品企业事故隐患排查治理实施导

则》对企业建立并不断完善隐患排查体制机制、制定完善管理制度、扎实开展隐患排查治理工作提出了明确要求和细致的规定。隐患排查走过场、隐患消除不及时，都可能成为事故的诱因。

6）严防园区企业的设备设施带病运行和未经审批停用报警联锁系统

设备、设施是化工生产的基础，设备、设施带病运行是事故的主要根源之一。报警联锁系统是规范危险化学品企业安全生产管理、降低安全风险、保证装置平稳运行、安全生产的有效手段，是防止事故发生的重要措施，也是提升企业本质安全化水平的有效途径。未经审批随意停用报警联锁系统会给安全生产造成极大的隐患。

7）园区企业应保证可燃气体和有毒气体泄漏等报警系统处于正常状态

可燃气体和有毒气体泄漏的重要预警手段是报警系统，因此，园区企业应保证报警系统时刻处于正常状态。

8）规范园区企业动火、受限空间、高处、吊装、临时用电、动土、检维修、盲板抽堵等作业的审批管理

严格八大作业的安全管理，就是要审查作业过程中风险是否分析全面，确认作业条件是否具备、安全措施是否足够并落实，相关人员是否按要求现场确认、签字。同时，必须加强作业过程监督，作业过程中必须有监护人进行现场监护。作业过程中因审批制度不完善、执行不到位导致的人身伤亡的事故时有发生。

8.4 化工园区事故模式与演化机理

8.4.1 化工园区主要事故类型与模式

化工园区危险性和初发事故有其自身的特点，以仓储型化工园区为例，仓储企业储运的物料大多为有毒有害或易燃易爆的化学品，其输送方式主要有管道、槽罐车等，储存形式为各类大型储罐，工艺过程主要包括收发物料、倒罐、伴热、清洗和检维修等，其最主要的初发事故为容器设备失效泄漏事件（loss of containment），主要包括：①普通失效泄漏事件，涵盖了所有常见的设备设施失效原因，如腐蚀、结构错误、焊接损坏、储罐排气孔的堵塞等；②外部冲击失效泄漏事件，由于外部冲击所引起的储运装置失效事件，也称为第三方冲击失效事件；③装卸失效泄漏事件，主要为将物料从运输设备运往固定设备或相反过程中的失效事件；④特定的失效泄漏事件，指由于储运设备、工艺、物料等特定因素造成的失控失效事件。

一旦发生设备失效导致危险物料泄漏等初发事故，就极易造成火灾、爆炸、中毒等重大事故，甚至引发事故多米诺效应。①火灾，易燃易爆物料泄漏后遇到点火源（如静电、电气火花、明火、雷击等）易引发火灾事故；②爆炸，易燃易爆易挥发物料泄漏后若与空气混合达到爆炸极限范围内，遇点火源易发生化学爆炸事故；③中毒，有毒物料泄漏扩散后易造成大范围急性化学中毒事故；④事故多米诺效应，园区发生火灾或爆炸事故，其热辐射、爆炸冲击波或碎片打击等因素易造成周边储运设备设施的破坏，进而引发周边危险源的连锁事故，即事故多米诺效应。

8.4.2 化工园区事故演化基本参数

化工园区事故演化机理的基本参数主要包括物质特性分类、初始事件、初始事件场景、中间演化事件和事故后果等，如表 8-6 所示。

表 8-6 化工园区危险化学品事故演化机理基本参数

<table>
<tr><th colspan="2">物质特性分类</th><th>初始事件</th><th>初始事件场景</th><th>中间演化事件</th><th>点火事件</th><th>事故后果</th></tr>
<tr><td rowspan="5">液体</td><td>低挥发性、易燃</td><td rowspan="13">容器失效、反应失控、装卸失效、第三方破坏、人为破坏、自然灾害破坏</td><td>液体泄漏</td><td>—</td><td>点火</td><td>池火灾、无后果</td></tr>
<tr><td>低挥发性、易燃、有毒</td><td>液体泄漏</td><td>—</td><td>点火</td><td>池火灾、毒物扩散</td></tr>
<tr><td>高挥发性、易燃</td><td>液体泄漏</td><td>—</td><td>立即点火、延迟点火、火焰加速</td><td>池火灾、爆炸、闪火、无后果</td></tr>
<tr><td>高挥发性、易燃、有毒</td><td>液体泄漏</td><td>—</td><td>点火</td><td>池火灾、毒物扩散</td></tr>
<tr><td>有毒液体</td><td>液体泄漏</td><td>—</td><td>—</td><td>毒物扩散</td></tr>
<tr><td rowspan="8">气体</td><td rowspan="2">高压易燃、加压液化</td><td>两相泄漏</td><td>持续泄漏</td><td>立即点火、延迟点火、火焰加速</td><td>池火灾、喷射火、爆炸、闪火、无后果</td></tr>
<tr><td>液体或气溶胶泄漏</td><td>瞬间泄漏</td><td>立即点火、火球、延迟点火、火焰加速</td><td>火球、爆炸、气云火灾、闪火、无后果</td></tr>
<tr><td>低温冷冻、易燃</td><td>液体泄漏</td><td>—</td><td>立即点火、延迟点火、火焰加速</td><td>池火灾、爆炸、闪火、无后果</td></tr>
<tr><td>易燃、压缩</td><td>气体泄漏</td><td>持续泄漏</td><td>点火</td><td>喷射火、无后果</td></tr>
<tr><td>易燃、有毒</td><td>气体泄漏</td><td>持续泄漏</td><td>点火</td><td>喷射火、毒物扩散</td></tr>
<tr><td>有毒</td><td>气体泄漏</td><td>持续、瞬间泄漏</td><td>—</td><td>毒物扩散</td></tr>
<tr><td rowspan="2">高压易燃、加压液化、有毒</td><td>液体泄漏</td><td>持续泄漏</td><td>立即点火</td><td>池火灾、喷射火、毒物扩散</td></tr>
<tr><td>液体或气溶胶泄漏</td><td>瞬间泄漏</td><td>立即点火、火球、延迟点火、火焰加速</td><td>火球、爆炸、气云火灾、闪火、毒物扩散</td></tr>
</table>

8.4.3 基于事件树的化工园区事故演化机理

通过引入事故致因理论，对化工园区产生的安全事故进行初步分析，对事故的整个演化过程进行逻辑抽象，对导致化工园区危险品事故的每个环节都假设为造成事故的原因，再通过深入调查逐渐确定引起事故的具体原因，调查事故的具体步骤包括事故能量、事故成因、事故机理、失效状态、触发条件、点火类型以及事故后果模式等，如图 8-5 所示。

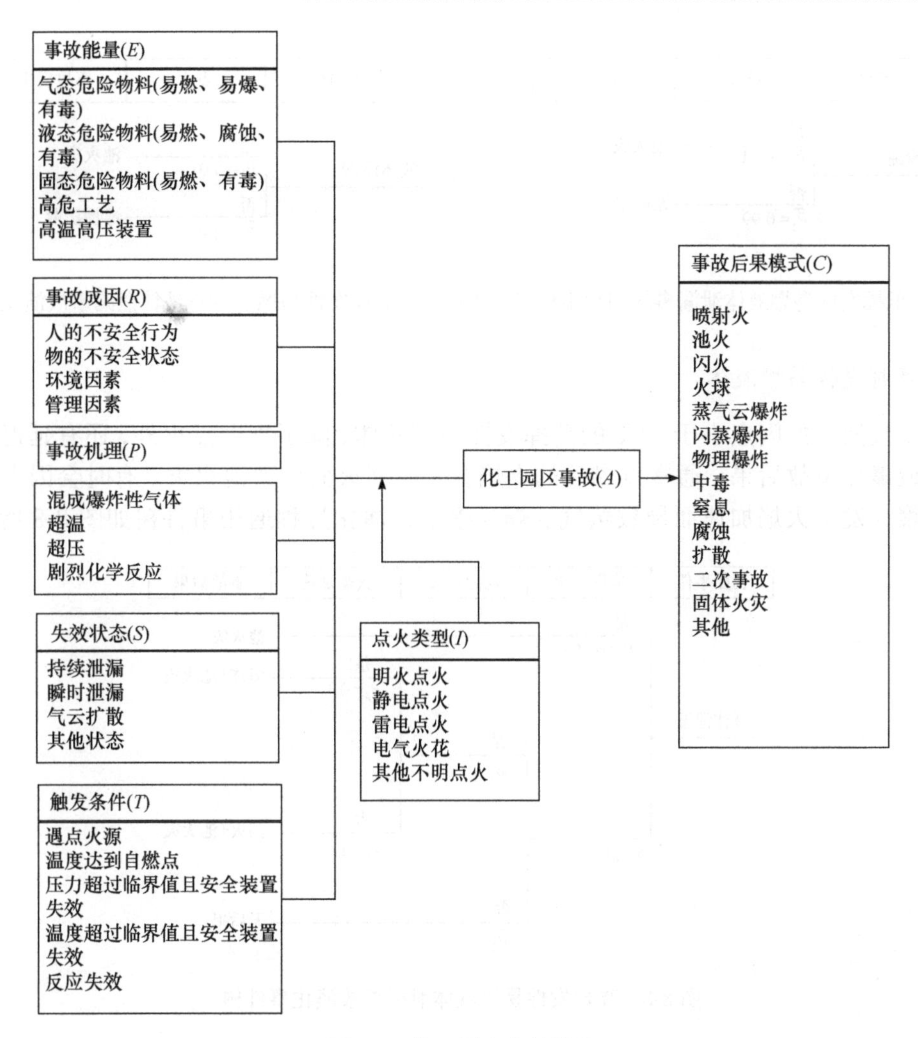

图 8-5　化工园区事故模式

结合事故演化机理基本参数和事件树分析方法原理即可构建危险化学品泄漏事故通用事件树。以下是对不同危化品泄漏事故通用事件树进行列举。

1. 低挥发性易燃液体

对于煤油和苯乙烯类的低挥发性易燃液体物料[室温时闪点 T_f 为 21℃<T_f≤55℃]，事故演化过程主要为点燃（池火灾事故）和未点燃（无后果事件）。点火概率参考取值为 P_1=0.01，其相应的事件树如图 8-6 所示。因挥发性低而不会形成蒸气云，可忽略延迟点火事件，对于闪点大于 55℃的低挥发性易燃液体（如柴油等），因被点燃的概率非常低，定量风险分析时一般予以忽略。

2. 低挥发性易燃、有毒液体

对于环氧氯丙烷类的低挥发性易燃、有毒液体，泄漏事故演化过程类似图 8-6 所述过程，但主要事故后果增加了毒物扩散。池火灾发生的概率仍然为 0.01，而毒物扩散的概率为 0.99，相比毒物扩散，池火灾风险在定量风险分析时可以忽略。其通用事件树如图 8-7 所示。

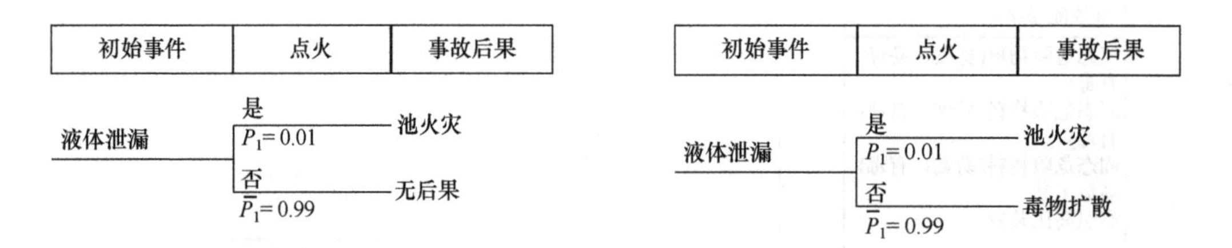

图 8-6 低挥发性易燃液体泄漏事故演化事件树 图 8-7 低挥发性易燃、有毒液体泄漏事故演化事件树

3. 高挥发性易燃液体

对于汽油类的闪点小于 21℃的高挥发性易燃液体，除了立即点火外，还有延迟点火导致闪火或爆炸事故后果，通常点燃后的火焰会发生回火而导致池火灾。有时会因大量蒸气云的积聚，发生火焰加速而导致蒸气云爆炸事故，演化过程通用事件树如图 8-8 所示。

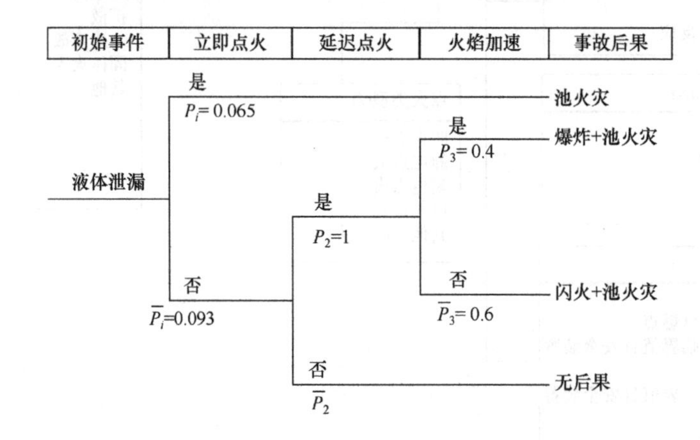

图 8-8 高挥发性易燃液体泄漏事故演化事件树

4. 高挥发性易燃、有毒液体

对于苯或丙烯腈类的高挥发性易燃、有毒液体物质，基于易燃性和易挥发性的事故演化过程类似图 8-9 所示过程，最大的不同在于之前的无后果在这里为毒物扩散。如果延迟点火的概率为 100%，则毒物扩散事故后果可忽略。

5. 有毒液体

对于甲苯二异氰酸酯或硫酸二甲酯类的有毒物质，泄漏事故后果主要为毒物扩散。毒物扩散概率默认为 1（液池蒸发），扩散概率取值可根据实际情况进行调整，具体如图 8-10 所示。

6. 高度易燃、加压液化气体

1）持续泄漏

对于液化丙烷和丁烷类的极度易燃气体加压液化后若发生持续泄漏事件，立即点火则发生池火灾或喷射火事故（根据压力的大小），延迟点火若遇火焰加速则发生爆炸事故，否则演化为闪火事故。通用事件树如图 8-11 所示。

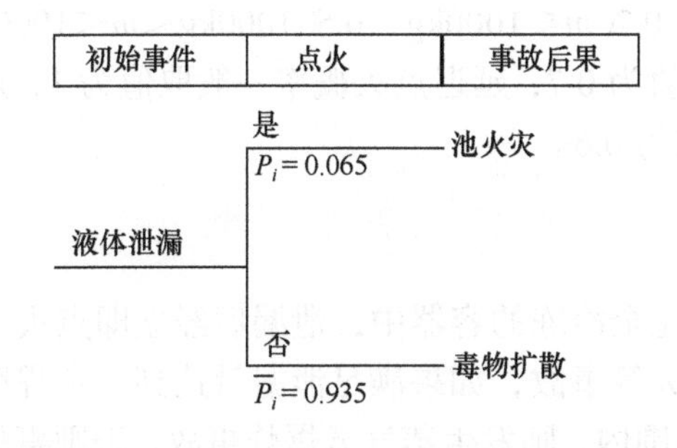

图 8-9　高挥发性易燃、有毒液体泄漏事故演化事件树

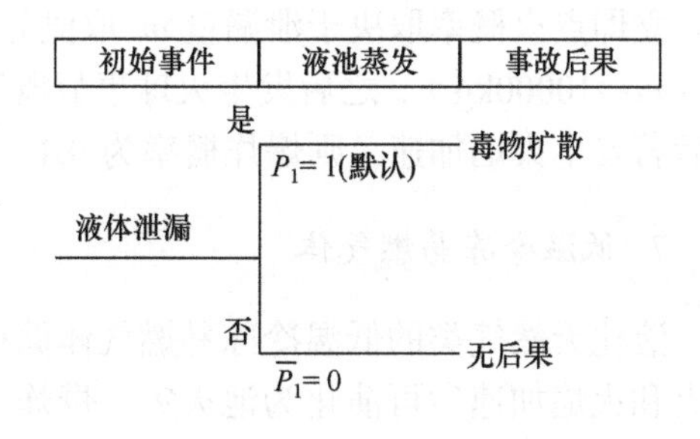

图 8-10　有毒液体泄漏事故演化事件树

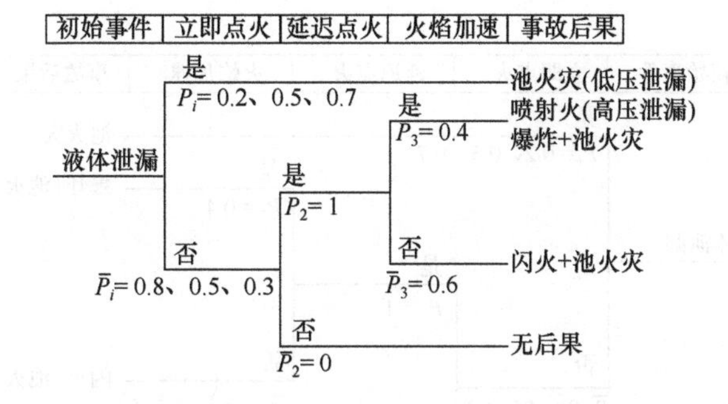

图 8-11　高度易燃、加压液化气体持续泄漏事故演化事件树

立即点火概率取决于泄漏速率(泄漏到空气中的净流量)，0.2(＜1kg/s)，0.5(1～50kg/s)，0.7(＞50kg/s)，延迟点火概率一般取值为 1。延迟点火后若发生火焰加速，则爆炸概率为 0.4，闪火为 0.6。如果满足泄漏量达到一定程度(通常指 500～1000kg)，且蒸气云处在爆炸极限范围内，则发生蒸气云爆炸事故，否则事故后果为闪火，若不满足爆炸条件，则发生闪火的概率为 1。

2）瞬时泄漏

极度易燃气体加压液化后若发生瞬时泄漏事件，立即点火则可演化为火球、爆炸或气云燃烧等事故，延迟点火若遇火焰加速则发生爆炸事故，否则演化为闪火事故。事故演化事件树如图 8-12 所示。

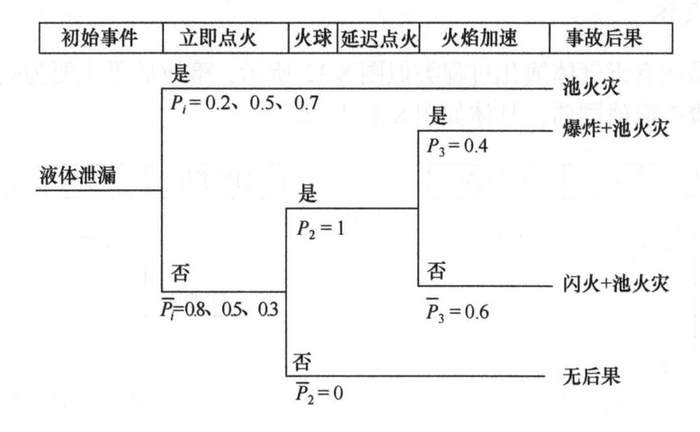

图 8-12　高度易燃、加压液化气体瞬时泄漏事故演化事件树

立即点火概率取决于泄漏量 m，取值分别为 0.2（$m\leqslant1000kg$）、0.5（$1000kg<m<10000kg$）、0.7（$m\geqslant10000kg$），之后发生火球事故概率取值为 0.7，延迟点火概率一般取值为 1，延迟点火后若发生火焰加速，则爆炸概率为 0.4，闪火为 0.6。

7. 低温冷冻易燃气体

液化天然气类的低温冷冻易燃气体储存在完全冷冻的容器中，泄漏后经立即点火、延迟点火和火焰加速后可演化为池火灾、爆炸、闪火等事故，如果满足泄漏量达到一定程度（通常指 500～1000kg），且蒸气云处在爆炸极限范围内，则发生蒸气云爆炸事故，否则事故后果为闪火。若不满足爆炸条件则发生闪火事故。具体如图 8-13 所示，中间演化事件概率取值参考图 8-12 相关内容。

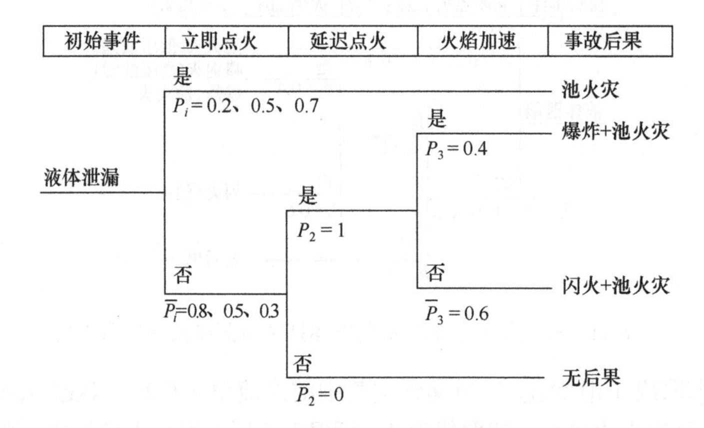

图 8-13 低温冷冻易燃气体泄漏事故演化事件树

8. 易燃压缩气体

压缩氢气或压缩天然气类的易燃压缩气体泄漏后，点火后事故后果主要为喷射火，未点火则无后果，因为其在高速射流时的快速消散，延迟点火被忽略，立即点火概率参考取值同前，具体如图 8-14 所示。

9. 易燃有毒气体

硫化氢类的易燃有毒气体演化过程类似图 8-12 所示，事故后果主要为喷射火和毒物扩散两种，立即点火概率取值同前，具体如图 8-15 所示。

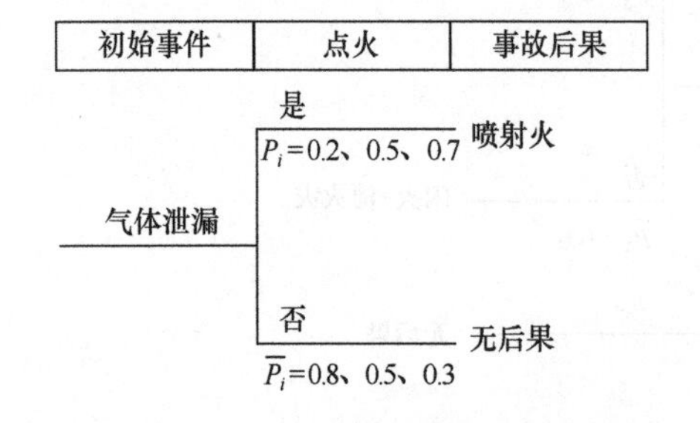

图 8-14 易燃压缩气体泄漏事故演化事件树

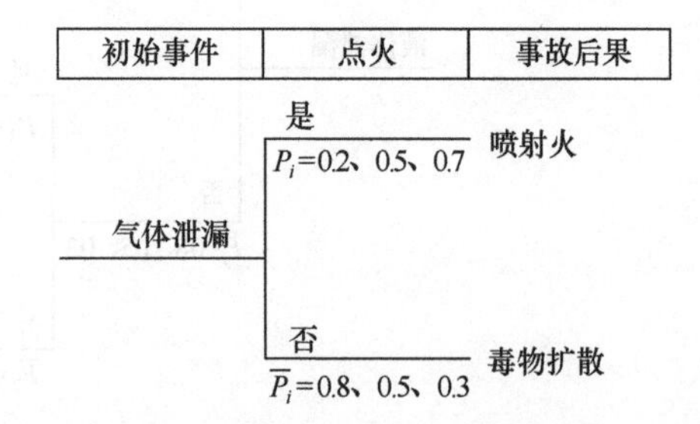

图 8-15 易燃有毒气体泄漏事故演化事件树

10. 有毒气体

氯气类的有毒气体事故后果很简单，即毒物扩散，具体如图 8-16 所示。

11. 高度易燃、加压液化有毒气体

环氧乙烷类的高度易燃、加压液化有毒气体如发生持续泄漏初始事件，易燃特性演化过程类似图 8-11，与图 8-11 不同之处在于前者的无后果在此变为毒物扩散。如果延迟点火概率为 1，毒物扩散场景一般被忽略。如果考虑毒物扩散事故后果，则应忽略延迟点火事件场景，相比较而言毒物扩散后果更为严重，此时闪火事故后果可不考虑。可将此事故演化过程简化为火灾（池火和喷射火）和毒物扩散两种事故后果，事故演化事件树如图 8-17 所示。立即点火概率取决于其泄漏速率，见图 8-11。

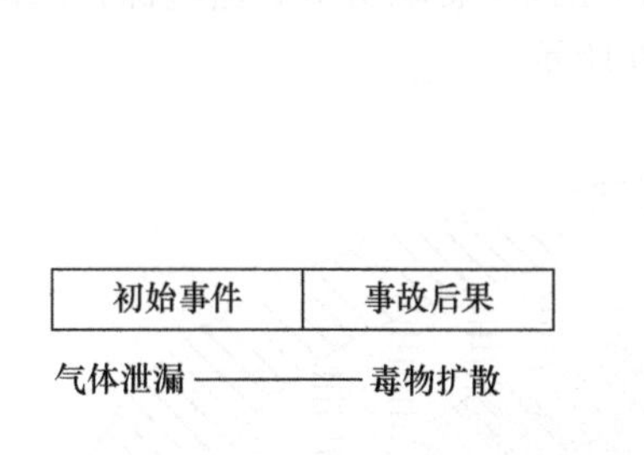

图 8-16 有毒气体泄漏事故演化事件树

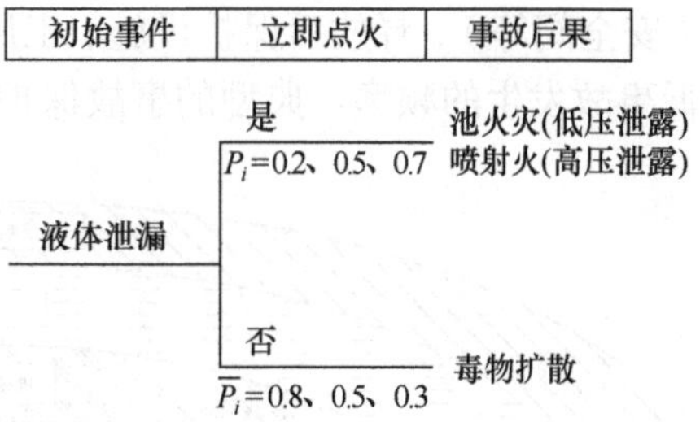

初始事件	立即点火	事故后果
液体泄漏	是 P_i=0.2、0.5、0.7	池火灾(低压泄露) 喷射火(高压泄露)
	否 $\overline{P_i}$=0.8、0.5、0.3	毒物扩散

图 8-17 高度易燃、加压液化有毒气体持续泄漏事故演化事件树

8.5 化工园区保护层机理

8.5.1 保护层分析基本理论

1. 保护层理论

保护层分析（layers of protection analysis，LOPA）是一种简化的风险评估，通常使用初始事件频率、独立保护层（independent protection layer，IPL）失效效率和后果严重度的数量级大小近似表征场景的风险，以确定现有的安全措施是否合适，以及是否需要增加新的安全措施，确保风险减小到可接受水平的系统方法。保护层是指降低事故发生概率的各项预防和控制措施，分为主动型和被动型、阻止型和减缓型。LOPA 过程包含的主要内容如下：分析由前期危险和可操作分析所得到的原因后果对所定义的事故场景（图 8-18）；分析和判断原始保护层；确定事故场景的风险程度；判断是否需要附加减少风险的安全措施。

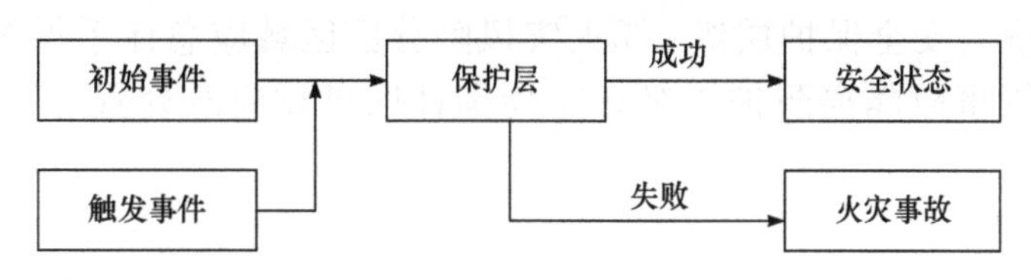

图 8-18 事故场景简图

保护层分析中的IPL是指能够阻止场景向不良后果继续发展的设备、系统或行动，并且独立于初始事件或场景中其他保护层。IPL应符合的规则为有效性、独立性和可审查性；按照设计的功能发挥作用，必须能够有效地防止后果发生；独立于初始事件和任何其他已经被认为是同一场景的独立保护层的构成元素；对于组织后果的有效性和要求时的失效概率（probability of failure on demand，PFD）必须能够以某种方式进行验证。对于引发火灾事故的初始事故事件，当重大危险源安全设计保护层、自动喷淋固定消防系统、事故应急消防响应系统相继失效的情况下，初始事件经不断累积会迅速发展为大规模的火灾、爆炸以及连锁灾害事故，而且许多重特大火灾、爆炸事故往往是由多个初始事件累积作用而发生的。

一个典型的化工过程包含各种保护层，如本质安全设计、基本过程控制系统（basic process control system，BPCS）、报警与人员干预、安全仪表功能（safety instrument function，SIF）、物理保护（安全阀等）、释放后保护设施、工厂应急响应和社区应急响应等，这些保护层能够有效地降低事故发生的频率。典型的事故保护层如图8-19所示。

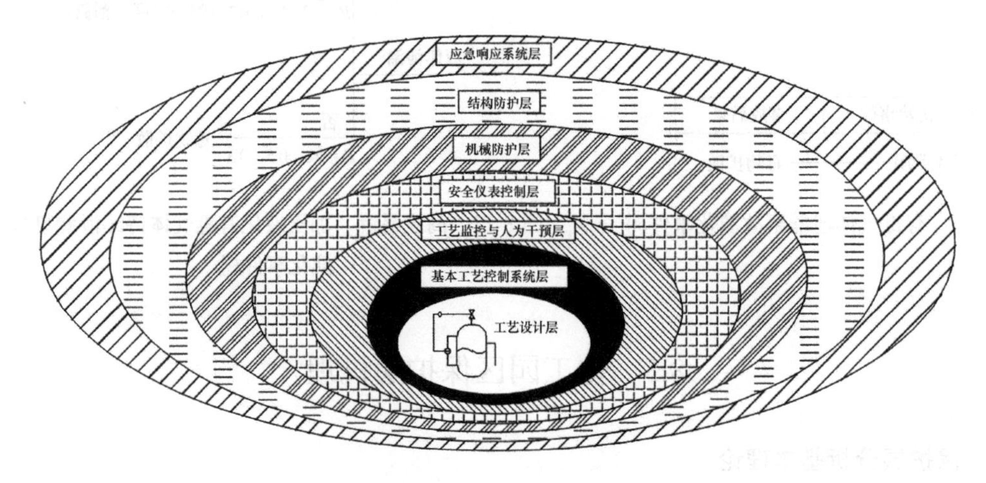

图8-19 典型的化工事故保护层

2. 化工园区的保护层

化工园区的保护层必须满足保护层的一般特性：特征性、独立性、可靠性、可以定期对其进行维修或维护。根据不同类型化工园区火灾危险源的分布特点以及园区火灾事故形式，化工园区整体火灾事故风险主要由园区内火灾危险源种类、状态、数量、规划布局以及园区安全保护层级效果等因素所决定。针对化工园区重大危险源事故引发规律和安全监管需求，通常园区主要设置如图8-20所示的安全保护层级：①重大危险源安全设计保护层级；②监控预警保护层级；③固定装置消防系统安全防护保护层级；④企业事故应急响应安全保护层级；⑤火灾风险分区区域应急体系保护层级；⑥园区事故应急处置与区域事故隔离防护层级；⑦周围社区事故应急处置与区域事故隔离防护层级。

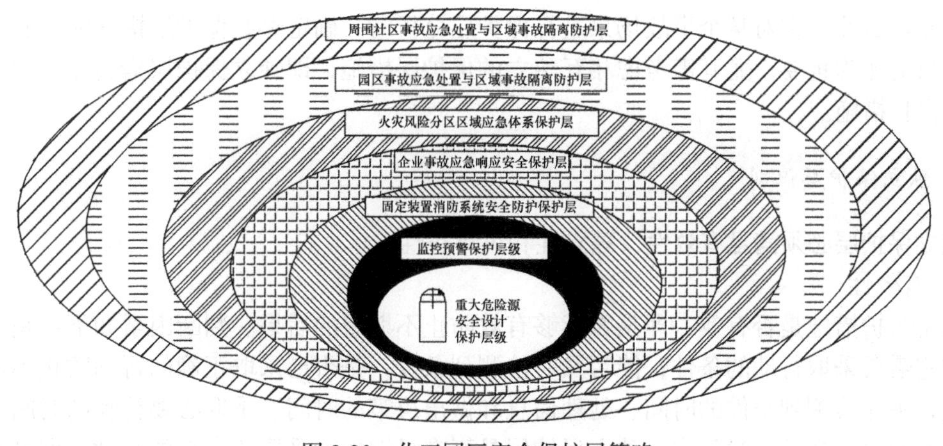

图 8-20　化工园区安全保护层策略

3. *保护层分析步骤*

保护层分析的事故场景的风险描述应是单一的“原因-后果”，即可以描述为一个意外事件导致的一个不希望的结果。保护层分析过程包含的主要内容如下：“原因”，对应分析由前期危险和可操作分析所得到的原因；“后果”，对应所定义的危险场景、分析和判断原始保护层、确定场景的风险程度、判断是否需要附加减少风险的安全措施。

保护层分析法的 6 个步骤如下：

（1）熟悉所分析的工艺过程并收集资料，包括危险与可操作性分析（hazard and operability study，HAZOP）资料、设计资料、运行记录、泄压阀设计和检测报告等。

（2）利用 HAZOP 等的分析结果将可能发生的严重事故，如高压引起的管线破裂等作为事故场景。

（3）确定事故场景的后果。根据后果严重程度划分标准，确定当前事故场景的后果等级，后果分析不仅包括短期或现场影响，还包括事故对人员、环境和设备的长期影响。

（4）辨识事故场景的起始事件、中间事件和后果事件。在分析事故场景时，工作组应考虑发生事故场景的所有事件，根据后果的严重程度以及发生频率，确定潜在事故的风险等级。

保护层分析中的场景主要是指导致不良后果的意外事件或一系列事件，场景中可能有各种阻止事故后果发生的不同类型保护层。在判定场景时可以遵循以下步骤：风险的识别，即通过风险识别判定化工工艺中有可能存在的风险因素；系统的描述，即对工艺过程和企业情况进行逻辑上的整合；场景的定义，即确定导致事故的事件顺序、事故分析、结果的选择、后果分析、可能性评估、风险评估，包括后果的严重程度和可能性。

（5）判断所有的独立保护层措施，确定其失效概率。根据独立保护层失效概率，确定剩余风险等级，需要特别指出的是，如果某个独立保护层失效作为起始事件，那么该独立保护层不应作为安全保护措施。例如，工艺控制回路失效为事故的起始事件，那么由工艺控制产生的报警不应作为降低风险的独立保护层措施，然后分别计算保护层下事故发生概率、保护层下事故发生严重度、风险指标值及可能保护层的负后果。

（6）根据剩余风险等级，提出切实可行的安全对策措施，直至达到可承受的风险。

8.5.2　独立保护层

独立保护层通常独立于其他事件或保护层，是能够有效阻止事故进一步恶化的行为、系统或设施。因此，在对某个事故场景进行保护层分析时，确定哪些保护层措施能够起到预防事故的目的尤为重要，尤其需考虑相互独立的保护层措施，即独立保护层措施作为预防事故的安全保护措施。

1. 独立保护层识别

独立保护层必须满足有效性、独立性和可审查性。

1）有效性

确定防护措施是否有效，即是否能够有效防止不期望的后果。判断因素如下：是否能够检测到它需要采取行动的条件；能否及时检测到条件，是否已采取正确的行动防止不良后果的发生，关注检测到条件的时间、处理信息和做出决策的时间、采取必要行动的时间、行动生效的时间等；在可用时间内，独立保护层是否有足够能力采取所要求的行动，即是否能符合要求和达到充足的强度，包括物理强度、特定场景条件下阀门关闭能力、人员强度如所要求的任务是否在操作人员的能力范围内等。

2）独立性

保护层的独立性是确保初始事件或其他的独立保护层事件不会对特定的独立保护层产生影响，从而降低保护层完成功能的能力。判断保护层独立性的主要参考如下：独立于初始事件，独立于初始事件后果，独立于其他已确信的独立保护层。

3）可审查性

可审查性检验是为了表明其是否符合保护层分析独立保护层减缓风险的要求。审查程序包括：确认如果独立保护层按照设计发生作用，它会有效阻止后果；确认独立保护层的设计、安装、功能测试和维护系统的合适性，以取得独立保护层特定的失效概率；确认独立保护层所有的构成元件运行良好且满足保护层分析的使用要求。

保护层分析的保护层必须满足独立保护层的条件。例如，化工园区重大危险源安全设计保护层、监控预警保护层、固定装置消防系统安全防护保护层、企业事故应急响应安全保护层、火灾风险分区区域应急体系保护层、园区事故应急处置与区域事故隔离防护层、周围社区事故应急处置与区域事故隔离防护层分别满足了有效性、独立性和可审查性，可以作为园区火灾防范的独立保护层。

2. 独立保护层的失效概率

在保护层分析中，独立保护层降低后果频率的有效性使用失效概率进行量化，给独立保护层确定合适的失效概率是保护层分析过程中一个重要组成部分。失效概率通常使用最接近的数量级，数值范围从最弱的独立保护层（1×10^{-1}）到最强的独立保护层（1×10^{-4}～1×10^{-5}）。

目前已有大量的工业数据库，如 OREDA、EuReData 等可以使用，还可通过失效模式、影响和诊断分析（failure mode effect diagnostic analysis，FMEDA）得到某一设备某一种失效模式的失效概率以及安全失效和危险失效的比例。与工业数据库相比，FMEDA 的结果是针对具体设备的，具有更高的准确性。选择失效概率时应注意：在整个分析过程中，使用的所有失效概率数据的保守程度应一致；选择的失效概率数据应具有行业代表性或能代表操作条件。

每个独立保护层仅被考虑一次至关重要，因为在分析中要使用概率相乘。例如，当考虑容器的机械完整性时，确定机械完整性失效概率必须在释放装置未防止事故发生的情形下进行。因此，必须考虑容器在低于释放阀阈值时因为振动而失效的概率，或容器由于释放阀在高压情况下没有合理作用而失效的概率，否则失效概率将会低于最弱的 IPL（1×10^{-1}）并且会对整体的事故发生频率做出偏低失效概率的危险估计。每个保护层在保护层分析中是排序的，必须确保在排的某一保护层前面的保护层失效的情况下也能进行评估。

8.5.3　保护层下的场景风险分析

保护层分析是一种半定量的风险评估技术，通常使用初始事件频率、IPLs 失效频率和后果严重程度的数量级大小近似表征场景的风险。

1. 定量计算概率和风险

特定后果场景频率由初始事件频率乘以独立保护层要求时的失效概率，见式（8-1）：

$$f_i^C = f_i^I \prod_{j=1}^{j} \mathrm{PFD}_{ij} \tag{8-1}$$

式中，f_i^C 为初始事件 i 造成 C 后果的频率；f_i^I 为初始事件 i 的初始事件频率；PFD_{ij} 为初始事件 i 中第 j 个组织后果 C 的独立保护层要求时的失效概率。式（8-1）适用于低要求模式，所有的独立保护层都是真正独立的。

保护层失效概率的量化可通过相似实验测定、专家打分、对专家的打分、参照标准化准则表格等方法进行，综合计算不同的独立保护层发挥的效应。

事故场景风险指标值的大小取决于事件频率和后果严重度两个方面，见式（8-2）：

$$R_k^C = f_k^C C_k \tag{8-2}$$

式中，R_k^C 为事故第 k 个结果的风险；f_k^C 为事件中第 k 个结果发生的频率；C_k 为事故中第 k 个结果的后果大小。由于每个场景具有不同的保护层，同样后果的不同场景要单独计算，然后对多个场景的频率求和。

2. 风险决策

对于多层保护的安全系统有不同的功能，如假定事故频率（f）的降低取决于预防层和保护层（IPLⅠ和 IPLⅡ）的安全措施，后果严重度（S）受降低层（IPLⅢ）的安全措施作用而降低，如图 8-21 所示。

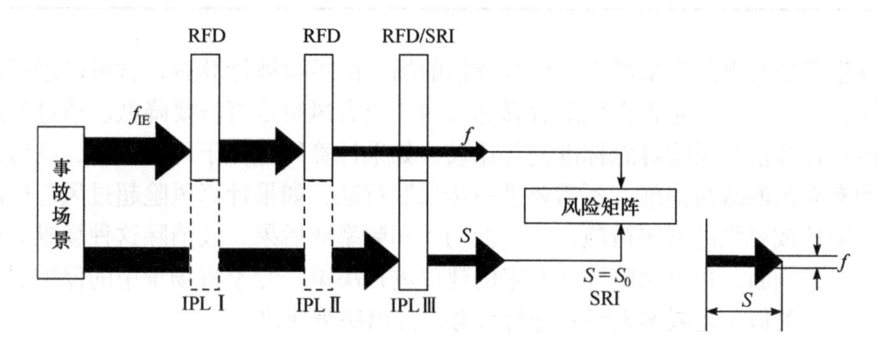

图 8-21　保护层分析中多层保护层的功能

指定场景的风险取决于事件的发生频率和结果严重度，风险计算如图 8-22 所示。

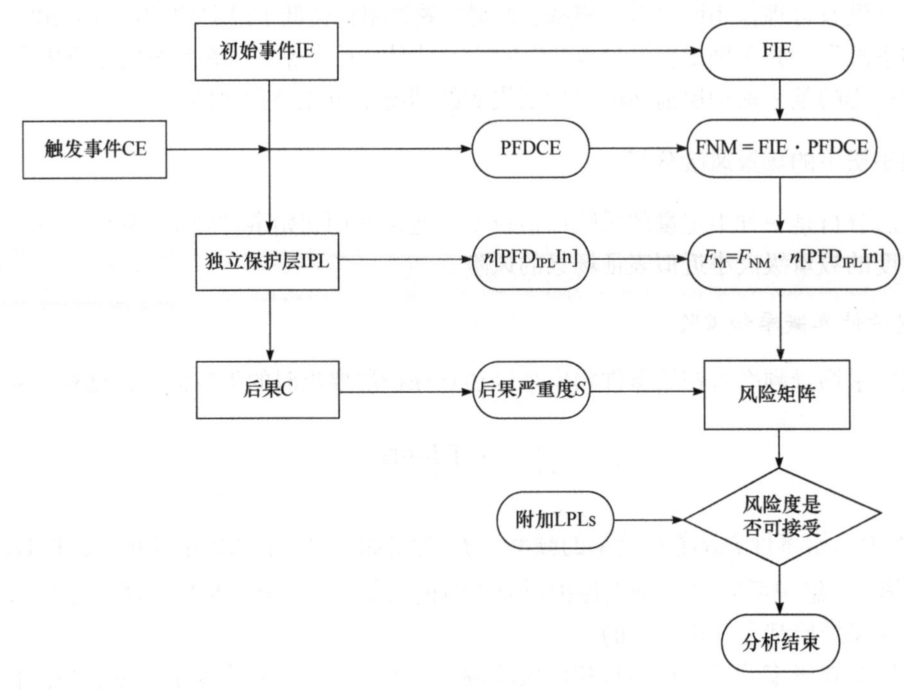

图 8-22 指定场景的风险计算图

在事故后果严重度评估中还需要考虑可能保护层的负后果，如应急响应中人出现在危险区域的概率和人员暴露引起伤亡的后果、保护层的误操作后果等。人的因素示例如表 8-7 所示。

表 8-7 保护层分析事故后果中人的因素示例

	事件	建议
保护层	控制房内操作者可能暴露	在控制室设置附加保护器材
		在控制室入口处贴潜在暴露警示标识
	误操作激活了自动喷淋，熄火反应器	重置操作者工作场所的预警装置
		安装熄火阀通路的固定梯子

事故发生概率与事故后果严重度综合评估的场景的风险被计算后，就可以进行决策，即运用保护层分析决定风险是否在风险容忍标准内，或者风险是否需要降低。通过使用各种方法将场景风险计算值与风险容忍标准进行比较，如果计算风险低于风险标准，则可判断场景为低风险和有充足的减缓措施，不需要进一步采取行动；如果计算风险超过风险标准，则判断场景需要额外或更强的减缓措施，以降低场景和频率或后果，或消除这种场景。或者由风险专家进行专家判断，根据风险评估专家的建议进行决策，专家将场景中的保护层和其他特征与工业实践、类似工艺或本人经验进行参考，提出决策建议。

8.5.4 园区重大事故保护层实例分析

1. 事故场景

以某石油化工储运有限公司的储罐溢流引发火灾事故为例进行分析研究。

重大危险源为环氧丙烷储罐。环氧丙烷是一种低沸点、易燃、有毒液体。环氧丙烷从接卸码头直接由泵卸载，进入厂区环氧丙烷储罐内，该储罐为立式拱顶罐，容量为 80000lb（1lb = 0.454kg）。周围的防火堤可容纳 130000lb 环氧丙烷。事故场景是环氧丙烷储罐液体溢流，并流出防火堤。

2. 独立保护层

第一重独立保护层为重大危险源安全设计保护层级（IPL1）。当重大危险源的温度发生异常波动时，温度监控设备能及时探测显示重大危险源的温度变化并发出反馈信号、声光报警，控制系统通过自动调节或人工调节的方式使重大危险源的状态恢复正常。如果该保护层失效，重大危险源的温度将不断上升，最终导致事故发生。

第二重独立保护层为监控预警保护层级（IPL2）。监测罐体发生溢流并预警，干预人员可以及时利用防火堤控制溢流物质以预防火灾事故，合适的防火堤可以包容这些溢流物。防火堤需满足独立保护层的要求，包括：①如果按照设计运行，防火堤可有效地包容储罐的溢流；②防火堤独立于任何其他独立保护层和初始事件；③可以审查防火堤的设计、建造和目前的状况。

第三重独立保护层为固定装置消防系统安全防护保护层（IPL3）。如果防火堤失效，将发生大规模扩散，从而发生潜在的火灾、伤害和死亡。监测预警后的固定装置消防自动喷淋灭火系统可以有效降低具有潜在严重后果的事件频率。自动喷淋灭火系统满足独立保护层所有的要求，包括：①按照设计自动喷淋灭火系统能够及时检测到喷淋启动的条件；②自动喷淋消防设置独立于初始事件和防护堤保护层；③可以确认设计、安装、功能测试和维护系统的合适性，确认独立保护层所有的构成元件运行良好且满足使用要求，系统等运行良好等。

储罐的各类保护层总结如表 8-8、表 8-9 和表 8-10 所示。

表 8-8 主动 IPL

IPL	说明 （假设具有完善的设计基础、充足的检测和维护程序）	PFD （来自文献和工业数据）
安全阀	防止超压系统	$1\times10^{-1}\sim1\times10^{-5}$
爆破片	防止超压系统	$1\times10^{-1}\sim1\times10^{-5}$
基本过程控制系统	与初始事件无关，BPCS 可确认为一种 IPL	$1\times10^{-1}\sim1\times10^{-2}$ （IEC 规定 1×10^{-1}）
安全仪表系统	见 IEC 61508（IEC, 1998）和 IEC 61511（IEC, 2001）	

注：IEC 61508 是由国际电工委员会在 2000 年 5 月正式发布的电气和电子部件行业相关标准《电气/电子/可编程电子安全系统的功能安全》；IEC 61511 是专门针对流程工业领域安全仪表系统的功能安全标准《过程工业安全仪表系统的功能安全》。

表 8-9　被动 IPL

IPL	说明（假设具有完善的设计基础、充足的检测和维护程序）	PFD（来自文献和工业数据）
防火堤	降低储罐溢流、破裂、泄漏等严重后果（大面积扩散）的频率	1×10^{-2}～1×10^{-3}
地下排污系统	降低储罐溢流、破裂、泄漏等严重后果（大面积扩散）的频率	1×10^{-2}～1×10^{-3}
开式通风口	防止超压	1×10^{-2}～1×10^{-3}
耐火材料	减少热输入率，为降压/消防等提供额外的响应时间	1×10^{-2}～1×10^{-3}
防爆墙（舱）	通过限制冲击波，保护设备/建筑物等，降低爆炸重大后果的频率	1×10^{-2}～1×10^{-3}
阻火器或防暴器	如果设计、安装和维护合适，这些设备能够消除通过管道系统或进入容器或储罐内的潜在回火	1×10^{-1}～1×10^{-3}

表 8-10　人员行动 IPL

IPL	说明（假设具有充分的文件、培训和测试程序）	PFD（来自文献和工业数据）
人员行动，有 10min 的响应时间	简单的、记录良好的行动，行动要求具有清晰的、可靠的指示	1.0～1×10^{-1}
人员对 BPCS 指示或报警的响应，有 40min 的响应时间	简单的、记录良好的行动，行动要求具有清晰的、可靠的指示[IEC 61511（IEC，2001）限定了 PFD]	1×10^{-1}（IEC 要求>1×10^{-1}）
人员行动，有 40min 的响应时间	简单的、记录良好的行动，行动要求具有清晰的、可靠的指示	1×10^{-1}～1×10^{-2}

3. 事故场景风险分析

1）事故频率计算

环氧丙烷溢流最初是由库存量控制系统失效所造成的，导致了卸料船向空间不足的储罐内卸载，初始事件频率为每年库存量控制系统失效发生的次数，工艺危害分析小组已经确认库存量控制失效每年发生一次，因此库存量控制失误的初始频率为

$$f^I = 1/a \tag{8-3}$$

式中，a 为库存量控制失误的初始频率的单位。

由于库存量控制单元系统失效（IPL_1），引起防火堤外释放（IPL_2），并在点火情况下启动自动喷淋消防设施（IPL_3）、随着事故规模的扩展，分别激活企业、园区和社区的应急响应（IPL_4、IPL_5、IPL_6），查表得到 PFD_1 为 1×10^{-1}，PFD_2 为 1×10^{-2}，PFD_3 为 1×10^{-1}，PFD_4 为 1×10^{-1}，PFD_5 为 1×10^{-1}，PFD_6 为 1×10^{-1}，火灾事故频率计算如下：

$$f_a^R = f_a^I \cdot \mathrm{PFD}_1 \cdot \mathrm{PFD}_2 \tag{8-4}$$

$$f_a^R = (1/a) \times (1 \times 10^{-1}) \times (1 \times 10^{-2}) = 1 \times 10^{-3}/a$$

火灾频率：

$$f_a^{\text{fire}} = f_a^I \cdot \text{PFD}_1 \cdot \text{PFD}_2 \cdot P^{\text{ig}} \tag{8-5}$$

$$f_a^{\text{fire}} = (1/a) \times (1 \times 10^{-1}) \times (1 \times 10^{-2}) \times 1.0 = 1 \times 10^{-3}/a$$

式中，P^{ig} 为对于可燃物释放的点火概率。

火灾引起的死亡频率：

$$f_a^{\text{fire\_injury}} = f_a^I \cdot \text{PFD}_1 \cdot \text{PFD}_2 \cdot P^{\text{ig}} \cdot P^{\text{ex}} \cdot P^{\text{s}}$$

$$f_a^{\text{fire\_injury}} = (1/a) \times (1 \times 10^{-1}) \times (1 \times 10^{-2}) \times 1.0 \times 0.5 \times 0.5 = 2.5 \times 10^{-4}/a \tag{8-6}$$

式中，P^{ex} 为人员出现在影响区域内的概率；P^{s} 为受伤或死亡等伤害发生的概率。

2）后果及严重度评估

对于这个案例，假设环氧丙烷总溢出量为30000lb，而且防火堤作为独立保护层存在，防火堤有一定的失效概率，可能导致溢出物流出防火堤。在确定风险概率和事故后果严重程度的基础上，明确风险等级划分标准，建立风险矩阵（表8-11），才能更好地评估事件风险性大小。

表 8-11 具有各类行动区域的风险矩阵

后果频率	后果等级				
	等级 1	等级 2	等级 3	等级 4	等级 5
10^0～10^{-1}	可选择（评估方案）	可选择（评估方案）	下个机会采取行动（通知公司）	立即采取行动（通知公司）	下个机会采取行动（通知公司）
10^{-1}～10^{-2}	可选择（评估方案）	可选择（评估方案）	可选择（评估方案）	下个机会采取行动（通知公司）	下个机会采取行动（通知公司）
10^{-2}～10^{-3}	不需要采取行动	可选择（评估方案）	可选择（评估方案）	下个机会采取行动（通知公司）	下个机会采取行动（通知公司）
10^{-3}～10^{-4}	不需要采取行动	不需要采取行动	可选择（评估方案）	可选择（评估方案）	下个机会采取行动（通知公司）
10^{-4}～10^{-5}	不需要采取行动	不需要采取行动	不需要采取行动	可选择（评估方案）	可选择（评估方案）
10^{-5}～10^{-6}	不需要采取行动	不需要采取行动	不需要采取行动	不需要采取行动	可选择（评估方案）
10^{-6}～10^{-7}	不需要采取行动	不需要采取行动	不需要采取行动	不需要采取行动	不需要采取行动

查化学物质释放后果分级矩阵（表8-12），温度在沸点以下，30000lb易燃液体的释放后果等级属于第4级，此事故场景对应风险矩阵中“可选择（评估方案）”。

第一个矩阵表征了释放物的量、物理性质和毒性与后果等级的对应关系。

第二个矩阵表征了工厂类型、破坏类型或生产损失与后果等级的关系。

第三个矩阵表征了事故造成的等效损失与后果等级的关系。

表 8-12 后果分级表示

释放物特性	释放规模（溢出围堤）					
	1～10lb	10～100lb	100～1000lb	1000～10000lb	10000～100000lb	＞100000lb
剧毒，温度＞B.P.	等级 3	等级 4	等级 5	等级 5	等级 5	等级 5
剧毒，温度＜B.P. 或高毒性，温度＞B.P.	等级 2	等级 3	等级 4	等级 5	等级 5	等级 5
高毒性，温度＜B.P. 或易燃，温度＞B.P.	等级 2	等级 2	等级 3	等级 4	等级 5	等级 5
易燃，温度＜B.P.	等级 1	等级 2	等级 3	等级 3	等级 4	等级 5
可燃液体	等级 1	等级 1	等级 1	等级 2	等级 2	等级 3

后果特征	损失大小					
	备用或非重要设备的损失	工厂停产＜1个月	工厂停产1～3个月	工厂停产＞3个月	容器破裂：V为3000～10000gal，P为100～300psig	容器破裂：V＞10000gal，P＞300psig
大规模主产品生产厂的机械破坏	等级 2	等级 3	等级 4	等级 4	等级 4	等级 5
小规模副产品生产厂的机械破坏	等级 2	等级 2	等级 3	等级 4	等级 4	等级 5

后果特征	后果造成的直接损失/美元				
	0～10000	10000～100000	100000～1000000	1000000～10000000	＞10000000
事件造成的总损失	等级 1	等级 2	等级 3	等级 4	等级 5

注：B. P. 表示常压沸点，1lb = 0.454kg，1gal = 4.405L，1psig =6894.76Pa。

3）风险决策

风险决策采用数值标准法。库存量控制系统失效导致储罐溢流，溢流物未被防火堤包容，溢出物接着被点燃，自动喷淋和企业消防启动。企业计算该场景导致死亡的概率为

$$f_a^{\text{fire\_injury}} = f_a^I \cdot \text{PFD}_1 \cdot \text{PFD}_2 \cdot P^{\text{ig}} \cdot \text{PFD}_3 \cdot \text{PFD}_4 \cdot P^{\text{ex}} \cdot P^{\text{s}} \tag{8-7}$$

$$f_a^{\text{fire\_injury}} = (1/a)\times\left(1\times10^{-1}\right)\times\left(1\times10^{-2}\right)\times1.0\times\left(1\times10^{-1}\right)\times\left(1\times10^{-1}\right)\times0.5\times0.5 = 2.5\times10^{-6}/a$$

对于以上的场景，企业下一步需要将已存在的风险与公司风险容忍标准相比较。例如，可以采用下列标准：严重火灾最大风险容忍标准为 1×10^{-6}/a；致死伤害最大风险容忍标准为 1×10^{-6}/a。

分析小组将该场景与已有风险标准进行对比，该场景不满足致死伤害的风险容忍标准。因此该场景要求增加减缓措施，措施包括增加一个或多个单元控制，或增加管理措施，或增加消防配置，增加一个失效率为 1×10^{-1}/a 的附加单元报警控制，可使该场景满足严重火灾风险标准，但同时将引入一个影响系统的共因失效元件，这会导致共因失效，并且系统冗余。因此，分析小组建议借助园区消防以减少该场景的风险，事故场景导致死亡频率为

$$f_a^{\text{fire\_injury}} = (1/a)\times(1\times10^{-1})\times(1\times10^{-2})\times1.0\times(1\times10^{-1})\times(1\times10^{-1})\times(1\times10^{-1})\times0.5\times0.5 = 2.5\times10^{-7}/a \tag{8-8}$$

与已有风险标准进行对比，该场景借助园区消防后满足严重火灾最大风险和致死伤害最大风险的容忍标准。

8.6　化工园区应急救援体系

应急救援体系涉及看似错综复杂相互交织的多个方面，但其核心要素主要包括应急预案和应急管理体制、机制、法制四个要素，合称“一案三制”。如表 8-13 所示，四个核心要素之间相互作用、互为补充，共同构成一个复杂的人机系统。化工园区在构建应急救援体系时，应遵循“一案三制”，包含应急体制、运作机制、法律基础三部分。

表 8-13　“一案三制”的属性特征、功能定位及其相互关系

一案三制	核心	主要内容	所要解决的问题
预案	操作	实践操作	应急管理实际操作
体制	权力	组织结构	权限划分和隶属关系
机制	运作	工作流程	运作的动力和活力
法制	程序	法律和制度	行为的依据和规范性

8.6.1　应急体制

1. 领导机构

化工园区危险化学品事故应急管理指挥部是化工园区安全生产重、特大事故应急管理工作的最高行政领导机构，负责研究、决定和部署安全生产重、特大事故应急管理工作。

（1）组成：化工园区管理委员会（简称管委会）会同当地市一级政府有关部门成立化工园区危险化学品事故应急管理指挥部，由分管安全工作的副市长任组长，化工园区管委会主任和区安全监督管理局局长任副组长，相关成员单位由区相关部门和园区相关单位组成。

（2）领导机构职责：研究确定化工园区危险化学品事故应急处置工作的重大决策和指导意见。在发生危险化学品事故时，决定启动应急预案，并实施组织指挥，按照职能分工负责安全生产重、特大事故的应急处置工作。

2. 工作机构

化工园区管委会应急指挥部下设联合办公室（简称应急办），应急办主任由化工园区管委会分管安全副主任兼任，副主任由化工园区安全监督管理局局长兼任。应急办主要负责化工园区危险化学品事件应急管理的日常工作。

3. 专职机构

化工园区安全监督管理局是化工园区安全生产重、特大事故应急管理工作的专职机构。专职机构职责：依据相关法律、行政法规和各自职责，在化工园区管委会统一组织领导下，负责相关类别安全生产重、特大事故的应急管理工作和专项预案的起草与实施；贯彻落实化工园区管委会有关决定事项，及时向化工园区管委会报告重要情况和建议；指导和协助化工园区各企业做好安全生产重、特大事故的预防、应急准备、应急处置和恢复重建等工作。

4. 专家组

化工园区管委会应急指挥部聘请化学化工、环境保护、安全、质监、工程建设等领域的专家组成专家组，必要时由化工园区管委会应急指挥部从省市专家库中选取一定数目的人员补充专家组力量。

专家机构职责：平时为应急指挥部和应急专职机构提供决策咨询和工作建议，发生突发公共事件时，参与应急救援和现场指挥部相关工作。

5. 应急救援专业组

事故救援指挥部由各救援专业组组成，一般包括：综合协调组、施救处置组、伤员救援组、安全警戒疏散组、物资供应组、环境监测组、专家组、后勤保障组、善后处理组、信息新闻组、事故调查组等。

8.6.2 运作机制

应急救援活动一般分为应急准备、初级反应、扩大应急和应急恢复四个阶段。应急机制与这四个阶段的应急救援活动密切相关。应急运作机制主要由统一指挥、分级响应、属地为主和公众动员四个基本机制组成。

统一指挥是应急活动的基本原则。统一指挥一般可分为集中指挥与现场指挥、场外指挥与场内指挥等，无论采用哪种指挥系统，都必须实行统一指挥的模式，无论应急救援活动涉及单位的行政级别的高低和隶属关系是否一致，都必须在应急指挥部的统一组织协调下，有令则行，有禁则止，统一号令，步调一致。

分级响应是指在初级响应到扩大应急的过程中实行的分级响应的机制。扩大或提高应急级别的主要依据是事故灾害的危害程度，影响范围和控制事态能力（影响范围和控制事态能力是事故升级的最基本条件）。扩大应急救援主要是提高指挥级别、扩大应急范围等。

属地为主强调“第一反应”的思想和以现场应急、现场指挥为主的原则。

公众动员是应急机制的基础，也是整个应急体系的基础。

8.6.3 法律基础

法律制度的建设是应急体系的基础和保障，也是开展各项应急活动的依据，与应急有关的法规可分为四个层次：①立法机关通过的法律，如紧急状态法、公民知情权法和紧急动员法等；②政府颁布的规章，如应急救援管理条例等；③包括应急救援在内的以政府令形式的政府法令、法律等；④与应急救援活动直接有关的标准或管理办法等。

复习思考题

8-1 化工园区的重要地位体现在哪些方面？试举例说明。

8-2 列举化工园区所必须具备的特征。

8-3 什么情况可能造成园区灾害事故的发生？发生的可能性有多大？各种后果及其相关的概率有多大？

8-4 风险管理计划的重点体现在哪些方面？

8-5 简述化工园区风险辨识的流程。

8-6 化工园区风险消除的方法有哪些？

8-7 化工园区定量风险评估主要环节有哪些？

第 9 章　职业卫生与防护

本章概要·学习要求

本章主要讲述职业卫生相关概念、职业病分类和防护、职业病危害因素评价和控制、职业健康安全管理。要求学生了解职业健康安全管理体系，掌握职业病的种类，能根据不同危害因素进行预防控制。

职业卫生与防护是指对从事生产劳动的生产者在生产过程中的生命安全与身体健康的保护。化工生产中存在许多威胁职工健康、使劳动者发生慢性病或职业中毒的因素，因此在生产过程中必须加强对劳动者危害因素的控制，为劳动者提供健康、舒适的工作环境，以保护和促进劳动者的健康。化工领域有关人员应该掌握相关的劳动保护基本知识，自觉地避免或减少在生产环境中受到伤害。本章主要介绍职业卫生的概念、职业病的危害因素分析与防护措施以及职业健康的安全管理。

9.1　职业卫生相关概念

9.1.1　职业卫生概念

在我国，由于行政监管和分工的不同，存在“劳动卫生”“职业卫生”和“职业健康”三种名称，但其内涵相同。《职业安全卫生术语》（GB/T 15236—2008）指出，职业安全是以保障职工在职业活动过程中的安全与健康为目的的工作领域及在法律、技术、设备、组织制度和教育等方面所采取的相应措施。职业卫生是以职工的健康在职业活动过程中免受有害因素侵害为目的的工作领域及在法律、技术、设备、组织制度和教育等方面所采取的相应措施。职业卫生是研究作业环境对劳动者健康的影响，提出改善作业环境、保护劳动者健康、防止职业危害、预防职业病措施的一门科学。

职业卫生的工作内容包括：

（1）通过调查研究，确认在生产过程、劳动过程、作业环境中存在的危害劳动者健康的职业性危害因素，并判别其危害程度。

（2）提出控制、消除职业性危害因素的要求、措施、计划的建议，并对实施过程进行监督。

（3）评价现有控制措施的效果，提出改进建议，不断提高控制措施的水平。

9.1.2　职业卫生基本任务

职业卫生工作的首要任务是评价和控制工作场所职业病危害因素，为劳动者提供健康、舒适的工作环境，以保护和促进劳动者的健康。

职业病危害因素评价：职业病危害因素的评价即判断职业病危害的程度，主要包括接触水平评价和危害评价两个方面。接触水平评价主要是通过确认劳动者在从事的工作中接触的危害因素强度、浓度、接触频率及接触时间，并与相关职业卫生标准进行比较，以此判断职业病危害程度。危害评价主要是判定接触职业病危害因素后对于劳动者的健康影响，如危害程度和进展预后等情况、在工作期间带来的影响及对后代影响情况等。

职业病危害因素控制：通过职业病危害因素的识别和评价，了解职业病危害的产生及其对健康影响的严重程度，进而控制职业病危害，根本措施是改革工艺。首先，应用有利于职业病预防和保护劳动者健康的新技术、新工艺、新材料，使生产过程不产生或少产生职业病危害因素；其次，采取相应的工程技术措施，控制和降低工作场所有害物质的浓度；最后，通过相应的管理措施，使用个体防护用品，加强个人防护。通过职业病危害控制，防止职业病和职业病危害发生，是职业卫生工作的根本目的。

9.2 职业病概念、分类和预防原则

9.2.1 职业病定义

疾病与健康相对应。世界卫生组织关于健康的定义是：健康是一种在身体上、精神上的完美状态，以及良好的适应能力，而不仅仅是没有疾病和衰弱的状态。然而，人类自开始生产活动以来，就出现因接触生产环境和劳动过程中有害因素而发生的疾病，追溯国内外历史，最早发现的职业病都与采石开矿和冶炼生产有关。随着工业的兴起和发展，生产或工作环境中使人类产生疾病的有害因素的种类和数量也在不断增加，因此职业病的发生常与社会经济生产的发展密切相关。近年来我国各种形式的职业危害日趋严重，职业病的发病率也呈上升趋势。

《中华人民共和国职业病防治法》指出：职业病是指企业、事业单位和个体经济组织等用人单位的劳动者在职业活动中，因接触粉尘、放射性物质和其他有毒有害因素而引起的疾病。当职业危害因素作用于人体的强度与时间超过一定限度时，机体不能代偿其所造成的功能性或器质性病理改变，从而出现相应的临床征象，影响了劳动能力时，这些疾病可称为职业病。各国法律都有对于职业病预防方面的规定，一般来说符合法律规定的疾病才能称为职业病。

职业病必须具备四个主要条件：

（1）患病主体必须是企业、事业单位或者个体经济组织的劳动者。

（2）疾病必须是在从事职业活动的过程中产生的。

（3）疾病必须是因接触粉尘、放射性物质和其他有毒有害因素等职业病危害因素而引起的。

（4）疾病必须是国家公布的职业病分类和目录所列的职业病。

9.2.2 职业病危害严重性

从两百年前的产业革命至今，无论是工业发达国家还是发展中国家，无一例外地发生过不同程度的工伤事故和职业病。据国际劳工组织（ILO）在20世纪初的数据统计，全球发生各类事故125亿人次，死亡110万人，平均每秒有4人受到伤害，每100个死者中有7人死于职业事故，欧盟每年有8000人死于事故和职业病，发展中国家每年有21万人死于职业事

故，1.5 亿工人遭受职业伤害。近十几年来，我国工业得到迅速发展，职业病隐患不断增大，危害日趋严重化，在常见职业病不断增多的同时，又出现了不少新的严重的职业卫生事故。每年因粉尘、化学毒物而导致劳动者患职业病死亡、致残或部分丧失劳动能力的人数不断增加，现有尘肺工人 40 多万，每年直接经济损失高达 100 多亿元人民币。大量职业病患者的出现，不仅给劳动者及其家庭带来灾难，也严重地影响了企业的正常生产，给企业和社会造成了重大经济损失，有的企业甚至因此而破产、倒闭。目前，无论从接触职业危害人数、职业病患者人数，还是职业危害造成的死亡人数及新发职业病患者人数，我国均居世界首位。

9.2.3 职业病分类

2021 年修订的《职业病分类和目录》将职业病分为职业性尘肺病及其他呼吸系统疾病、职业性皮肤病、职业性眼病、职业性耳鼻喉口腔疾病、职业性化学中毒、物理因素所致职业病、职业性放射性疾病、职业性传染病、职业性肿瘤及其他职业病 10 类，共 132 种。

（1）尘肺病（13 种）：硅肺、煤工尘肺、石墨尘肺、炭黑尘肺、石棉肺、滑石尘肺、水泥尘肺、云母尘肺、陶工尘肺、铝尘肺、电焊工尘肺、铸工尘肺以及根据《尘肺病诊断标准》和《尘肺病理诊断标准》可以诊断的其他尘肺病。

其他呼吸系统疾病（6 种）：过敏性肺炎、棉尘病、哮喘、金属及其化合物粉尘肺（锡、铁、锑、钡及其化合物等）沉着病、刺激性化学物所致慢性阻塞性肺疾病和硬金属肺病。

（2）职业性皮肤病（9 种）：接触性皮炎、光接触性皮炎、电光性皮炎、黑变病、痤疮、溃疡、化学性皮肤灼伤、白斑及根据《职业性皮肤病的诊断总则》可以诊断的其他职业性皮肤病。

（3）职业性眼病（3 种）：化学性眼部灼伤、电光性眼炎和白内障（含放射性内障、三硝基甲苯白内障）。

（4）职业性耳鼻喉等口腔疾病（4 种）：噪声聋、铬鼻病、牙酸蚀病和爆震聋。

（5）职业性化学中毒（60 种）：金属及类金属中毒（如铅、汞、锰、镉、磷、砷中毒）、气体中毒（如 Cl_2、SO_2、CO、H_2S、光气、氨中毒等）、有机溶剂中毒、苯的氨基及硝基化合物中毒、农药中毒及高分子化合物中毒等。

（6）物理因素所致职业病（7 种）：中暑、减压病、高原病、航空病、手臂振动病、激光所致眼（角膜、晶状体、视网膜）损伤和冻伤。

（7）职业性放射性疾病（11 种）：外照射急性放射病、外照射亚急性放射病、外照射慢性放射病、内照射放射病、放射性皮肤疾病、放射性肿瘤（含矿工高氡暴露所致肺癌）、放射性骨损伤、放射性甲状腺疾病、放射性性腺疾病、放射复合伤以及根据《职业性放射性疾病诊断标准（总则）》（GBZ 112—2002）可以诊断的其他放射性损伤。

（8）职业性传染病（5 种）：炭疽、森林脑炎、布鲁氏菌病、艾滋病（限于医疗卫生人员及人民警察）和莱姆病。

（9）职业性肿瘤（11 种）：石棉所致肺癌、间皮瘤；联苯胺所致膀胱癌；苯所致白血病；氯甲醚、双氯甲醚所致肺癌；砷及其化合物所致肺癌、皮肤癌；氯乙烯所致肝血管肉瘤；焦炉逸散物所致肺癌；六价铬化合物所致肺癌；毛沸石所致肺癌、胸膜间皮瘤；煤焦油、煤焦油沥青、石油沥青所致皮肤癌；β-萘胺所致膀胱癌。

（10）其他职业病（3 种）：金属烟热、滑囊炎（限于井下工人）和股静脉血栓综合征、股动脉闭塞症或淋巴管闭塞症（限于刮研作业人员）。

9.2.4 职业病防治

1. 职业病预防原则

预防职业病危害应遵循以下三个原则：

（1）一级预防，又称病因预防。采用有利于职业病防治的工艺、技术和材料，合理利用职业病防护设施及个人职业病防护用品，减少劳动者职业接触的机会，预防和控制职业危害的发生。

（2）二级预防，又称发病预防，通过对劳动者进行职业健康监护，结合环境中职业性有害因素的监测，以早期发现劳动者所遭受的职业危害。

（3）三级预防，对患有职业病和遭受职业危害的劳动者进行合理的治疗和康复。

2. 职业病预防的对策措施

随着我国工业经济的快速发展，职业病的危害已从传统的造船业、化工业、采矿业、机械制造业向木材加工、石料加工、皮革制鞋、箱包加工等行业蔓延。2017年出台的《中共中央国务院关于推进安全生产领域改革发展的意见》对职业卫生监管工作提出了明确要求，各地安监等部门要积极采取有效措施，提高职业健康监管水平，减少企业作业现场的职业健康危害因素，确保职工的职业健康。

（1）加强教育培训，确保职业病防治认识到位。目前有些企业负责人和安全管理人员对安全生产事故防范十分重视，而对职业病的危害认识不足，重视不够。部分职工尤其是农民工，从事的工作大多涉及有毒有害，而其自身安全意识淡薄，工作时不采取防护措施，是职业病的高发人群。因此要加强职业健康教育培训，通过各类媒体广泛宣传《中华人民共和国职业病防治法》，普及职业健康知识，提高职工的职业健康意识，增强职工职业病防范意识。要加强对职工职业病防治法律、法规、规章和职业健康知识培训，教育职工正确使用职业病个人防护用品，严格遵守职业健康操作规程。

（2）突出重点行业，确保职业病防护措施落实到位。化工、纺织、建材、冶金、塑料制造、金属制品、印刷、造纸等是职业病易发的重点行业，尤其是一些从事喷漆、打磨、电焊、采掘、清淤等作业的小企业或小作坊，由于工艺落后、设备简陋、防护措施不到位，工人接触急、慢性职业中毒危害因素多，加上工人的流动性大、职业病防治培训跟不上、职工的自我防护意识不够，存在发生职业病的风险大、隐患多；安监部门要加强对职业病危害重点企业的巡查频率，督促企业认真排查职业病危害隐患，规范工艺流程，完善各项职业健康防护措施。

（3）规范企业行为，确保职业健康主体责任落实到位。各企业要贯彻落实《中华人民共和国职业病防治法》，严格按照法律、法规的要求，认真履行职业危害防治的主体责任，不断加大相关设备的投入，为从业人员提供符合标准要求的作业场所和职业健康防护设施。组织职工学习职业病防治知识，增强劳动者的防护意识。要定期排查职业病危害事故隐患，发现隐患要及时整改到位。

（4）加强政府监管力度，确保职业健康专项整治到位。坚持管安全生产必须管职业健康，建立安全生产和职业健康一体化监管执法体制。安全监管部门应按照《中华人民共和国安全生产法》《中华人民共和国职业病防治法》等法律、法规，深入开展职业健康专项整治行动，加强对企业职业危害的日常检查，定期对职业危害场所的危害因素进行监测。督促企业落实职业病防治责任制，建立职工健康档案，为职工配备符合要求的劳动防护用品，并定期组织职工体检；对检查中发现不符合要求的企业，要下达责令改正指令书，限期整改；整改期满后，要对企业进行复查，对整改不到位的企业，要严格执法，真正做到有法必依、违法必究。

（5）加强部门联动，确保职业健康联合监管到位。安全生产监督管理部门负责职业健康的监督管理工作，卫生部门负责作业场所有毒有害因素的检测和工人体检工作，劳动保障部门负责职业病的鉴定工作。应建立职业病防治和监管的联动机制，定期开展联合执法行动，形成监管合力，确保职业病监管的效果。加强安监、疾病预防控制和劳动保障等部门的沟通，密切配合，按照各自职责分工，依法行使职权，承担监管责任。

（6）加强源头管理，提高企业职业健康本质安全化。加强对企业职业健康执法检查，进一步摸清职工职业健康的基本情况，建立和完善用人单位职业健康建账，做到一企一档；要按照《中华人民共和国职业病防治法》的规定，对可能产生职业病危害的新建、改建、扩建项目，做好职业病危害预评价报告。对建设项目的职业病防护设施严格实行“三同时”审查工作，认真把关，确保新建、改建、扩建项目不产生职业危害；对未按照要求进行“三同时”的新建、改建、扩建项目，要依法进行处罚，确保企业职业病各项防治措施落到实处。

3. 职业病防治及其管理

（1）严格执行职业卫生法规和卫生标准。截至目前，国家制定和颁布了一系列劳动保护法规和数百个职业卫生标准，这些法规和标准都是实践和科学实验的经验总结，是做好职业病预防和控制工作的依据。必须认真贯彻执行，并对执行情况进行监督检查。

（2）对建设项目进行预防性卫生监督。对新建、扩建、改建、技术改造和引进的建设项目中有可能产生职业危害的，要根据《工业企业设计卫生标准》（GBZ 1—2010）的要求，在其设计、施工、验收过程中进行卫生学监督审查，使其职业卫生防护措施与主体工程同时设计、同时施工、同时运行使用，保证在其运行使用后能有良好的工作环境和条件。

（3）对工作环境职业危害因素进行监测和评价。经常和定期监测工作环境中有害因素的浓（强）度，及时了解有害因素产生、扩散、变化规律，鉴定防护设施的效果，以及对接触化学物质劳动者的血、尿等生物材料中的有害物质或其他代谢产物及一些生化指标进行监测。发现工作环境中有害因素浓（强）度超过卫生标准或生物材料中化学物质的含量超过正常值范围时，要查明原因，为采取措施提供依据。

（4）对劳动者进行职业性健康检查。应当对劳动者进行就业前、定期和离岗时的职业性健康检查。在就业前的检查中如发现有不宜从事某一职业危害因素作业的职业禁忌证者，不得安排其从事所禁忌的作业。定期健康检查便于早期发现患者，及时处理，防止职业危害的发展，为制定预防对策提供依据。

（5）建立职业卫生档案和劳动者个人的健康监护档案。企业建立职业卫生和劳动者个人的健康监护档案是加强职业病防治管理的要求。职业卫生档案主要包括工作单位的基本情况，职业卫生防护设施的设置、运转和效果，职业危害因素的浓（强）度监测结果与分析，职业性健康检查的组织和检查结果及评价。劳动者个人健康档案主要包括职业危害接触史，职业健康检查的结果，职业病的诊断、处理、治疗和疗养，职业危害事故的抢救情况等。

（6）消除职业危害，改善劳动条件。

（i）禁止生产、进口和使用国际上禁止的严重危害人体健康的物质，如联苯胺、β-萘胺等强致癌物和有机汞农药等。

（ii）改善作业方式，减少有害因素散发。

（iii）加强设备的维护检修和管理，减少有毒物质的跑、冒、滴、漏。

（iv）做好工作场所的环境卫生，消除有害物质的二次污染。

（7）合理使用有效的个人防护用品。在工作场所有害因素的浓（强）度高于国家卫生标准，或因进行设备检修而不得不接触高浓（强）度有害物质时，必须配备有效的个人防护用品。

（8）注意个人卫生，合理安排劳动和休息，注意劳逸结合。

（9）对青少年和女性职工要给予特殊保护，不得安排未成年人从事接触职业危害的工作，不得安排孕期、哺乳期的女性职工从事对其本人和胎儿有危害的工作。

（10）开展健康教育，普及防护知识，制定职业卫生制度和操作规程。用人单位领导和劳动者要通过培训，学习有关职业病防治的政策和法规，职业危害及其防护知识，提高对改善劳动条件、控制职业危害重要性的认识，防止职业病的发生。

（11）职业病的诊断应根据以下原则：①有明确的职业史、工作环境有害因素的监测资料和生物监测资料等；②症状、体征和常规实验室检查、物理学检查、生化检查、其他辅助检查等的结果与所接触的职业危害因素有明确的因果关系。

（12）职业病患者的治疗。职业病确诊后，根据职业病诊断机构的诊断结果，按以下原则进行治疗：①防止危害因素继续侵入人体；②促使已被吸收的危害因素排出体外；③消除病因；④特效拮抗治疗。

（13）职业病患者的处理和劳动能力鉴定。职业病患者在治疗或疗养后被确认不宜继续从事原有害工作的，应调离原工作岗位，另行安排工作。劳动能力受损程度应按照已颁布的标准《劳动能力鉴定 职工工伤与职业病致残等级》（GB/T 16180—2014）进行鉴定，并按劳动保险条例，给予工伤保险待遇或职业病待遇。

（14）职业病的报告和统计。职业病的报告和统计为制定职业病防治规划和职业病防治工作的成效提供重要的信息和依据。如果某企业或单位发现职业病患者，企业或单位有责任和义务按照《职业病报告办法》的要求，向当地卫生行政主管部门报告。

9.2.5 个人防护与急救措施

在日常的安全生产管理中，要避免事故的发生，除了做好安全管理和安全技术工作以外，重要的问题就是要按照要求穿戴好劳动防护用品。劳动防护用品的发放和管理也是一个重要的环节。

1. 劳动防护用品及其分类

劳动防护用品是指保护劳动者在生产过程中的人身安全与健康所必备的一种防御性装备，对于减少职业危害起着重要作用。全国劳动防护用品标准化技术委员会组织审定通过了《劳动防护用品标准体系表》，将个体防护装备分为以下十大类。

（1）头部防护装备：安全帽、防护面罩、工作帽。

（2）呼吸防护装备：过滤式呼吸器（防尘口罩、防毒面具）、供气式呼吸器（正压式呼吸器、生氧式呼吸器）。

（3）眼（面）防护装备：防护眼镜、防护面罩。

（4）听力防护装备：耳塞、耳罩、防噪声帽。

（5）手（臂）防护装备：防护手套、防护套袖。

（6）足部防护装备：防护鞋（靴）。

（7）躯干防护装备：一般防护服、特种防护服。

（8）坠落防护装备：安全带、安全网、救生梯、三脚架救生系统等。

（9）皮肤防护用品：护肤剂、皮肤清洁剂、皮肤防护膜。

（10）其他防护装备。

使用防护用品时，需要依照《个体防护装备配备规范　第2部分：石油、化工、天然气》（GB 39800.2—2020）的规定正确配备个体防护装备。首先，针对防护要求，正确选择符合要求的用品，决不能选错或将就使用，以免发生事故。其次，对使用防护用品的人员进行教育和培训，使其能充分了解使用的目的和意义，认真使用；对于结构和使用方法较为复杂的防护用品，需要反复训练，使其能够迅速使用；对于紧急救灾的呼吸器，要定期严格检验，并妥善存放在可能发生事故的邻近地点，便于及时使用。再次，妥善维护和保养防护用品，不仅能够延长其使用期限，更能保证用品的防护效果。最后，防护用品应该有专人管理并负责维护保养，从而保证个人防护用品能充分发挥其作用。

2. 主要的急救技术

在作业现场发生人身伤害事故后，如果作业人员能够采取正确的现场应急和逃生措施，可以大大降低死亡的可能性及减少后遗症，因此，作业现场工作人员应熟悉急救、逃生方法，在事故发生后能立即自救互救。

1）现场救护的基本步骤

现场救护的目的是挽救生命、减轻伤残。事故发生后的几分钟、十几分钟是抢救危重伤员最重要的时刻，医学上称为“救命的黄金时刻”。现场救护的原则是：先救命、后治伤，事故现场应按照紧急呼救、判断伤情和现场救护三大步骤进行。

紧急呼救：当伤害事故发生时，应大声呼救或尽快拨打急救和报警电话120、110；紧急呼救时必须要用最精练、准确、清楚的言语说明伤员目前的情况及严重程度、伤员的人数及存在的危险、需要何类急救等。

判断伤情：现场急救处理前，必须先了解伤员的主要伤情，特别是对重要的体征不能忽略遗漏。

现场救护：对于不同的伤情，采用正确的救护体位，运用人工呼吸、胸外心脏按压、紧急止血、包扎等现场救护技术，对伤员进行现场救护。

2）常见的救护技术

（1）心脏复苏法。人工呼吸是一种复苏伤员的重要急救措施，当呼吸停止、心脏仍在跳动时，用人工的方法使空气进出肺部，供给人体组织所需要的氧气，称为人工呼吸法。

（2）止血法。常见的止血法主要有压迫止血法、止血带止血法、加压包扎止血法等。压迫止血法适用于头、颈、四肢动脉大血管等处出血的临时止血，立即用手指或手掌用力压紧伤口附近靠近心脏端的动脉跳动处，并把血管压紧在骨头上，就能很快起到临时止血的效果。止血带止血法适用于四肢大出血，用止血带（一般用橡皮管、橡皮带）绕肢体绑扎打结固定，上肢受伤可扎在上臂上部1/3处，下肢扎在大腿的中部，若现场没有止血带，也可用纱布、毛巾、布等环绕肢体打结，在结内穿一根短棍，转动此棍使带绞紧，直至不再流血为止。加压包扎止血法适用于小血管和毛细血管的止血，先用消毒纱布或干净毛巾敷在伤口上，再垫上棉花，然后用绷带紧紧包扎，以达到止血的目的（若有骨折，需要另加夹板固定）。

3. 避险与逃生

1）毒气泄漏的避险与逃生

化学品毒气泄漏的特点是发生突然，扩散迅速，持续时间长，涉及面广。发生毒气泄漏事故后，如果现场人员无法控制泄漏，则应该迅速报警并选择安全逃生。首先，提高避险逃生能力，包括以下三方面：了解企业的化学危险品的危害，熟悉厂区建筑物、道路等；正确识别化学安全标签，了解所接触化学品对人体的危害和防护急救措施；企业制定完善的毒气泄漏事故应急预案，并定期组织演练。其次，安全撤离事故现场，在现场人员无法控制泄漏时，迅速报警并选择安全逃生；不要恐慌，安全有序地撤离；逃生时根据泄漏物质的特性，佩戴相应的个体防护用品，若没有，则要应急使用湿毛巾捂住口鼻进行逃生，适当时候迅速选择风向、位置进行撤离。

2）火灾时的避险与逃生

火灾初起时，如果火势不大，且未对人及环境造成很大威胁，周围有足够的消防器材时，应尽可能在第一时间内将小火控制、扑灭，不可置小火而不顾致酿成大火。火场逃生的策略如下：保持沉着冷静，辨明方向，迅速撤离；不要贪恋财物；警惕毒烟，扑灭身上的火；选择逃生通道自救，慎用电梯；暂避相对安全的场所，等待救援；设法发出信号，向外界求救；结绳下滑自救，不轻易跳楼。

9.3　职业病危害因素

9.3.1　职业病危害因素定义

职业病危害因素是指在职业活动中产生或存在的、可能对职业人群健康、安全和作业能力造成影响的因素或条件，包括化学、物理、生物等因素。职业病危害因素是导致职业性健康损害的致病源，对健康的影响主要取决于有害因素的性质和接触强度。

9.3.2　职业病危害因素分类

1. 按来源分类

按生产工艺过程中产生的有害因素分类：

（1）化学因素。包括：生产性毒物，如金属与类金属、刺激性气体、窒息性气体等；生产性粉尘，如硅尘、煤尘、石棉尘等。

（2）物理因素。包括：异常气象条件，如高温、低温、低气压、高气压等；噪声与振动；电离辐射，如 X 射线、γ 射线等；非电离辐射，如可见光、紫外线、红外线、射频辐射、激光等。

（3）生物因素。包括：炭疽杆菌、布鲁氏菌、森林脑炎病毒、真菌、寄生虫等。

按劳动过程中的有害因素分类，主要包括：劳动组织和制度不合理，劳动作息制度不合理；劳动强度过大或生产定额不当；精神（心理）性职业紧张；个别器官或系统过度紧张；长时间处于不良体位或使用不合理的工具。

按生产环境中的有害因素分类：①自然环境有害因素，如强烈的太阳辐射等；②厂房建筑或布局不合理，如采光照明不足、通风不良等；③作业环境的空气污染。

2. 按职业病目录分类

（1）粉尘类，包括硅尘、煤尘、石棉尘、滑石尘、水泥尘、铝尘、电焊烟尘、铸造粉尘、棉尘和其他粉尘。

（2）导致职业性皮肤病的危害因素，包括导致接触性皮炎、光敏性皮炎、电光性皮炎、痤疮、溃疡、化学性皮肤灼伤和其他职业性皮肤病的危害因素。

（3）导致职业性眼病的危害因素，包括导致化学性眼部灼伤、电光性眼炎、职业性白内障的危害因素。

（4）导致职业性耳鼻喉口腔疾病的危害因素，包括导致噪声聋、铬鼻病、牙酸蚀病的危害因素。

（5）导致职业性化学中毒的危害因素，包括铅、汞、锰、镉、铊、钒、磷、砷、砷化氢、氯气、二氧化硫、光气、氨、氮氧化合物、一氧化碳、一硫化碳、硫化氢、苯、二氯乙烷、硝基苯、丙烯酰胺等。

（6）物理因素，包括高温、高气压、低气压、局部振动、激光、低温。

（7）放射性物质类，包括 X 射线、α 粒子、β 粒子、γ 射线及放射性核素。

（8）导致职业性传染病的危害因素，包括炭疽杆菌、森林脑炎病毒、布鲁氏菌、艾滋病病毒。

（9）导致职业性肿瘤的危害因素，包括石棉、联苯胺、苯、氯甲醚、双氯甲醚、砷、氯乙烯、焦炉逸散物、六价铬化合物、毛沸石、煤焦油、煤焦油沥青、石油沥青和 *β*-萘胺。

（10）其他危害因素，包括金属氧化物烟和不良作业条件。

3. 《职业病危害因素分类目录》分类

2015 年 11 月 17 日开始施行《职业病危害因素分类目录》（国卫疾控发〔2015〕92 号），将职业病危害因素分为六大类。

（1）粉尘类，52 种，如硅尘（游离 SiO_2 含量≥10%）、煤尘、石墨粉尘等。

（2）化学因素，375 种，如铅及其化合物（不包括四乙基铅）、汞及其化合物、锰及其化合物、镉及其化合物等。

（3）物理因素，15 种，如噪声、高温、低气压、高气压等。

（4）放射性因素，8 种，如密封放射源产生的电离辐射、X 射线装置（含 CT 机）产生的电离辐射、中子发生器产生的电离辐射等。

（5）生物因素，6 种，如艾滋病病毒、森林脑炎病毒、炭疽芽孢杆菌等。

（6）其他因素，3 种，分别为金属烟、井下不良作业和刮研作业。

9.4 职业病危害因素评价

9.4.1 职业病危害因素接触评定

（1）询问调查。询问调查是接触评定的最常用手段，也是接触评定的重要依据，询问的内容包括职业史、接触人群特征、接触方式、接触途径、接触时间等。

（2）环境监测。主要是对职业病危害因素的种类、途径、方式、水平的测定和评估，如了解职业病危害因素的种类，鉴定其进入人体的主要途径和方式，说明接触的时间分布以及测定接触水平的高低等。

（3）生物监测。环境监测仅能反映作业场所空气中有害物质的浓度（外剂量），不能反映人体组织实际吸收的有害物质的量（内剂量）。实际上对机体真正起作用的并不是机体的接触量，而是进入靶组织、器官、细胞或靶作用部位的有害物或其代谢产物的浓度（生物效应剂量）。因此，仅依靠环境监测数据进行职业病危害因素的接触评定存在局限性，生物监测可弥补环境监测的不足。

（4）接触水平评定。接触水平的估计是接触评定的重要环节。通常作业环境监测中区域定点采样获得的有害物质的浓度，并不真正代表作业人员的接触水平，更不能反映实际吸入量。为估算作业人员的接触水平，可采用个体采样器计算出时间加权平均浓度，而对于作业人员的实际吸入量，与作业环境空气中有害物质的类别、浓度、接触时间以及有害物质的吸收系数等诸多因素有关，其波动范围为0～1。由于实际工作中确定有害物质的吸收系数具有较大的难度，因此通常将吸收系数假定为1，而一个工作班（8h）中吸收的空气量按$10m^3$进行估算，但该估算只能反映有害物质经呼吸道进入人体的量，不能反映经其他途径进入人体的量。

9.4.2 职业病危害因素危险度评定

危险度又称危险性，是指按一定条件、在一定时期内接触有害因素和从事某种活动所引起的有害作用的发生概率，如疾病发生率、损伤发生率、死亡率等。

职业病危害因素的危险度评定是通过对工业毒理学测试、环境监测、生物监测、健康监护和职业流行病学研究等资料进行综合分析，定性和定量认定、评定职业病危害因素的潜在不良作用，并对其进行管理。危险度评定的作用包括：估测职业病危害因素可能引起健康损害的类型、特征及其发生的概率；估算和推断其在何种剂量（浓度或强度）和何种条件下可能造成损害，并提出安全接触限值的建议；有针对性地提出预防的重点，寻求社会可接受的危险度水平，最大限度地减小职业病危害因素的不良作用。职业病危害因素的危险度评定包括评定所需资料、危险度评定和危险度管理。

1. 评定所需资料

危险度评定所需的资料主要包括职业病危害因素的毒理学资料，环境监测、生物监测和健康监护的资料，职业流行病学研究资料等。实际应用时，应确保上述资料的完整、准确和客观。

2. 危险度评定

危险度评定的内容由危险度定性评定、危险度定量评定、接触评定和危险度特征分析四个步骤组成。

（1）危险度定性评定。危险度定性评定即危害性鉴定，是在研究职业病危害因素自身性质、毒理学资料、流行病学资料的基础上，对职业病危害因素进行鉴定，确定需评定的对接触人群能否引起职业性损害及其发生的条件，接触与职业性损害之间是否存在因果关系，估算对职业病危害因素的危害程度，以确定对该种因素进行危险度分析。

（2）危险度定量评定。剂量-反应关系评定是危险度评定的核心，通过对职业流行病学资料和动物接触定量研究资料进行分析，以确定不同接触水平所致效应的强度和频率。评定剂量-反应关系的步骤是：先选择适宜的临界效应指标，以临界效应指标为依据，通过职业流行病学调查或动物实验，获得可见有害效应最低剂量水平（一定接触条件下对靶机体未引起任何可检查出的有害变化的最高剂量水平），然后进行动物实验，确定该有害因素所致损害效应的不确定因素，最后明确剂量-反应关系。

（3）接触评定要确定人体通过不同的途径接触外源化学物的量及接触条件，是危险度评定中最重要的部分，同时是危险度评定中最不确定的部分。剂量-反应关系评定的结果必须结合有关人群的接触评定结果，才能获得危险度的定量评定；接触评定首先要确定化学物在各种环境介质中的浓度及人群的可能接触途径，然后估算每种途径的接触量，再得出总的接触量。在实际工作中，由于条件限制，利用接触评定方法无法获得全部监测数据时，常采用接触估测的方法，即从被评定的总体人群中随机抽取一定数量具有代表性的样本，做有限数量的分析，估测出总体人群或职业接触人群的接触水平及有关的状况。

（4）危险度特征分析是危险度评定的最后阶段，是将危害性鉴定、剂量-反应关系评定、接触评定中所得结论进行综合、分析、判断，获得职业接触人群由于接触职业性有害因素可能导致某种健康不良作用的危险度，说明并讨论各阶段评价中的不确定因素及其对最终评价结果的定量影响，为管理部门进行职业性有害因素危险度管理提供依据。

危险度评定的依据是充分而可靠的流行病学和毒理学资料、正确的假设以及合理的推导模式等，但是由于认识水平、技术、经济等各方面的原因，往往难以对职业性有害因素可能对人体的损害及其危险度做出确切的结论，这就造成了危险度评定中的不确定因素。对于存在的不确定因素，在危险度评定过程中应尽可能地给予识别，并将其缩小到最低限度；对仍存在的不确定因素，应明确指出并详细讨论其特征，以便利用其评定结果时可以进行适当的取舍。

3. 危险度管理

危险度管理是指管理部门根据某种职业病危害因素危险度评定的结果，为控制其对人体及环境造成的危害所采取的一系列管理措施。管理部门依据危险度评定的结果，综合技术、社会、经济等因素，对危险度进行利弊权衡和决策分析，确定一个可接受的危险度水平，提出相应的控制管理措施，包括制定、执行卫生标准，开展环境监测、生物监测和健康监护，提出预防措施，颁布限制或禁止接触的法规、条例、管理办法等。在实际工作中、绝对安全的“零危险度”是不存在的。因此，在对职业病危害因素尤其是致癌物质等进行危险度管理时，应抛弃“零危险度”的观念，多采取“社会可接受危险度”或“一般认为安全水平”指标。

9.5 职业病危害因素控制

9.5.1 职业性中毒综合防治措施

（1）组织管理措施。企业领导必须重视预防职业中毒工作，在工作中认真贯彻执行国家有关预防职业中毒的法规和政策，结合企业内部接触毒物的性质，制定预防措施及安全操作规程，并建立相应的组织领导机构。

（2）消除毒物。利用科学技术和工艺改革，使用无毒或低毒物质代替有毒或高毒物质。

（3）降低毒物浓度。降低空气中毒物含量使之达到或者低于最高容许浓度，是预防职业中毒的中心环节。首先，要使毒物不能逸散到空气中，或消除工作接触毒物的机会；其次，对逸出的毒物要设法控制其飞扬、扩散，缩小毒物接触的范围，并减少受毒物危害人数。

降低毒物接触范围的方法包括：

（i）改革工艺。尽量采用先进技术和工艺过程，避免开放式生产，消除毒物逸散的条件；采用远距离程序控制，最大限度地减少人接触毒物的机会，用无毒或低毒物质代替有毒物质等。

（ii）通风排毒。应用局部抽风式通风装置将产生的毒物尽快收集起来，防止毒物逸散。常用的装置有通风柜、排气罩、槽边吸气罩等，排出的毒物要经过净化装置，或回收利用或净化处理后排空。

（iii）合理布局。不同生产工序的布局，不仅要满足生产上的需要，而且要考虑卫生上的要求。有毒的作业应与无毒的作业分开，危害大的毒物要有隔离设施及防范手段。

（iv）安全管理。对生产设备要加强维修和管理，防止跑、冒、滴、漏污染环境。

（4）个人防护。做好个人防护与个人卫生，除普通工作服外，对某些作业人员尚需供应特殊材质或式样的防护服，如接触强碱、强酸时应有耐酸耐碱的工作服，对某些毒物作业要有防毒口罩与防毒面具等。为保持良好的个人卫生状况，减少毒物作用机会，应设置清洗设备、沐浴室及存衣室，配备个人专用更衣箱等。

（5）增强体质。合理实施有毒作业保健待遇制度，因地制宜地开展体育锻炼，注意安排夜班工人的休息，组织青年进行有益身心的业余活动，以及做好季节性多发病的预防等。

（6）严格进行环境监测、生物材料监测与健康检查。要定期监测作业场所空气中毒物浓度，将其控制在最高容许浓度以下；实施就业前健康检查，排除职业禁忌证者参加接触毒物的作业，坚持定期健康检查，早期发现工人健康情况并及时处理。

9.5.2 生产性毒物综合防治措施

生产性毒物的综合防治措施一般应从技术、管理、教育三方面开展工作。

1. 技术措施

生产性毒物防治技术措施是从防止生产性毒物危害的角度出发，对生产工艺、设备设施和操作等方面进行设计、规划、检查和保养，同时对作业环境中有毒物质采取净化回收的技术措施，包括预防措施和治理措施两部分。其中，预防措施是指尽可能减少作业人员与生产性毒物直接接触的措施；治理措施是指由于生产技术等条件的限制，在仍然存在有毒物质散逸的情况下，通过通风排毒的方法将有毒物质进行收集，并利用净化方法消除其危害的措施。

1）预防措施

（1）以无毒、低毒的物料和工艺代替有毒、高毒的物料和工艺，如采用电泳涂漆，使用无苯稀料、无汞仪表、无铅油漆等。

（2）改革工艺。如电镀作业镀锌时采用无氰电镀工艺。

（3）生产过程的密闭化。通过生产装置的密闭化、管道化，实现负压操作，防止有毒物质在生产过程中散发、外溢；生产过程包括设备投料、出料、物料输送、粉碎、包装等全过程，通过生产过程的机械化、程序化和自动控制，使操作人员不接触或少接触有毒物质，防止职业中毒事故的发生。

（4）隔离操作。将作业人员的操作地点与生产设备隔离开，可将生产设备放置在隔离室内，采用排风装置使室内保持负压；也可将作业人员的操作地点设置在隔离室内，向室内输送新鲜空气使其处于正压状态等。

2）治理措施

对于现有存在工业毒物职业危害的生产设施，需要通过通风排毒、净化回收技术进行治理，使作业环境达到劳动卫生标准的要求。

机械通风排毒方法主要有全面通风换气、局部排风、局部送风三种。作业条件不便使用局部排风或有毒物质作业地点过于分散、流动时，需采用全面通风换气的技术措施。局部排风装置排风量较小、能耗较低、效果好，是最常用的通风排毒方法。局部送风主要用于有毒物质浓度超标、作业空间有限的工作场所，新鲜空气往往直接送到操作人员呼吸带，以防操作人员发生职业中毒。经局部排气装置排出的有毒物质必须通过净化设备处理后，才能排入大气，保证进入大气的有毒物质浓度不超过国家排放标准的规定。易造成急性中毒或存在易燃易爆有毒物质的作业场所，需设置自动报警装置、事故通风设施，每小时通风换气次数不小于12次。可能泄漏液态剧毒物质的高风险作业场所，应设泄险区等应急设施，排风罩罩口风速或控制点风速应满足通风排毒（尘）的需要；当数种溶剂（苯及其同系物或醇类或乙酸酯类）蒸气，或数种刺激性气体（三氧化硫及一氧化硫或氟化氢及其盐类等）同时放散于空气中时，全面通风换气量应按各种气体分别稀释至规定接触限值所需的空气量的总和进行计算；对移动的逸散毒物的作业，应与主体工程同时设计移动式轻便排毒设备，加强通风排毒设施的维护检修。

2. *管理与教育措施*

生产性毒物控制的管理与教育措施应从有毒作业的环境管理、有毒作业管理、作业人员健康管理、个体防护装置的使用四方面着手。

（1）有毒作业的环境管理。为控制或消除作业环境中的有毒物质，减少或消除其对作业人员的危害，应做到：健全组织机构，加强卫生宣传教育，建立健全安全操作规程，定期进行生产场所的卫生检查和有毒物质的监测工作等。

（2）有毒作业管理。有毒作业管理是对作业人员进行的个别管理，以避免或减少有毒物质的危害。生产过程中，作业人员的操作方法不当、技术不熟练、身体过负荷等都可能成为毒物散逸的原因。通过有毒作业管理，使作业人员掌握正确的操作方法，改正不适当的操作姿势或动作，以减少或消除操作过程中出现的差错。

（3）作业人员健康管理。对作业人员的个体进行的管理，如避免敏感作业者的健康受到有毒物质的影响，可通过个人卫生指导和健康检查等来实现。

（4）个体防护装置的使用。由于工艺、技术上的不足，在通风排毒设施无法使有毒物质浓度达到职业卫生标准限值的作业场所，操作人员必须佩戴防毒口罩、工作服、头盔、呼吸器、眼镜等必要的个人防护用品。

9.5.3 粉尘综合控制措施

综合防尘措施可概括为八个字，即“革、水、密、风、管、教、护、检”。

“革”：工艺改革。以低粉尘、无粉尘物料代替高粉尘物料，以不产尘设备、低产尘设备代替高产尘设备，这是减少或消除粉尘污染的根本措施。

“水”：湿式作业可以有效地防止粉尘飞扬。例如，矿山开采的湿式凿岩、铸造业的湿砂造型等。

“密”：密闭尘源。使用密闭的生产设备或者将敞口设备改成密闭设备。这是防止和减少粉尘外逸、治理作业场所空气污染的重要措施。

“风”：通风排尘。受生产条件限制，设备无法密闭或密闭后仍有粉尘外逸时，要采取通风措施，将产尘点的含尘气体直接抽走，确保作业场所空气中的粉尘浓度符合国家卫生标准。

“管”：管理者要重视防尘工作，防尘设施要改善，维护管理要加强，确保设备的良好、高效运行。

“教”：加强防尘工作的宣传教育，普及防尘知识，使接尘者对粉尘危害有充分的了解和认识。

“护”：受生产条件限制，在粉尘无法控制或高浓度粉尘条件下作业，必须合理、正确地使用防尘口罩、防尘服等个人防护用品。

“检”：定期对接尘人员进行体检；对从事特殊作业的人员应发放保健津贴；有作业禁忌证的人员，不得从事接尘作业。

实践证明，这些措施至今仍然不失为粉尘危害控制的有效措施。

9.6　职业健康安全管理体系

职业健康安全管理体系（occupational health and safety management system，OHSMS）是 20 世纪 80 年代后期在国际上兴起的现代安全生产管理模式，它与 ISO 9000 和 ISO 14000 等标准体系一并被称为“后工业化时代的管理方法”。职业健康安全管理体系产生的主要原因是企业自身发展的要求，随着企业规模扩大和生产集约化程度的提高，对企业的质量管理和经营模式提出了更高的要求，企业必须采用现代化的管理模式，使包括安全生产管理在内的所有生产经营活动科学化、规范化和法治化。职业健康安全管理的目的是预防职业病危害，保护劳动者健康，增强员工安全生产意识，确保生产安全。

职业健康安全管理体系作用：

（1）为企业提高职业健康安全绩效提供科学、有效的管理手段。

（2）有助于推动职业健康安全法规和制度的贯彻执行。

（3）使组织的职业健康安全管理由被动强制行为转变为主动自愿行为，提高职业健康安全管理水平。

（4）有助于消除贸易壁垒。

（5）对企业产生直接和间接的经济效益。

（6）在社会上树立企业良好的品质和形象。

职业安全健康管理体系包括方针、组织、计划与实施、评价和改进措施五大要素，要求这些要素不断循环，持续改进，其核心内容是危险因素的辨识、评价与控制。

1. OHSMS 的管理理论基础

ISO 9000 质量管理体系、ISO 14000 环境管理体系和 OHSMS 系列国际标准都采用了最早用于质量管理的戴明管理理论和运行模型。戴明是美国质量管理专家，他把全面质量管理工作作为一个完整的管理过程，分解为前后相关的 P、D、C、A 四个阶段，即：P（planning）——策划阶段；D（do）——实施阶段；C（check）——检查阶段；A（action）——评审改进阶段。

1）PDCA 循环的内容

P 阶段：计划。要以适应用户的要求、取得经济最佳效果和良好的社会效益为目标，通过调查、设计、试制，制定技术经济指标、质量目标、管理项目以及达到这些目标的具体措施和方法来完成，具体可分为四方面：

（1）分析现状，找出存在的质量问题，尽可能用数据加以说明。

（2）分析产生影响质量的主要因素。

（3）针对影响质量的主要因素，制定改进计划，提出活动措施。一般要明确：为什么制订计划（why）、预期达到什么目标（what），在哪里实施措施和计划（where），由谁或哪个部门执行（who），何时开始何时完成（when），如何执行（how），即“5W1H”。

（4）按照既定计划严格落实措施。运用系统图、箭条图、矩阵图、过程决策程序图等工具。

D 阶段：实施。将所制订的计划和措施付诸实施。

C 阶段：检查。对照计划，检查实施的情况和效果，及时发现实施过程中的经验和问题。根据计划要求，检查实际实施的结果，看是否达到了预期效果。可采用直方图、控制图、过程决策程序图及调查表、抽样检验等工具。

A 阶段：处理。根据检验结果，把成功的经验纳入标准，以巩固成绩；分析失败的教训或不足之处，找出差距，转入下一循环，以利改进。具体可分为两方面：

（1）根据检查结果进行总结，把成功的经验和失败的教训都纳入标准、制度或规定以巩固已取得的成绩。

（2）提出这一循环尚未解决的问题，将其纳入下一次 PDCA 循环中。上述四个阶段中有八个方面的具体工作活动，其示意图如图 9-1 所示。

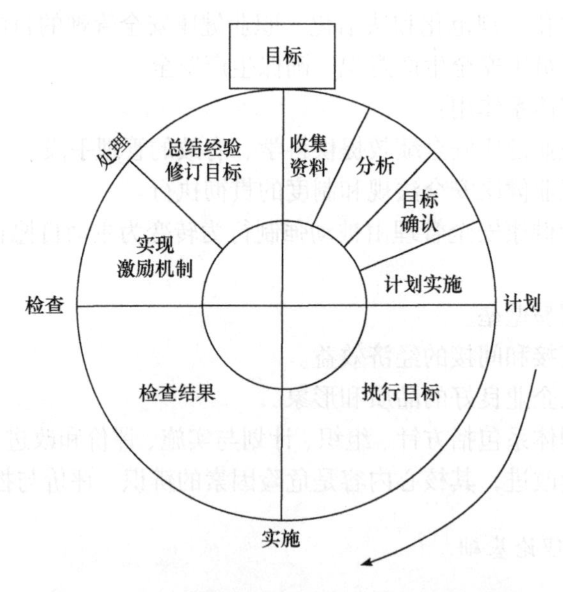

图 9-1　PDCA 循环的四个阶段八项活动示意图

2）PDCA 循环的特点

（1）科学性。PDCA 循环符合管理过程的运转规律，是在准确可靠的数据资料基础上，采用数理统计方法，通过分析和处理工作过程中的问题而运转的。

（2）系统性。在PDCA循环过程中，大环套小环，环环紧扣，把前后各项工作紧密结合起来，形成一个系统。在质量保证体系以及OHSMS中，整个企业的管理构成一个大环，而各部门都有自己的控制循环，直至落实到生产班组及个人。上一级循环是下一级循环的根据，下一级循环是上一级循环的组成和保证，于是在管理体系中就出现了大环套小环、小环保大环、一环扣一环，都朝着管理的目标方向转动的情形，形成相互促进、共同提高的良性循环，如图9-2所示。

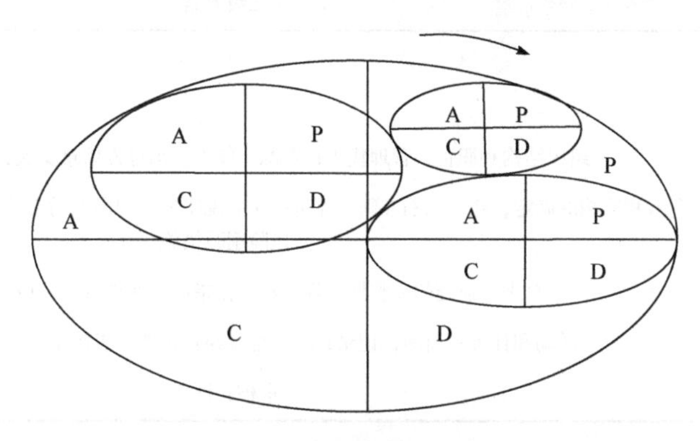

图9-2 PDCA戴明管理模式不断循环的过程

（3）彻底性。PDCA循环每转动一次，必须解决一定的问题，提高一步；遗留问题和新出现的问题在下一次循环中加以解决，再转动一次，再提高一步。循环不止，不断提高，如图9-3所示。

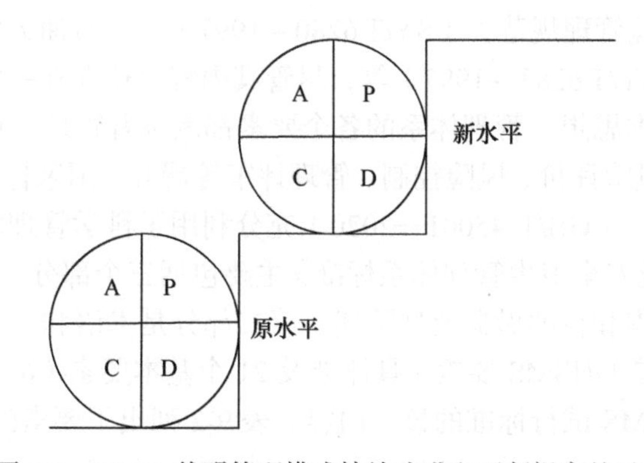

图9-3 PDCA戴明管理模式持续改进和不断提高的过程

2. HES管理体系

HES是健康、安全、环境管理模式的简称，起源于以壳牌石油公司为代表的国际石油行业。为了有效推动我国石油天然气工业的职业安全卫生管理体系工作，使健康、安全、环境的管理模式符合国际通行的惯例，提高石油工业生产与健康、安全、环境管理水平，提高国内石油企业在国际上的竞争力，1997年6月27日，我国颁布了《石油天然气工业健康、安全与环境管理体系》（SY/T 6276—1997），使HES管理模式在我国的石油天然气行业得到推广，同时对我国各行业的工业安全管理产生影响。HES管理模式是一项关于企业内部职业安全卫生管理体系的建立、实施与审核的通用性管理模式，主要用于各种组织通过经常化和规范化的管理活动，实现健康、安全、环境管理的目标，目的在于指导、组织、建立和维护一个符合要求的职业安全卫生管理体系，再通过不断地评价、评审和体系审核活动，推动体系有效运行，使职业安全卫生管理水平不断提高。

HES 管理模式既是组织建立和维护职业安全卫生管理体系的指南，又是进行职业安全、卫生管理体系审核的规范及标准。HSE 管理体系由 7 个一级要素和 26 个二级要素构成（表 9-1）。

表 9-1 HSE 管理体系的要素

一级要素	二级要素
领导和承诺	—
方针和目标	—
组织机构、资源和文件	组织结构和职责；管理代表；资源；能力；承包方信息交流；文件及其控制
评价和风险管理	危害和影响的确定；建立判别准则；评价；建立说明危害和影响的文件；具体目标和表现准则；风险削减措施
规划	总则；设施的完整性；程序和工作指南；变更管理；应急反应计划
实施和监测	活动和任务；监测；记录；不符合及纠正措施；事故报告；事故调查处理
审核和评审	审核；评审

3. OHSMS 管理要素

在相关的 OHSMS 标准中，包括一些国家的《职业安全卫生管理体系标准》以及我国早年制定的《石油天然气工业健康、安全与环境管理体系》（SY/T 6276—1997）、《石油物探地震队健康、安全与环境管理规范》（SY/T 6280—1997）、《石油天然气钻井健康、安全与环境管理体系指南》（SY/T 6283—1997）等，尽管其内容表述存在一定差异，但其核心内容都体现了系统安全的基本思想，管理体系的各个要素都围绕着管理方针与目标、管理过程与模式、危险源的辨识、风险评价、风险控制、管理评审等展开。国家标准《职业健康安全管理体系 要求及使用指南》（GB/T 45001—2020）充分利用了科学管理的精髓，吸收了国内外相关标准的优点。《职业安全卫生管理体系标准》主要包括三个部分：第一部分是范围，主要对标准的意义、适用范围和目的做概要性陈述；第二部分是术语和定义，对涉及的主要术语进行了定义；第三部分是 OHSMS 要素，具体涉及 21 个基本要素（6 个一级要素，15 个二级要素），这部分是 OHSMS 试行标准的核心内容。表 9-2 列出了要素的条目。

表 9-2 OHSMS 管理要素

一级要素	二级要素
一般要求	—
职业安全卫生方针	—
计划	危险辨识、危险评价和危险控制计划；法律及法规要求；目标；职业安全卫生管理方案
实施与运行	机构和职责；培训、意识和能力；协商与交流；文件；文件和资料控制；运行控制；应急预案与响应
检查与纠正措施	绩效测量和监测；事故、事件、不符合纠正与预防措施；记录和记录管理，审核
管理评审	—

复习思考题

9-1 简述职业卫生相关概念及职业卫生基本任务。
9-2 什么是职业病？职业病有哪些特点？
9-3 职业病危害的严重性有哪些？
9-4 简述职业病危害因素分类。
9-5 简述我国职业病预防原则。
9-6 简述实施建设项目职业病危害预评价工作的程序。
9-7 什么是职业病危害因素接触评定？其主要内容有哪些？
9-8 简述职业性中毒综合防治措施。
9-9 简述粉尘综合控制措施。
9-10 《职业病分类和目录》包括哪些尘肺病？

第 10 章　化工安全信息化

本章概要 · 学习要求

本章主要讲述化学工业与计算机控制技术的结合、大数据时代对化工安全带来的影响及智慧园区的概念与特征。要求学生了解计算机控制技术的体系结构，理解智慧园区的概念与特征。

随着计算机、通信和数据处理技术的飞速发展，人类在经历农业文明、工业文明后已步入信息文明阶段。信息化水平的高低是衡量一个行业、一个企业现代化水平和综合竞争力的重要标志。进入 21 世纪以来，互联网技术的广泛应用给企业业务流程、管理模式、组织结构、新技术新工艺乃至整体的发展带来新的机会，并导致产业结构及企业生产经营方式的变革，特别是随着云计算、大数据技术的日渐成熟，互联网模式成为传统行业进行一场广泛而深刻的产业革命的推动力，可以认为信息技术与石油、化学工业的深度融合，不仅是信息产业更是化学工业在新时代背景下的必然选择。

本章主要介绍化工信息化发展历程，计算机控制技术驱动下化工生产企业的变革，伴随着新一代信息技术，如大数据、物联网、云计算、传感技术等，提出智慧园区概念和发展目标，通过智慧化技术和资源整合，实现对化工园区整体的精细化管理和智能化管理，提高生产效率，消除安全隐患，使化工园区朝着可持续发展的目标迈进。

10.1　化工企业信息化

10.1.1　化工企业信息化的发展阶段

化工企业信息技术应用分为三个阶段：起步阶段（1975 年以前），网络化、系统化阶段（1975～1990 年）和信息化阶段（1990 年以后）。

1. 起步阶段

1975 年以前，化工企业信息化属于起步阶段，主要特点是以个人为中心的各类操作层的单元计算和数据处理，最有成效的是工程设计。这一时期化工企业应用主要集中在财务会计业务，包括工资计算、应收应付账处理、电子报表和文字处理，属于电子数据处理（electronic data processing，EDP）范畴，过程控制中的应用处于萌芽状态，直接数字控制（direct digital control，DDC）技术开发与应用刚刚起步。

2. 网络化、系统化阶段

20 世纪 70 年代，在世界能源危机背景下，石油化学工程和工艺技术出现了重大突破，对过程控制提出了更高要求，同时计算机软件和硬件技术有了重大突破，一些用于石油化工的应用软件，包括先进控制系统（advanced control system，ACS）、管理信息系统（management information system，MIS）等开始出现，并逐步得到应用，到 80 年代石化行业的计算机应用进入了系统化阶段。

其中代表性的系统有：1975 年埃克森和 IBM 公司合作开发的 ACS，到 1990 年全世界有 115 个炼油厂、研究设计单位采用该系统；另外，日本 COSMO 公司 20 世纪 80 年代中期开发的全公司性的计算机信息管理系统也具有典型的代表性。

这一阶段化工企业信息化的主要特点包括：

（1）以 DCS 或微机控制系统代替常规仪表作为生产装置、公用系统、储运系统的基本控制单元，并在此基础上发展为先进控制，实现对生产操作过程的监控和操作数据的集成化管理。

（2）通过计算机网络将全公司互连为一体，保证公司内部从车间级的控制数据到公司级的管理数据能安全、及时、准确传输。

（3）按业务流程建立起物流、装置运转、产品质量、生产管理、销售管理、工程和财务会计系统，引入多种先进的应用软件，如用于支持计划优化的数学规划软件、财务管理软件、统计报表软件、数理统计软件等，实现业务管理系统化、标准化、规范化。

3. 信息化阶段

进入 20 世纪 90 年代，信息技术不断出现新的重大突破，网络技术的发展和国家信息基础设施建设的逐步完善，大大地促进了企业内部网的建立，使化工企业信息技术进入新的发展阶段——信息化阶段，并使化工企业在集约化管理条件下追求企业集团最佳的整体效益成为可能。

这一阶段化工企业信息化的主要特点包括：

（1）传输数据、语音、影像的计算机网络成为主要的通信基础设施，互联网是重要的信息传递通道。

（2）稳态流程模拟技术已广泛应用于工程设计，同时动态模拟技术日趋成熟，使过程离线和在线优化控制迅速发展，形成了一套行业专用的信息技术，如数据解析、油藏模拟、原油评价、原油混炼、物料平衡、流程模拟、实时数据库、数据校正、节能夹点计算、先进控制、计划排产优化、调度优化等技术和软件系统。

（3）数学规划技术和人工智能技术促生了新一代化工经济评估软件，可用于从原料采购到产品加工和产品运输的规划和评估，为高层决策、计划制定、公司生产/经营优化提供一种有效的工具，形成包括生产装置设备层、监控层、调度层到管理层、经营决策层的 T 形横向和纵向交叉的企业资源计划优化系统。

在化工行业整个的信息化进程中，熟练的信息技术应用人员是实现信息化的头等重要因素。在起步阶段，计算机硬件的作用是主要的，而在系统化阶段以后，起主要作用的是应用软件，最终用户的需求和知识成为主要并起决定作用的因素。

10.1.2 化工企业信息化的特点

化学工业作为国民经济的基础性产业，包括了石油化工、矿山、化肥、橡胶加工等12个主要行业，产品生产工艺各不相同，技术经济特性也不相同。一般而言，化工生产工艺有连续流程型、间歇生产型、连续间歇结合型，按相对固定的工艺流程通过一系列管道、容器、反应器、分离装置等设备完成生产，有较强的刚性特点，物料流、能量流、信息流贯穿于整个过程，交错循环，生产装置间存在十分显著的耦合作用，同时生产过程通常受到原料供应量、组分、产品市场需求变化等因素的影响，需要改变生产负荷，甚至需要调整生产过程结构。由于控制系统失灵或生产装置运行不稳定，造成不合格产品、超量的环境排放或安全隐患，都将产生相当严重的经济后果。满足平稳、长周期、低消耗、高质量、安全、低环境影响等多项生产过程要求，是化工企业生产经营管理的关键。因此，优化过程控制技术、优化调度技术成为化工企业信息化的重要目标。同时，构建化工企业信息化平台还应当满足多方面需要，包括：

（1）满足市场需要，在正确的时间、地点供应正确质量和数量的产品。

（2）满足公司需要，以一种可预测、可计划、可控制的方式实现公司经营目标。

（3）满足社会需要，遵守国家法规，满足健康、安全、环境要求，实现企业绿色可持续性生产。

按生产组织和管理需要可将化工企业的业务系统划分成三大信息子系统，如图10-1所示。

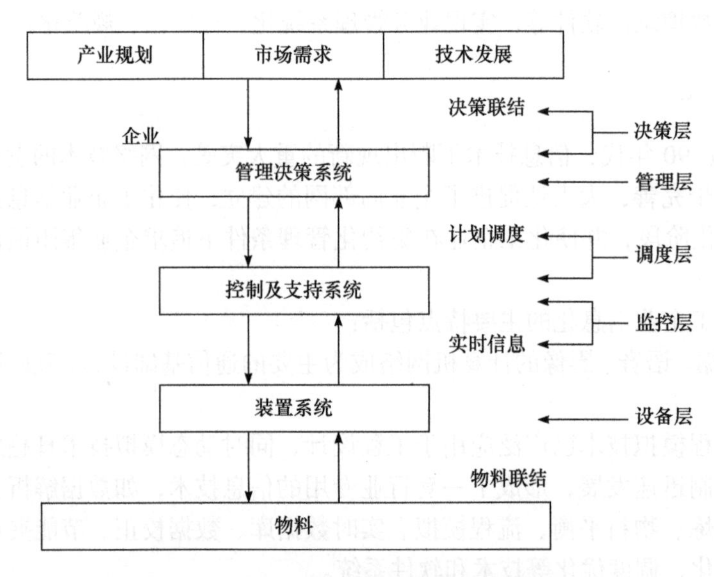

图10-1 化工企业信息子系统及其关联图

（1）装置系统：使物料发生物理、化学或生物性质变化的设备系统。由于原料、产品及装置自身的变化，装置系统具有动态特性。装置系统包括生产制造、原料供应、运输、仓储等，涵盖生产过程的全部底层系统。

（2）控制及支持系统：指观测和控制装置系统的检验系统、监测系统、控制系统、保障系统等，数字化监测技术、传感技术和计算机控制技术是典型特征，智能化操作运行是未来的发展方向。

（3）管理决策系统：指企业的所有员工，包括操作工、工程技术人员、供销人员和管理人员，他们通过控制及支持系统监测和调控装置系统运行状况，其中与生产过程联系最密切的系统是生产执行系统。

当前先进化工企业的生产计划与调度已经不仅依赖人为经验，而是根据装置与产品特点，建立市场需求预测模型，由数学规划程序计算制定。依据化工企业三大系统的运行特点，可以将预测模型分为以下几种类型。

（1）敏捷型：能够适时应对原料、公用工程及其他资源供给的变化，也可以迅速调整生产计划及作业调度，满足市场对产品种类、质量和交货期的要求。

（2）精良型：强调通过精细化的管理实现质量最优、成本最低。

（3）快速反应型：最短时间内完成从订单到产品交货的全过程，这需要从系统整体的角度统一协调原料准备、工艺技术、生产及储运管理。

（4）平滑型：为避免生产波动，从原料供应直至最终产品之间的物料流动都始终处于均衡状态，装置设备也都平稳运行，从而消除生产过程扰动。

（5）可预测型：无论市场或其他外部扰动如何，都有能力对产品质量及数量进行预测和控制。

无论应用上述何种类型的预测模型，都要求实现及时的信息传递，把数据与信息的完全共享放在核心地位，并通过信息处理技术，如云计算技术和大数据处理技术，将信息集成的范围逐步扩展到整个供应链，使管理与决策都能基于无障碍信息平台或知识平台。

总体而言，化工企业信息化的特点为：①强调化学工业的装置性、资源性和过程性特征；②融合人/组织、经营管理和技术三要素，集成信息流、物流、价值流；③以交货期（T）、质量（Q）、环境（E）、可靠（R）、服务（S）、效益（P）为优化目标；④科学的经营决策，统一的设备层、监控层、调度层、管理层、决策层；⑤基于知识与智能化，强调全局动态优化。

10.1.3　化工企业信息化目标定位

结合化学工业发展需要和化学工业信息化规划要求，化工企业信息化建设存在五层级的目标体系，如图 10-2 所示。

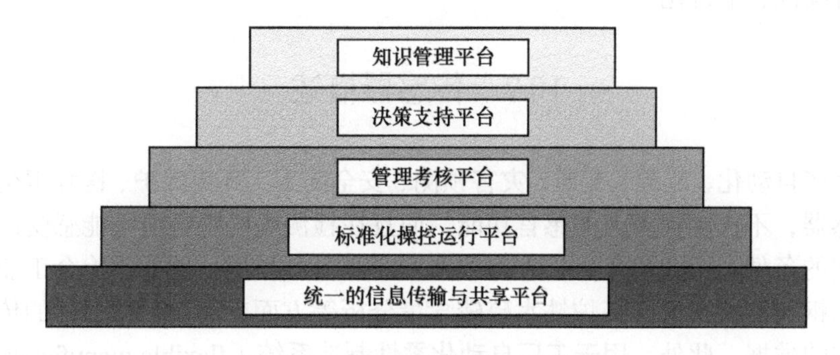

图 10-2　化工企业信息化目标层级

1. 统一的信息传输与共享平台

建立贯穿企业全部设备、业务及管理体系的畅通的信息传输与共享平台。数据范围包括：设备运行实时数据、设备资产信息、岗位人事信息、合同信息、材料信息、质量信息、技术信息、生产作业信息、财务信息等。信息传输平台建设的重点是分析设计数据体系、建设数据采集及通信网络。

要求：实时性、准确性、完整性。

2. 标准化操控运行平台

科学分析企业在不同发展时期、不同经营环境下的差异性需求，设计出管理要求明确、制度统一、措施灵活的标准化业务流程和运行操控模式，其内容包括：经营业务、生产调度、技术研发、质量保障、装置运行、客户服务、岗位人事配置等。

要求：标准化、全流程、差异性。

3. 管理考核平台

基于企业经营目标规划和标准化的业务操作模式，制定经营指标及管理目标体系，体系贯穿于全作业流程。

要求：事前计划、事中控制、事后考核。

4. 决策支持平台

企业依靠综合的业务操作及管理集成优化体系，根据市场需求、原材料、能源供给、生产设备与环境状态、技术进步，科学制定企业经营规划、销售与生产规划、期间生产计划、物料需求计划、生产作业控制目标等，协调企业全局的过程生产，平衡资源及资金分配，实现企业整体最优。

要求：科学性、最优化、基础性。

5. 知识管理平台

市场趋势、客户关系、工艺技术、设备运行、质量控制无处不体现企业文化以及经验与知识的积累，知识经济与行业传统的结合成为未来产业发展的必然趋势。基于信息化平台的知识管理是化学工业塑造企业核心竞争力的重要手段与途径。

要求：持续性、平台化。

10.2 传感器概述

在工业生产自动化、能源、交通、灾害预测、安全防卫、环境保护、医疗卫生等领域所开发的各种传感器，不仅能代替人的感官功能，而且在检测人的感官所不能感受的参数方面创造了十分有利的条件。工业生产中，它起到了工业耳目的作用。例如，冶金工业中连续铸造生产过程中的钢包液位检测，高炉铁水硫磷含量分析等方面就需要多种多样的传感器为操作人员提供可靠的数据。此外，用于工厂自动化柔性制造系统（flexible manufacturing system，FMS）的机械手或机器人可实现高精度在线实时测量，从而保证了产品的产量和质量。在微型计算机广为普及的今天，如果没有各种类型的传感器提供可靠、准确的信息，计算机控制就难以实现。因此，近几年来传感器技术的应用研究在许多工业发达的国家中已经得到普遍重视。

化工行业作为我国国民经济的支柱行业之一，近几年由于去产能及环保政策趋严，发展速度趋缓，但总体而言处于成长发展期，正逐步走向规范化、智能化。传感器在化工领域的应用包括石油开采、工业自动化、油井勘探、工矿行业、工业互联网等，运用的化工传感器包括压力传感器、气体传感器、电磁流量传感器、温度传感器、光纤传感器、电量传感器等。例如，石化行业对压力传感器的需求主要集中在可靠性、稳定性和高精度方面。通常，压力传感器的测量会随着工作环境和静压的变化而发生漂移。在不同的工作条件下，得到相对最正确的测量，从而维护生产的稳定和保证工艺的一致，是压力传感器稳定性的体现，也是石化行业对压力传感器稳定性的要求。表10-1为化工领域对传感器应用需求分析。

表10-1　化工领域对传感器应用需求分析

化工领域	主要传感器种类	应用内容
石油开采	压力传感器	石化行业对压力传感器的需求主要集中在可靠性、稳定性和高精度方面
	气体传感器	国内普遍采用气体检测分析的方法控制石油生产过程中的有毒气体，一般平均每万吨成品油生产需用气体传感器约20只
	电磁流量传感器	在石油化工行业中，主要的应用是对油井产量进行准确、及时的计量，以精确控制石油流量
工业自动化	温度传感器	在化工领域检测和控制反应釜中液体的温度，使其稳定在一定的温度范围
油井勘探	光纤传感器	基于光纤的井下地震检波器系统能提供整个油井寿命期间永久高分辨率四维油藏图像，极大地方便了油藏管理
工矿行业	电量传感器	可用于工矿企业包括石油和天然气开采业的内部测量
工业互联网	MEMS传感器	工业互联网对于工业数据的要求是实时采集、储存和分析，而MEMS传感器的特点是体积小、质量轻、成本低、功耗低、可靠性高，适于批量生产，易于集成和实现智能化，契合了化工行业互联网对于传感器的要求

10.2.1　传感器及传感技术

传感器是将各种非电量（包括物理量、化学量、生物量等）按一定规律转换成便于处理和传输的另一种物理量（一般为电量）的装置。过去人们习惯地把传感器仅作为测量工程的一部分加以研究，但是自19世纪60年代以来，随着材料科学的发展和固体物理效应的不断发现，传感器技术逐渐形成了一个新学科，建立了独立完整的学科体系——传感器工程学。

传感器技术是利用各种功能材料实现信息检测的一门应用技术，它是检测（传感）原理、材料科学、工艺加工三个要素的最佳结合。检测（传感）原理指传感器工作时所依据的物理效应、化学反应和生物反应等机理，各种功能材料则是传感技术发展的物质基础，从某种意义上讲，传感器也就是能感知外界各种被测信号的功能材料。传感技术的研究和开发不仅要求原理正确、选材合适，而且要求有先进、高精度的加工装配技术。除此之外，传感技术还包括如何更好地把传感元件用于各个领域的所谓传感器软件技术，如传感器的选择、标定及接口技术等。

10.2.2　传感器的组成

传感器一般由敏感元件、转换元件和测量电路三部分组成，有时还需要加辅助电源，用方块图表示为图10-3。

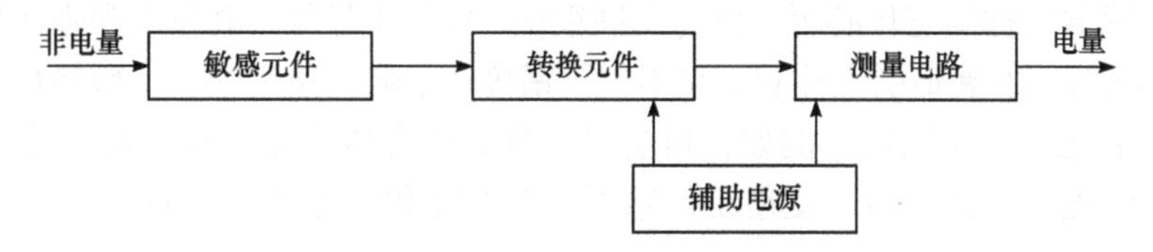

图10-3　传感器组成方块图

敏感元件：在完成非电量到电量的变换时，并非所有的非电量都能利用现有手段直接变换为电量，而是将被测非电量预先变换为另一种易于变换成电量的非电量，然后再变换为电量。能够完成预变换的器件称为敏感元件，又称预变换器。例如，在传感器中各种类型的弹性元件常被称为敏感元件，并统称为弹性敏感元件。

转换元件：将感受到的非电量直接转换为电量的器件称为转换元件，如压电晶体、热电偶等。需要指出的是，并非所有的传感器都包括敏感元件和转换元件，如热敏电阻、光电器件等。而另外一些传感器，其敏感元件和转换元件可合二为一，如压阻式压力传感器等。

测量电路：将转换元件输出的电量转化为便于显示、记录、控制和处理的有用电信号的电路称为测量电路。测量电路的类型视转换元件的分类而定，经常采用的有电桥电路及其他特殊电路，如高阻抗输入电路、脉冲调宽电路、振荡回路等。

10.2.3 传感器的分类

传感器的种类很多，目前尚没有统一的分类方法，一般常采用的分类方法有如下几种。

1. 按输入量分类

当输入量分别为温度、压力、位移、速度、加速度、湿度等非电量时，则相应的传感器称为温度传感器、压力传感器、位移传感器、速度传感器、加速度传感器、湿度传感器等。这种分类方法给使用者提供了方便，容易根据测量对象选择所需要的传感器。

2. 按测量原理分类

现有传感器的测量原理主要是基于电磁原理和固体物理学理论。例如，根据变电阻的原理，相应的有电位器式、应变式传感器；根据变磁阻的原理，相应的有电感式、差动变压器式、电涡流式传感器；根据半导体有关理论，相应的有半导体力敏、热敏、光敏、气敏等固态传感器。

3. 按结构型和物性型分类

结构型传感器主要是通过机械结构的几何形状或尺寸的变化，将外界被测参数转换成相应的电阻、电感、电容等物理量的变化，从而检测出被测信号，这种传感器目前应用得最为普遍。物性型传感器则是利用某些材料本身物理性质的变化而实现测量，它是以半导体、电解质、铁电体等作为敏感材料的固态器件。

10.2.4 传感器的发展趋势

1. 传感器的固态化

物性型传感器也称固态传感器，目前发展很快，包括半导体、电介质和强磁性体三类。其中，半导体传感器的发展最引人注目，它不仅灵敏度高、响应速度快、小型轻量，而且便于实现传感器的集成化和多功能化。例如，目前最先进的固态传感器，在一块芯片上可同时集成差压、静压、温度三个传感器，使差压传感器具有温度和压力补偿功能。

2. 传感器的集成化和多功能化

随着传感器应用领域的不断扩大，借助半导体的蒸镀技术、扩散技术、光刻技术、精密细微加工及组装技术等，使传感器从单个元件、单一功能向集成化和多功能化方向发展。集成化是将敏感元件、信息处理或转换单元以及电源等部分利用半导体技术将其制作在同一芯片上，如集成压力传感器、集成温度传感器、集成磁敏传感器等。多功能化则意味着传感器具有多种参数的检测功能，如半导体温湿敏传感器、多功能气体传感器等。

3. 传感器的智能化

智能传感器是一种带有微型计算机兼有检测和信息处理功能的传感器。它通常将信号检测、驱动回路和信号处理回路等外围电路全部集成在一块基片上，使其具有自诊断、远距离通信、自动调整零点和量程等功能。传感器赋予人工智能"嗅觉"，模式识别算法赋予人工智能"大脑"，使设备更加智能化，基于物联网与传感器的智能安防、智能消防、智能环境监测、智能应急指挥等将有广阔的发展前景。

4. 传感器网络化

微电子技术、计算技术和无线通信等技术的进步，推动了低功耗多功能传感器的快速发展，使其在微小体积内能够集成信息采集、数据处理和无线通信等多种功能。无线传感器网络就是由部署在监测区域内大量的廉价微型传感器节点组成，通过无线通信方式形成的一个多跳的自组织的网络系统，其目的是协作地感知、采集和处理网络覆盖区域内感知对象的信息，并发送给观察者。传感器、感知对象和观察者构成了传感器网络的三个要素。如果说互联网构成了逻辑上的信息世界，改变了人与人之间的沟通方式，那么无线传感器网络就是将逻辑上的信息世界与客观上的物理世界融合在一起，改变人类与自然界的交互方式，人们可以通过传感网络直接感知客观世界，从而极大地扩展现有网络的功能和人类认识世界的能力。

10.3　计算机控制技术

10.3.1　DCS/FCS/CIPS 的体系结构

1. 分散控制系统（DCS）

DCS 是计算机技术、控制技术和网络技术高度结合的产物。1975 年美国 Honeywell 推出了世界上第一款离散控制系统 TDC-2000，从此过程控制进入集散系统的新时期。进入 20 世纪 90 年代，世界上主要的 DCS 供应商都采用了标准的制造自动化（MAP）网络协议，引用智能变送器与现场总线结构，大大推动了 DCS 应用，使其成为化工行业目前最主流的控制架构。DCS 具有以下特点：

（1）高可靠性。DCS 有很强的容错能力，系统中某一台计算机出现故障不会导致系统其他功能丧失。

（2）开放性。DCS 采用开放式、标准化、模块化设计，当需要扩充或调整功能控制点时，只需把新增控制站计算机连入 DCS 网络或从网络中取掉，几乎不影响系统其他控制站的运行。

（3）灵活性。DCS 可通过组态软件按工艺流程要求配置软硬件参数，工程师只需完成选择测量与控制信号的连接关系、确定控制算法以及调用基本图例即可组成各种监控和报警画面。

（4）一致性。DCS 系统控制站、操作站通过局域网络共享统一的数据源。

（5）控制功能齐全。DCS 控制算法丰富，集连续控制、顺序控制和批处理控制于一体，可实现串级、前馈、解耦、自适应和预测控制等先进控制。DCS 管理层还可完成各种优化计算、统计报表、故障诊断、显示报警等，随着 DCS 应用的更加深入，还可以与企业资源计划（ERP）系统集成实现集成化管理，如计划调度、工艺管理、能源管理等。

典型的 DCS 系统一般由五部分组成：控制器、I/O 板、操作站、通信网络、图形及控制软件，按体系结构分为三层，即过程控制层、监控层（工程师站/操作站）和管理层，各层设备由局域网络连通。

（1）过程控制层是底层下位系统，按控制指令控制对象设备并监测设备运行状态。DCS 的过程控制层一般为完整的计算机系统，包含网络接口和特定的 I/O 端口。

（2）监控层是对 DCS 进行离线组态，在线进行系统监督、控制并维护网络节点，使 DCS 随时处在最佳工作状态。组态功能是 DCS 的重要特点，可以说没有系统组态功能的系统就不能称为 DCS。

（3）管理层主要是指企业管理信息系统，如 ERP 系统，作为 DCS 更高层次的应用。管理层功能越来越强大，可承担生产调度和生产管理工作。

DCS 具有三种类型的产品：仪表型 DCS 系统，以可编程序逻辑控制器（PLC）为基础的 DCS 系统，以 PC 总线为基础的 DCS 系统。DCS 过程控制器与现场变送器、执行器之间的连接采用一对一的设备连接方式，如图 10-4 所示。显然 DCS 属“半数字”系统，还需 A/D 等中间模板来完成模拟量与数字量间的信息转换。

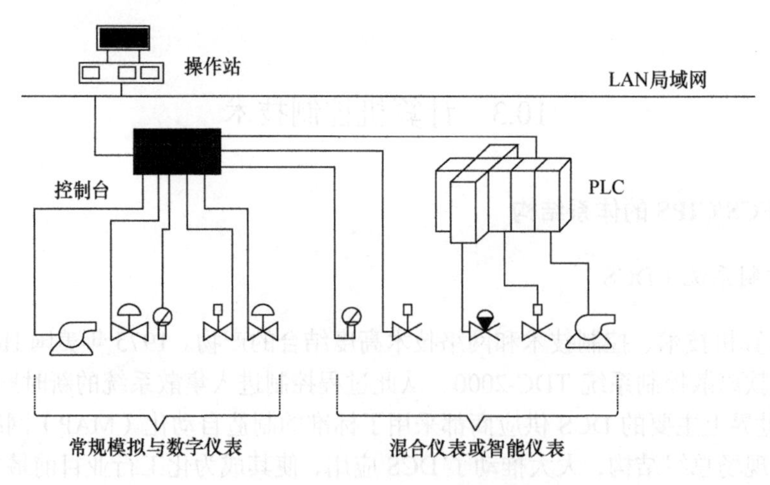

图 10-4　分散控制系统结构

2. 现场总线控制系统（FCS）

FCS 由 DCS 与 PLC 发展而来，不仅具备 DCS 与 PLC 的特点，而且跨出了革命性的一步。FCS 系统采用智能现场设备和现场总线，具有全分散、全数字化、智能、双向、多变量、多点、多站、互操作等特点。

FCS 属“纯数字”系统。基于现场总线的现场设备与操作站之间是一种全数字化、串行、双向、多站的通信模式，无需 A/D 转换，系统可靠性高，而且用数字信号替代模拟信号传输，在一对双绞线或一条电缆上可挂接多个现场设备，节省硬件数量与投资，也节省安装费用。FCS 结构如图 10-5 所示。

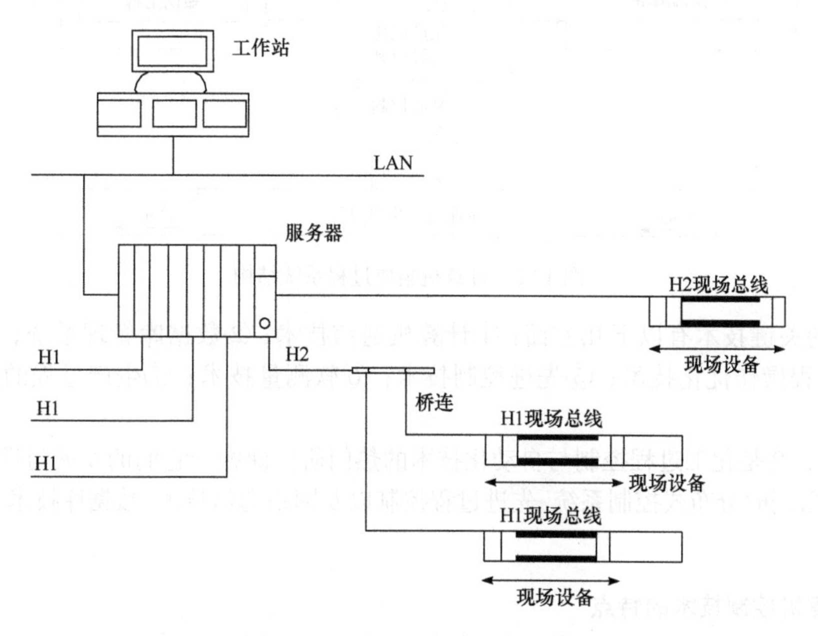

图 10-5　现场总线控制系统结构

FCS 的特点有：

（1）实现彻底的分散控制。能够将原先 DCS 系统中处于控制室的控制功能置入现场设备，控制直接在现场完成，就地采集信息、就地处理、就地控制。

（2）开放性与互操作性简化了系统的集成。现场总线的最大特点是采用统一的协议标准，使它具有开放性和互操作性，不同厂家的现场设备可方便地接入同一网络中，且可相互访问，简化了系统的集成。

（3）信息综合、组态灵活。通过数字化传输现场数据，FCS 能获取现场设备的各种状态和诊断信息，实现实时的系统监控和管理。FCS 引入功能块概念，使得组态十分方便、灵活，且不同现场设备中的功能块也可以构成完整的控制回路。

3. 计算机集成过程系统（CIPS）

集常规控制、先进控制、在线优化、生产调度、作业管理、经营决策等功能于一体的计算机集成过程系统是自动化发展的趋势和热点。CIPS 在计算机通信网络和分布式数据库的支持下，实现信息与功能集成，最终形成一个能适应生产环境不确定性和市场需求多变性的全局最优、高质量、高柔性、高效益的智能生产系统。根据连续生产过程控制总体优化和信息集成的需求，CIPS 由生产过程控制系统、企业综合管理系统、集成支持系统、人与组织系统四个分系统及相应的下层子系统组成，如图 10-6 所示。

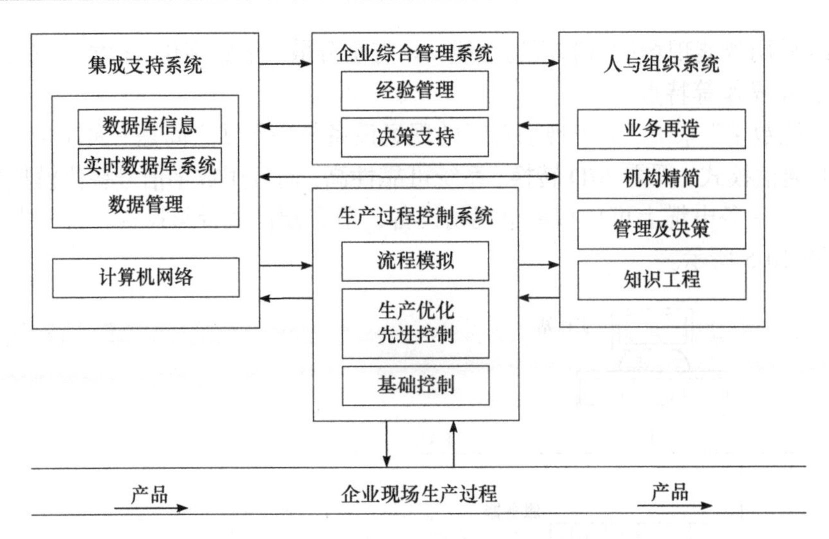

图 10-6 计算机集成过程系统结构

CIPS 的关键技术有以下几方面：①计算机通信技术；②数据库管理系统；③各种接口技术；④过程操作优化技术；⑤先进控制技术；⑥软测量技术；⑦生产过程的安全保护技术等。

上述①、②是化工过程控制与自动化技术的热门研究课题，它们的发展与进步将是实施 CIPS 的保证，同时分布式控制系统、先进过程控制以及网络通信技术、数据库技术是实现 CIPS 的重要基础。

10.3.2 计算机控制技术的特点

（1）由程序实现控制。在计算机控制系统中，任何一种控制逻辑都是由计算机执行程序来实现的。

（2）采样控制方式。由于计算机控制系统是一个离散时间系统，交互执行状态监测、控制并反馈，因此也称为采样控制系统。

（3）数字信号处理。计算机控制系统接收、处理和输出数字信号，因此也称为数字控制系统。

（4）综合处理和控制。计算机可存储大量数据并且运算速度快，更有利于完成复杂的逻辑分析和判断，计算机控制系统发挥高级计算机语言优势能实现多回路、多对象、多工况的综合逻辑处理和控制。

（5）在线系统与实时系统。计算机直接接收生产过程的相关控制信息，并把计算结果直接传送给被控对象，数据接收与控制信息传送的时间完全符合生产过程现场控制要求，是在线实时系统。

10.3.3 DCS 在纯碱工业应用的实例

某年产 80 万吨纯碱的大型化工企业，其生产核心为碳化工序，碳化塔控制得好坏对产品的产量、质量和消耗有着直接的影响。NaCl 与 NH_3 的饱和溶液中通入一定浓度的 CO_2，在一定温度及气、液流速条件下，该溶液吸收 CO_2 并反应，结晶生成碳酸氢钠，这一过程称为氯盐水碳化过程，整个过程是在碳化塔内进行的。碳化过程为气、液、固三相物系，同时进行着吸收、反应、传热、结晶等化工过程，并且碳化塔制硫和清洗阶段内液相连续流动。企业实施了一套具有国际领先水平的日本横河公司的 CENTUM-CS 大型集散控制系统，系统结构如图 10-7 所示。

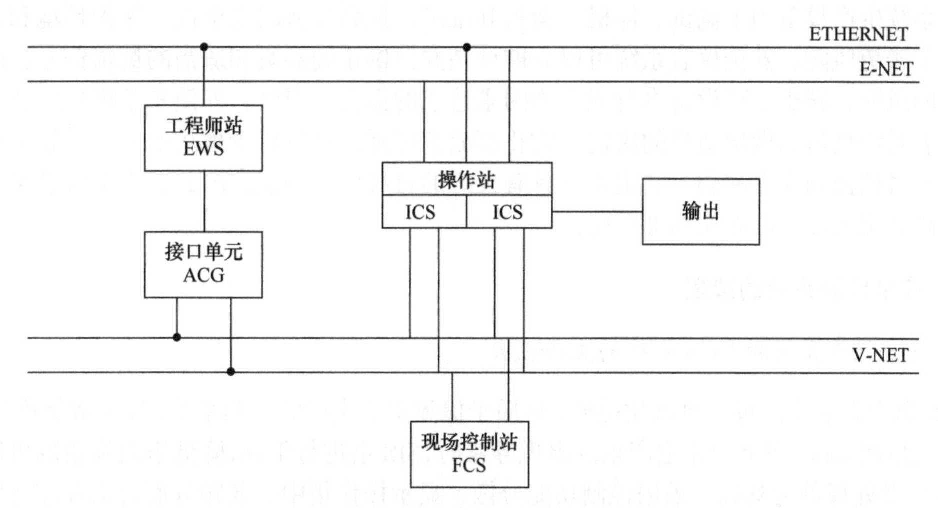

图 10-7　碳化操作 DCS 控制系统结构

（1）工程师站（EWS）：用于系统组态。

（2）操作站（ICS）2 台：操作站是以监视/操作为主的人机接口站，通过操作画面与显示窗口的组合，能有效地监视生产装置，操作人员除用键盘进行操作外，还可进行触屏、多窗口操作。系统最大支持 10 万个工位号，趋势记录点数 1280 个。

（3）现场控制站（FCS）2 台：现场控制站实现对装置运行的控制，其功能包括连续控制、演算、顺控及面板指示等，各种功能组合能进行模糊控制、多变量模型预测控制。工作站有 300 个控制回路，双重化结构，4 个 CPU 同时工作，传输点支持最长工作距离 20km。

（4）接口单元（ACG）：与上位机通信的接口单元，上位机向 FCS 收集或设定数据时使用。

（5）V 网（V-NET）：其功能为 FCS 与 ICS、ACG 连接的实时控制网络，可双重化通信，速率为 10M，传输距离最大 20km，可通过中继器连接。

（6）以太网（ETHERNET）：用于与 ICS、EWS 以及上位系统连接的局域网，传送距离 185km，通信速率 10M，可向上位机传送数据文件。

（7）E 网（E-NET）：是 ICS 间连接的内部信息系统局域网。

企业实施 DCS 系统取代了原有 300 多台二次仪表，减少了操作人员，在提高碳化塔生产能力、延长制碱周期、改善工艺指标、稳定运行工况、提高企业科学管理水平等方面，取得了非常好的效果。据企业统计，系统投用后碳化转化率提高了 0.5%，重碱水分降低了 1%，每年节省原盐 0.6 万吨、蒸汽 3 万吨，每年创经济效益 400 万元以上。

10.4　安全仪表系统

安全仪表系统（safety instrumented system，SIS）包括逻辑控制器、传感器、执行器，其用于保障化工操作人员在生产过程中的安全，降低化工职业危险。化工安全仪表系统主要包括：火灾与气体安全系统、紧急制动系统等，当化工操作过程中出现异常情况的时候，化工安全仪表系统能够迅速发出警告，并针对问题的复杂情况进行自动调整或人机结合调整。安全仪表系统生产设备用于调试、停机、运行和维护，提高设备的安全性，保护环境和人员健康。为了避免风险，安全仪表系统可以立即评估并提供正确答案和适当的逻辑信号，或者由于错误的风险，减少生产设备本身或人为因素造成的损失。当然，即使是不可抗力造成的，安全仪表系统也可以做出适当的决定，防止事故的蔓延，尽量减少事故的发生。如果安全仪表系统本身被证明存在缺陷，它也可以具有良好的自我保护功能。因此，安全仪表系统必须具有较高的耐久性、可靠性和可用性。

10.4.1 安全仪表系统的选型

1. 安全仪表系统和DCS系统的主要差异

SIS属于企业生产过程自动化范畴，是用于保障安全生产的一套系统，安全等级高于DCS的自动化控制系统。当自动化生产系统出现异常时，SIS会进行干预，降低事故发生的可能性。DCS是以微处理器为基础，采用控制功能分散、显示操作集中、兼顾分而自治和综合协调设计原则的新一代仪表控制系统。

（1）DCS系统：①DCS用于过程连续测量、常规控制（连续、顺序、间歇等）、操作控制管理，保证生产装置平稳运行。②DCS是动态系统，它始终对过程变量连续监测、运算和控制，对生产过程动态控制，确保产品质量和产量。③DCS可以进行故障自动显示，对维修时间的长短和要求不算苛刻，可进行自动/手动切换。④DCS系统只做一般联锁、电机的开停、顺序等控制，安全级别要求不如SIS高。⑤DCS系统一般由人机界面操作站、通信总线及现场控制站组成，不含检测执行部分。⑥为了实现生产过程自动化，操作人员会经常改变DCS系统的一些输出动作。

（2）SIS系统。①SIS用于监测生产设置的运行状况，对出现异常工况迅速进行处理，使故障发生的可能性降到最低，使人和装置处于安全状态。②SIS是静态系统，在正常工况下，它始终监视装置的运行，系统输出不变，对生产过程不产生影响，在异常工况下，它将按照预先设计的策略进行逻辑运算，使生产装置安全停车。③SIS必须测试潜在故障；SIS维修时间非常关键，严重的会造成装置全线停车；SIS系统永远不允许离线运行，否则生产装置将失去安全保护屏障。④SIS与DCS相比，在可靠性、可用性上要求更严格，IEC 61508、ISA S84.01强烈推荐SIS与DCS硬件独立设置。⑤SIS系统由传感器、逻辑解算器和最终单元三部分组成。⑥SIS系统日常是静默的，不会发出动作，只有联锁触发才会动作。

在利用安全仪表系统执行安全生产的过程中，安全仪表系统的选型显得尤为重要。当前研究发现，安全仪表系统和DCS系统是化工企业安全生产过程中常用的两种方案。二者之间既有相似之处，又有许多的不同。总的概括，安全仪表系统和DCS系统主要在以下四个方面存在差异：设计标准规范程度、产品的具体定位、工作性能、产品认证。首先，就两个系统的设计标准来看，安全仪表系统主要以IEC 61508为设计标准，在具体应用过程中则需要遵循IEC 61511所提出的具体设计要求，该系统在具体安全生产应用的过程中需要遵循国际所统一的标准执行。DCS系统则不需要，在安全生产中仅需保持自身设计能够达到国家所规定的要求，满足顾客实际需求即可。其次，基于两者的定位不同，将安全仪表系统用于化工生产中的安全防护中，该系统的主要应用就是保证生产的安全。而DCS则在保证生产安全的基础上还需实现一些相应的控制功能，这些功能可以通过各项生产指标得到相应优化。基于安全仪表系统的特殊性，在工作性能上更加倾向于对化工生产的安全防护，实现安全生产。同长期处于动态系统控制下的DCS有所不同，安全仪表系统在整个安全生产过程中一直会处于一个安全状态，无需人工操作，使得安全仪表系统在化工安全生产中的安全保障性要远远高于DCS系统。

2. 安全仪表本身安全性的识别

在安全生产中鼓励大力投入安全仪表系统，根本原因是安全仪表系统本身就具备着较高的安全性。利用安全仪表系统本身对安全性的识别功能，在安全仪表系统检测到化工生产装置工艺标量达到或者高于某个特殊临近点时，安全仪表系统会自动做出相应的保护动作，以此来保护化工生产，营造出一个安全的生产环境，避免大型事故的发生，减少人员的伤亡等。除此之外，安全仪表系统本身还具备超强的自我诊断性能，安全仪表系统在投入安全生产的过程中，一旦出现自身系统性能下降或装置零件损坏等，安全仪表系统会随时进行自我故障诊断，根据诊断结果的轻重，会自动根据具体情况触发相应的安全防护装置，做出相应的安全保障行动。需要注意的是，安全仪表对安全性的识别过程较为冗长，只有在安全生产中不断进行总结、探讨、积累相应的经验，才能更进一步提升自己的功能特性。

10.4.2　化工安全仪表系统的设计原则

1. 仪表系统的运行稳定性

在化工产业的实际控制过程中，需要使用大量安全仪表，以分析装置的运行功能及运行状态，故仪表系统设计前应确保装置的功能性，尤其是应当结合相关控制标准，科学地分析仪表系统是否处于稳定运行状态，以此评价装置是否处于安全、稳定的运行状态下工作。为巩固装置的运行质量，需要技术人员结合自动化控制技术探讨控制系统、应用装置、编程模式中仪表功能状态，提高仪表装置的基础功能。当元件设计、运行逻辑存在控制问题时，会导致仪表运行故障，所以技术人员应及时评价出装置的运行状态及信号指标，分析出生产要求及装置停止运行的功能要求，可降低仪表系统安全隐患的发生概率。

2. 仪表系统的功能性

为提升仪表系统运行的功能性指标，技术人员应当对不同元器件的安全警报指标、正常运行指标的参数值进行分析，确保仪表内的参数值始终在额定范围内，有利于使各类机械装置趋于安全化运行。另外，仪表功能设定中，技术人员也应当在现场调研、勘查的基础上分析仪表的运行状态及运行功能要求，同时在保证仪表功能稳定性的基础上设定控制思路，可让仪表系统的运行状态更符合控制需求，让整体表盘系统在最佳状态下运行。

3. 仪表的升级和维护

做好电子表盘的日常维护和系统升级工作，特别是应当结合日常维护技术对仪表的运行、安装要求进行测试，再给予仪表必要的拓展和评价工作，能为仪表的后期维护提供方便。因此，技术人员应当设定定期监控、检测的计划，在相关控制目标、警告要求的限定中监控仪表的运行逻辑，有利于使装置始终在稳定的运行状态中，也能及时监控装置的减削、老化及故障情况。待完成仪表内部系统的更新后，可确保化工安全仪器的基础功能。

4. 避免仪表系统损坏

化工生产环境较为恶劣，大多原材料为易燃、易爆的气体或液体，技术人员应避免仪表系统的功能性损坏，尤其是做好空间内装置的温度、压力的测试，再评价出各个工艺的生产状态。因此，利用自动化监控技术评价石油化工仪表偏转及度数，可监控生产期间的风险状态。同时，技术人员还应监控仪表的使用需求，对仪表运行模式进行策划，监控表盘的运行状态，巩固整体控制系统的功能性及安全性，防止仪表损坏。

10.4.3 化工安全仪表系统设计的技术要点

1. 传感器冗余的设计要点

为提高关键运行装置的可靠性需求，应当在关键部位配置冗余传感器装置，以提高各机组内传感器的运行功能。从综合的角度，冗余配置前应分析传感器的失效情况是否达到安全仪表功能（safely instrumented function，SIL）的控制标准，若达到压力控制标准时，可不用进行冗余配置。当机组内所使用的传感器无法维系 SIL 的控制目标时，可配置 1 台冗余机组进行协调。值得注意的是，冗余处理前应调研装置的安全性功能，根据联锁动作状态设定控制逻辑，有利于巩固冗余传感器运行状态。

2. 设定安全性的控制仪表体系

SIL 运行系统相对严谨，运行中需使用控制端、传感器、处理器等评定装置的安全运行指标，技术人员应当分析整体装置的控制逻辑，探讨传感器与执行器之间的交互作用，搭建稳定性的运行、控制模型。其中，可利用自动化技术评价各装置的运行状态，再结合系统的失效指标评价出失效概率及控制单元等级，具体可从以下几方面进行控制：①SIL3 级（控制）的失效可能性较小，大多小于或等于 0.099%；②SIL2 级（传感）的失效概率为 0.099%～0.99%；③SIL1 级（执行）的失效概率较大，大多大于或等于 0.99%（小于或等于 9.99%），原因是执行器控制逻辑较为复杂，需要监控不同等级控制单元的运行情况，以便巩固仪表系统功能的稳定性。可见，执行系统的整体安全仪表失效的概率较大，一旦过程中执行单元出现运行问题，其余运行单位均会受到一定影响。因此，技术人员不仅应当分析控制器的运行状态，还能探讨整体机械元件、仪表装置的执行单位，可避免设计不合理的不利影响。其中，可结合安全仪表控制逻辑的要求进行监控。

通过做好仪表控制、执行逻辑的分层需求，再使用自动化系统评价流量、报警、液压、温度等监控装置的数值指标，待评定好各类控制元件的运行指标后，技术人员分析出控制系统的控制标准，再结合执行器功能、仪表的运行需求进行调研，可避免运行系统功能指标方面的问题。通过运用“大数据”控制、存储、抄送控制数据，在强化执行器控制等级的过程中降低整体运行模型失效的概率，再结合客观、全面的角度提高控制精准度，尽量将执行单元的失效概率控制在 SIL3 等级，也能逐步巩固装置的安全等级指标。

3. 融入配置的管理设计

在对仪表运行可靠性功能设计过程中，应当将主体控制模型限定在同一指标内，即将数据传感、终端执行、控制逻辑标准限定在 SIL3 等级标准内，故需确保各支路元器件的 SIL 指标也为 SIL3 等级，具体应结合以下要求进行：①传感器功能优化中，可强化冗余控制模型。例如，可使用“二取一”的控制逻辑评价整体装置的控制等级。在此过程中，技术人员应分析系统的电磁感应指标，探讨电磁阀和位移传感器安全等级，再对执行装置的安全等级进行评估，确保整体运行装置的执行标准始终在安全控制标准内。②系统安全性设计中，还应当根据元器件的数量及传感器数量做出一定调整。例如，在“二取二”冗余控制执行设计中，应当确保所使用的两组传感器装置的运行要求均能达到控制标准。通过监控出不同控制、传感表盘的运行状态，再给予协调与控制，可避免两组传感器同时失控的现象发生。值得注意的是，该方法的缺点是过程中可能会出现“二取失效”现象，故此时 SIL 的等级质量无法提高。③从执行器运行的可靠性角度来讲，不同性能的传感装置、冗余装置的限定条件也会存在一定差异，所以应当注意确保所使用传感器在“联锁切断”的条件下运行。通过串联子控制端程的形式，将多组执行器的功能进行协调，可提高装置内部的稳定性参数。但是，若装置并未进行联锁控制性，仅将两组传感器串联相连，可能会限制执行 SIL 的效率。总之，技术人员应结合 SIS 控制系统及控制模块的运行流程进行监控，分析输出回路所得到的元件功能指标，再结合冗余配置需求确立出输入及输出要求，提高控制单元的运行质量，具体可结合 SIS 控制体系的模型进行监控，总结出感测器、最终元件的系统运行方式。

4. 落实设计及可靠性的管理措施

技术人员应对所使用的表盘装置、控制系统模型进行监控，再结合化工安全仪表的功能特点展开统计测试，消除操作过程中的风险问题。可采用风险控制的思想对仪表的设计需求进行监控，再利用信息化技术监控出的估算模型，可降低冗余容错现象的发生概率。另外，冗余执行分析中，技术人员应结合控制指标、运行图纸进行施工作业，可避免联锁控制中回路运行不稳定、设计不科学、违规操作现象的不利影响，以消除装置运行的安全性问题。通过系统设计模型，对仪表控制原理进行监控分析，可巩固整体控制装置的运行效率。

5. 化工安全仪表系统生命周期要点

进行化工安全仪表系统设计时，要构建与企业相匹配的设置流程，同时构建严密的程序。安全仪表系统的生命周期往往不是一成不变的，会随着设置的变更产生变化，因此在设计时一定要注重生命周期的调节设计，并且要设计不同的循环周期以应对变化问题。在进行安全仪表系统设计时，还需要分清设计重点，即平衡风险问题和危害问题，化工安全仪表系统设计并不是越可靠其安全性越高，两者之间是相对独立的概念，要不断对安全性和可靠性进行平衡，在保障安全的前提下，从经济角度、合理角度、可靠角度进行细节化的设计。另外，要想构建完整的化工安全仪表系统，应在设计阶段对多方面因素进行整合，正确认知与分析，同时要了解化工安全仪表的基本原理，做好对化工安全仪表系统的风险和危害测评。

10.4.4 安全仪表系统在安全生产中的应用及发展

1. 安全仪表朝着智能化方向发展

随着科学技术的快速发展，智能化技术已经被逐渐地应用在各行业中，智能化技术的应用不仅可以有效提升各类系统的工作效率，同时可以有效避免系统在运行过程中出现的人工错误等。安全仪表系统在未来的发展中也需要不断地向智能化方向发展。可以通过加入部分智能化传感器以及相关检测仪器，提升安全仪表系统对相关数据信息的检测。通过在安全仪表系统加入智能化技术，可以方便工作人员进行远程管理。另外，安全仪表系统智能化的实现也可以进一步方便工作人员对生产过程中的相关数据信息进行分析、整理，从而为生产效率的提高以及生产安全性的提升起到一定的促进作用。

2. 安全仪表系统中现场总线的应用

现场总线是现代化工业生产中常用的一种工业数据总线，其不仅有效提升工业生产中控制系统与生产装置之间的数据信息传输效率，还可以加强生产过程中工作人员之间的交流。通过在安全仪表系统中加强现场总线的应用，既可以有效提升安全仪表系统中数据传输的效率，也可以方便工作人员对生产装置进行控制，方便生产中工人之间的交流、通信。这些使工作人员可以及时了解到安全事故的发生，及时联系相关人员对安全事故进行处理，从而避免出现人员伤亡与财产损失。

3. 系统的维护成本更低、可用性更高

虽然当前生产过程中所使用的安全仪表系统已经可以满足安全生产的绝大部分需求，但高额的维护成本仍是其最大的弊端，这直接影响工厂的利润，因此需要进一步降低安全仪表系统的维护成本；其次，当前工业生产中所使用的部分安全仪表系统还具有可用性较低的问题，在对安全仪表系统进行开发与设计的过程中需要采取面向对象的开发方式，严格按照工厂的相关需求对系统功能进行设计。

10.5 安全管理信息平台

安全管理信息平台通过电子技术、计算机技术，严格按照安全管理的要求，对有关数据进行收集、加工、传输、存储、检索和输出等，提供安全管理所需的信息，并完成相应的管理职能，大大提高了安全管理工作的效率，为安全评估、安全决策、管理优化等工作提供了系统性、完整性、准确性和时效性的信息支持。

10.5.1 安全管理信息平台的基本功能

（1）输入功能。能量、物质、信息、资金、人员等由环境向平台的流动就是平台的输入。输入功能取决于平台所要达到的目的、平台的能力和信息环境的许可。输入最主要的内容是用户的信息需求和信息源。用户的信息需求决定着安全管理信息平台的存在与发展。

（2）处理功能。安全管理信息平台的处理功能就是对输入信息进行处理。从本质上讲，信息平台的处理功能就是对信息的整理过程，信息处理能力的大小取决于平台内部的技术力量和设备条件。

（3）存储功能。安全管理信息平台的存储功能是指平台储存各种处理后的、有用的信息的能力。随着信息量的日益增多、信息处理方法的改善、文件内容的充实，信息的存储取得了极大的发展，存储容量越来越大，存储能力越来越强。但是大量的存储为平台输出带来了困难，造成平台服务效率的降低。因此，信息的存储必须在扩大存储量与保证平台输出这一对矛盾上寻求最佳解决方案。

（4）输出功能。平台对周围环境的作用称为输出。安全管理信息平台的输出功能是指满足信息需求的能力，是将经过处理操作的信息或其变换形式以各种形式提供服务。信息输出就是信息平台的最终产品。信息平台的输出功能取决于输入功能、存储功能、处理功能，信息平台的服务效率、用户满意程度、平台整体功能的发挥都是通过信息平台的输出功能体现出来的。

（5）传输功能。安全管理信息平台规模较大时，信息的传输就成为信息平台必备的一项基本功能。信息传输时要考虑信息的种类、数量、效率、可靠性等，实际上传输与存储经常联系在一起。

（6）计划功能。能对各种具体的安全管理工作做出合理的计划和安排，根据不同的管理层次提供不同的信息服务，以提高安全管理工作的效率。

（7）预测功能。利用数学方法和预测模型，并根据企业生产的历史数据，对企业的安全状况做出预测。

（8）控制功能。控制是按照给定的条件和预定的目标，对平台及其发展过程进行调整并施加影响的行为。控制的目的是使平台稳定地保持或达到某种预定状态。对信息平台的控制是保证信息平台的输入、处理、存储、输出、传输等过程正常运行以及完成平台整体功能的必要条件。控制功能是平台的关键所在，只有通过控制功能的作用，信息的其他各项功能才能最优化，信息平台才能以最佳状态运行。

（9）决策优化功能。应用运筹学等数学方法为安全管理者提供最佳决策，也可以模拟决策者提出的多种方案，从中选出最优方案。

10.5.2　安全管理信息平台的结构

安全管理信息平台的结构是指平台中各组成部分之间的相互关系和构成框架。安全管理信息平台具有多种功能，各种功能之间又有各种信息相互联系，它们组成一个有机整体。不同企业所设计的信息种类、信息量、管理方式、安全管理目标等不同，因此具体的平台划分不同。企业的综合管理信息平台模型如图 10-8 所示。针对安全生产建立安全管理信息平台的一种模型如图 10-9 所示，由原始数据处理系统、安全状况评判系统、安全状况预测系统、安全状况决策系统、管理目标优化系统等组成。现行大多数安全管理信息平台都是以数据库系统和数据库技术作为安全管理信息平台的基础和技术支持。

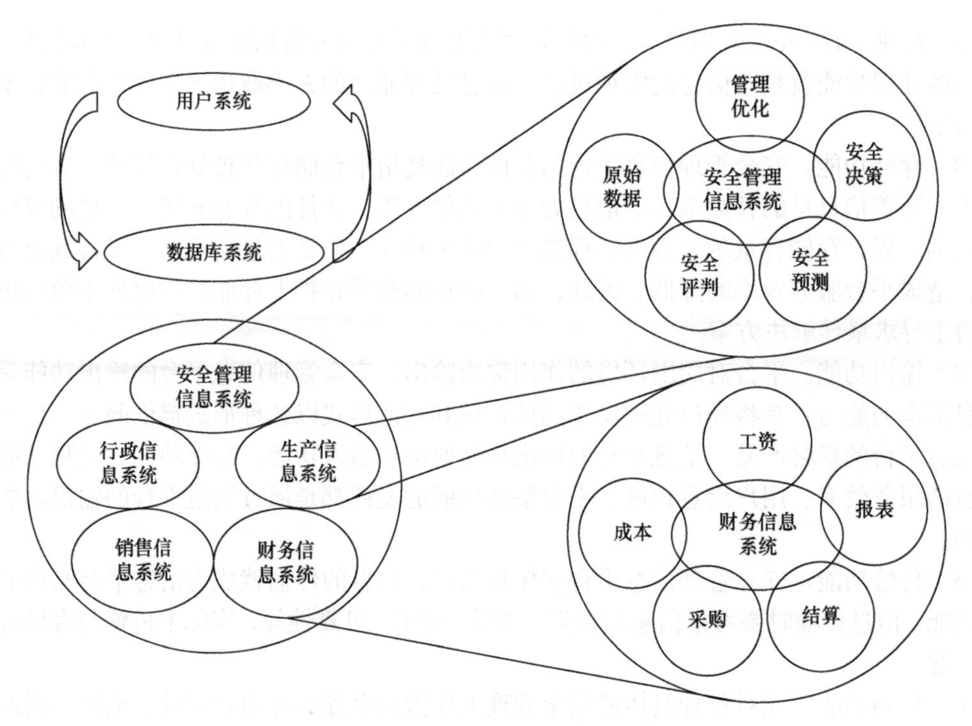

图 10-8 企业的综合管理信息平台

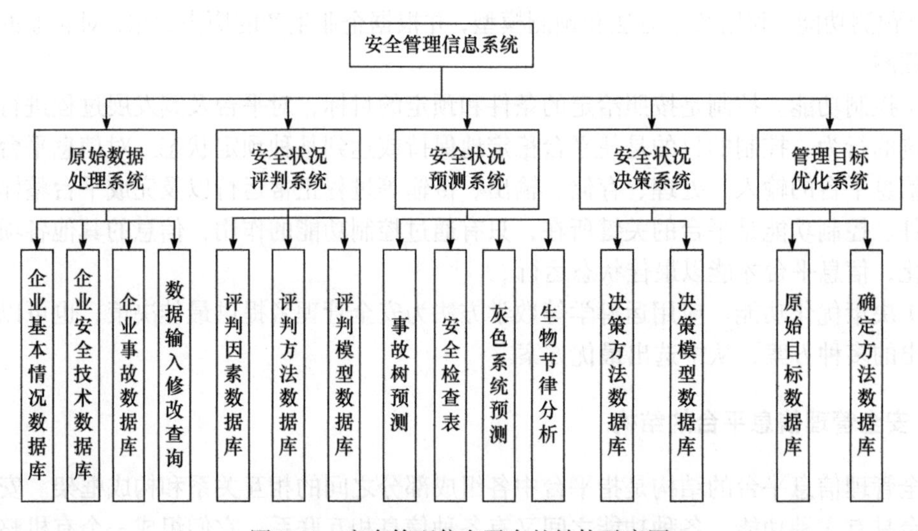

图 10-9 安全管理信息平台的结构示意图

10.5.3 安全管理信息平台开发的任务和原则

安全管理信息平台开发过程是企业或组织安全管理水平提高的过程。安全管理信息平台开发的参与者涉及多个主体，各类人员在安全管理信息平台开发过程中相互作用，使安全管理理念有所提升，使组织优化、事故预测超前化等。安全管理信息平台的开发不仅有自身的规律，还必须有严密的组织配合。总之，安全管理信息平台开发的目的是建立有助于企业或组织安全管理效率提高的信息平台。

在现代意义上，安全管理信息平台是一个人机系统，其开发是通过一定的活动过程产生一套能在计算机硬件设备、通信设备和系统软件支持下适合于本企业或本单位安全管理工作需要的应用软件系统。安全管理信息平台开发的任务是根据企业安全管理的战略目标、规模、性质等具体情况，运用安全系统工程方法，按照系统发展的规律为企业建立起计算机化的安全信息平台，其核心是设计出一套适合于现代企业安全管理要求的应用软件平台。

安全管理信息平台自身是具有一定功能和结构的系统，这个系统与实体组织系统本身是不同的，但它是实体组织的一种映射，这种映射决定了信息平台开发应具有如下原则：

（1）目的性原则。安全管理信息平台开发的目的是及时、准确地收集企业的数据，并加工成信息，保证信息的畅通，为企业各项决策、生产、计划、控制活动提供依据，使组织或企业各机构和生产环节活动联结为统一的整体。

（2）整体性原则。安全管理信息平台开发的整体性原则是指强调信息平台是一个整体，在开发设计时采用先确定逻辑模型，再设计物理模型的思路。目前人们普遍认为应采用整体设计、分步开发实施的策略。

（3）相关性原则。信息平台是对实体组织系统的一种映射，实体组织系统是由若干具有内在联系的子系统构成的，因此信息平台也是由若干具有内在联系的子系统组成的。在设计与开发信息平台时要充分考虑各子系统的内在联系，不仅要使各子系统具有独立的功能，还要使各子系统之间在法定的条件下具有良好畅通的接口。这样组成的信息平台的各子系统就有其独立功能，同时相互联系、相互作用，通过信息流把它们的功能联系起来。如果其中一个子系统发生了变化，其他子系统也要做相应调整，这就是相关性原则。

（4）系统的可扩展性与易维护性原则。信息平台必然与外界发生信息交换，要适应外界环境的变化。因此，在开发信息系统时必须使其具有开放性、扩展性、维护性，才能适应不断变化的环境，成为具有生命力的系统。

（5）工程化、标准化原则。安全管理信息平台开发的组织管理必须采用工程化和标准化原则。所有的文档和工作成果要按标准存档完成。其优点：一是在平台开发时便于人们沟通，成文的内容不容易产生歧义；二是阶段性成果明显，可以在此基础上继续前进，目的明确；三是未来平台的修改、维护和扩充因有案可查而变得比较容易。

10.5.4　安全管理信息平台开发方法

平台开发是指针对组织的问题和机会建立一个信息平台的全部活动，这些活动靠一系列方法支撑。目前，安全管理信息平台的开发方法主要有生命周期法、原型法、面向对象法等。

1. 生命周期法简介

生命周期法是指信息平台在设计、开发及使用的过程中，随着其生存环境的发展、变化，需要不断维护、修改，当它不再适合的时候就被淘汰，由新系统代替老系统，形成从一个系统的从生到死到再生的周期性循环。这个过程通常称为系统开发生命周期。信息平台开发的生命周期中所经历的各个阶段如图 10-10 所示。

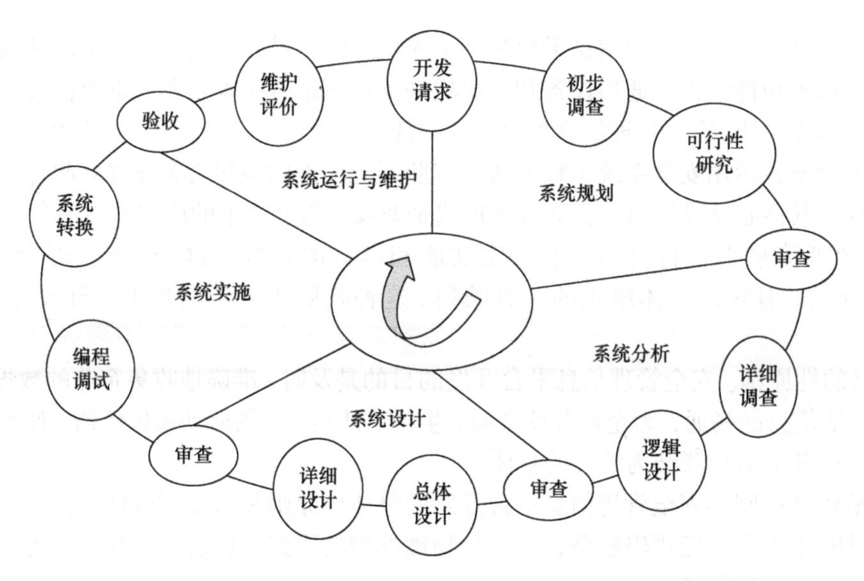

图 10-10 平台开发的生命周期

系统开发的生命周期可以分为系统规划、系统分析、系统设计、系统实施、系统运行与维护五个阶段。生命周期法既是一种信息系统的开发方法，又体现了一种系统开发的基本思想。生命周期法具有以下特点：

（1）生命周期法通常假定系统的应用需求是预先描述清楚的，排除了不确定性，用户的要求是系统开发的出发点和归宿。

（2）系统开发各阶段的目的明确、任务清楚、文档齐全，每个开发阶段的完成都有局部审定记录，开发过程调度有序。

（3）生命周期法常采用结构化思想，采用自上而下，有计划、有组织、分步骤地开发信息平台，开发过程清楚，每个步骤都有明确的结果。

（4）工作成果文档化、标准化。工作各阶段的成果以分析报告、流程图、说明文件等形式确定，整个开发过程便于管理和控制。

在信息平台开发中，生命周期法是迄今最成熟、应用最广泛的一种工程方法，但是这种方法也有不足之处和局限性，具体体现在以下几方面：

（1）用户介入系统开发的深度不够，系统需求难以确定。用户往往不能准确地描绘现行信息系统的现状和未来目标，分析人员在理解上也会有偏差和错误，造成系统需求定义的困难；组织的管理体制很难保持不变，要求系统开发具有高度的可变性，而这正是生命周期法所忌讳的。

（2）开发周期长。一方面，用户在较长时间内不能得到一个可实际运行的物理系统。另一方面，系统难以适应环境变化，系统尚未开发出来可能就已经过期了。

（3）生命周期法在应用中分为各个阶段，文档多，文档对后期的影响大，若上一阶段文档有不明确之处或确实有错，将造成后续工作的失败和无效。这种开发方法是一种冗长、线性的过程，适合于开发规模大、高度结构化的应用系统。

2. 原型法简介

原型法的基本思想是在投入大量人力物力之前，在限定的时间内，用经济的方法开发出一个可实际运行的系统原型，以便尽早澄清不明确的系统需求。在原型系统的运行中，用户发现问题，提出修改意见，技术人员完善原型，使它逐步满足用户的要求。

原型法的基本假设是：用户事先不可能对自己的所有需求都清楚，因此系统开发人员事先也不可能完全了解用户的需求。这意味着了解用户的需求是一个渐进的过程，需要系统开发人员与用户进行反复沟通。信息系统开发过程中先解决一部分问题，先解决主要问题，然后逐步完善。

原型法的基本假设意味着在系统开发过程中有自己独特的要求与过程：要有快速的建造工具，需要系统模型，允许反复修改且认为这是必要的。基于此，用原型法开发信息系统的基本步骤是：①确定用户的基本需求；②设计初始原型；③使用和评价原型；④修改原型；⑤交付产品。

原型法的优点主要表现在：①增进用户与开发人员之间的沟通；②用户在系统开发过程中起主导作用；③辨认动态的用户需求；④启迪衍生式的用户需求；⑤缩短开发周期，降低开发风险。

原型法的不足之处：①与生命周期法相比，原型法不成熟、不便于管理控制；②原型法需要有自动化工具支持；③由于大量用户的参与，也会产生一些新的问题，如原型的评估标准是否完全合理；④在修改过程中，原型的开发者容易偏离原型的目的，疏忽原型对实际环境的适应性及系统的安全性、可靠性等要求，直接将原型系统转换成最终产品。这种过早交付产品的结果，虽然缩短了系统开发时间，但是损害了系统质量，增加了维护代价。

3. 面向对象法简介

面向对象法是由面向对象程序设计（object-oriented programming，OOP）法发展起来的，简称 OO 法。OO 法强调对现实世界的理解和模拟，便于由现实世界转换到计算机世界。这种方法特别适合于系统分析和设计，现已扩展到计算机科学技术的众多领域。例如，面向对象的体系结构、程序设计语言、数据库、人工参数、软件开发环境以及面向对象的硬件支持等，逐步形成面向对象的理论与技术体系。

面向对象法的基本思路：

（1）从问题空间中客观存在的事物和走访用户出发，获得一组要求。

（2）用统一建模符号构造对象模型，以对象作为系统的基本构成单位，事物的静态特征用对象的属性表示，事物的动态特征用对象的服务表示，对象的属性和服务结合为一体，成为一个独立的实体，对外屏蔽其内部的细节。

（3）识别与问题有关的类、类与类之间的联系以及与解决方案有关的类（如界面）。

（4）对设计类及其联系进行调整，使其如实地表达问题空间中事物之间实际存在的各种关系，对类及其联系进行编码、测试就得到可直接映射问题空间的系统结构。

面向对象的程序设计为人们提供了更有力的认识框架。这一认识框架迅速扩展到程序设计范围之外，相继出现了面向对象的数据库管理系统、系统分析、系统设计，逐步形成一套完整的方法。

与生命周期法、原型法相比，面向对象法具有自己的特点：

（1）把功能及数据看作是服务与属性的高度统一，适合人类思维的特点，便于对问题空间的理论和系统的开发，提高了软件的开发质量。

（2）对需求的变化具有较强的适应性，满足了客观世界迅速变化对软件弹性的要求。

（3）较好地处理了软件的规模和复杂性增加带来的问题，适应客观世界发展和问题空间不断复杂化的需要。

（4）通过直接模仿应用领域的实体得到抽象与对应，通过对象间的协作完成任务，使规格说明、系统设计更易于理解。

（5）界面更少，提高了模块化和信息隐藏程度，符合客观世界的发展趋势。

10.5.5 安全管理信息平台开发过程

安全管理信息平台的开发过程包括各类数据资料的整理分析与规范化，需求分析，安全信息库的结构设计，应用程序设计，数据录入，试运行，综合调试和数据处理与维护等。在系统的开发过程中，应根据安全信息管理的实际需要和当前计算机软件的发展情况，选用易于使用、满足开发功能和具有多媒体处理功能的新软件或成熟软件。

图 10-10 描述了安全管理信息平台开发的生命周期全过程：系统规划、系统分析、系统设计、系统实施、系统运行与维护五个阶段。各阶段的主要技术步骤如下：

（1）系统规划阶段的任务是对企业环境、目标、现行系统的状况进行初步调查，根据企业发展战略制定信息系统的目标。具体分析现有安全管理基础工作状况，分析并预测新系统的信息需求，确定系统功能和系统规格，同时根据系统的各种环境因素，研究建设新系统的必要性和可能性，并从技术和经济等方面研究其可行性。

（2）系统分析阶段的任务是根据系统规划的方案所确定的范围，对现行系统进行详细调查，描述现行系统的安全生产流程，指出现行系统的局限性和不足之处，确定新系统的基本目标和逻辑功能要求，即提出新系统的逻辑模型。这个阶段又称为逻辑设计阶段，其任务是回答系统“做什么”的问题。其工作量庞大且要求较高，需要做深入、细致的工作，并需要对采集或收集后的数据进行分类整理，按照统一的格式做规范化处理。

（3）系统设计阶段要回答的问题是“怎么做”，是安全信息管理系统研究开发的关键。该阶段的任务是根据系统说明书中规定的功能要求，考虑实际条件，具体设计实现逻辑模型的技术方案，即设计新系统的物理模型。这个阶段又称为物理设计阶段，分为总体设计和详细设计，形成“系统设计说明书”。

（4）系统实施阶段是在系统设计的基础上，将设计意图转换为可执行的人机信息系统。针对安全信息管理对象设计各个程序模块，选择合适的程序设计和必要的软件工具，按模块分别编写相应的计算机程序。为了确保程序运行通畅，在单模块调试运行的基础上，连接系统的各子模块，进行系统综合测试，完成系统集成和综合试运行。这个阶段的任务包括设备购置、安装和调试，程序的编写和调试，人员培训，建立数据库，系统调试与转换等。

（5）系统运行和维护阶段是指在系统投入运行后，需要经常进行维护和评价，记录系统运行的情况，根据一定的规格对系统进行必要的修改，评价系统的工作质量和工作效益。包括系统目标的科学性，软件程序设计的正确性，有关预测管理数学模型准确性的验证和整个系统运行的维护完善工作。

综上所述，运用安全信息管理技术，把系统科学、信息科学引入安全工作领域，从性能、经费、时间等整体条件出发，针对系统生命周期，分别构思从设计、制造、运行、储存、运输、生产施工乃至废弃物处置等所有阶段的安全防范对策。通过实施综合性的安全分析与评价，预测可能发生的事故和灾害（人员伤亡或财产损失）的演变趋势，为安全生产管理决策提供决策支持，使其在消除隐患、预防事故、促进生产、保障效益等方面发挥越来越大的作用。

10.6　智慧园区概念与特征

10.6.1　智慧园区的提出

无论是信息化园区、数字园区，还是智慧园区，这些概念都是伴随着信息技术的发展逐步提出的，最早来源于数字地球的概念，数字地球概念首次提出是在 1998 年。

从 1999 年前后开始，数字地球、数字城市、数字园区的概念在我国引起巨大反响，与“数字化”相关的数字中国、数字城市、数字园区等名词层出不穷。总体上看，数字园区是数字地球的重要组成部分，是数字地球在园区管理领域更具体的体现，也是传统园区的数字化形态。

近几年随着移动通信、物联网、大数据、云计算等新一代信息技术的发展，数字园区在数字化的基础上进一步演化到智能化，依托物联网可实现物理实体智能化感知、识别、定位、跟踪和监管，借助云计算及智能分析技术可实现海量信息的处理和决策支持。智慧园区的概念也应运而生。

智慧园区的概念源自国际商业机器公司（IBM 公司）“智慧地球”的愿景。“智慧地球”就是在各行各业中充分应用新一代的 IT 技术，把感应器嵌入和装备到全球各个角落，将电网、铁路、桥梁、公路、隧道、火车、汽车、生产机械等各种物体普遍互联，形成物联网，再通过互联网将物联网整合，使人们能够以更加精细和动态的方式管理经济生产与社会生活，实现全球的“智慧”状态。

总体上说，业界目前对于智慧园区概念还没有一个统一、完整的认识，本章试图从园区的管理、园区的运行、园区的服务和技术的应用等几个方面对智慧园区概念进行阐释。

10.6.2　智慧园区概念

智慧园区是园区信息化发展的高级阶段，也是园区信息化建设要达到的最终结果。“智慧”是指组织机构、基础设施、运营设备等能够迅速、灵活、正确地理解所处的现状和面临的任务，并且能够及时、正确地做出响应和处理，使自身运行状态达到最优化状态的能力。智慧园区就是要集聚人的智慧，赋予物以智慧，两方面互存互动、互促互补，以实现园区运营、经济生产和社会活动最优化的园区发展新模式和新形态。

综上所述，给智慧园区以规范定义：智慧园区是以信息与通信技术为支撑，围绕安全生产、环境管理、应急管理、封闭管理、能源管理、运输管理、园区办公、公共服务等领域，通过数据整合与信息平台建设，实现园区智能化管理与高效运行。在此基础上实现对各种需求做出智慧的响应，使园区整体的运行具备自我组织、自我运行、自我优化的能力，为园区服务对象创造一个绿色、和谐的发展环境，提供高效、便捷、个性化的发展空间。

一句话概括智慧园区就是：通过新一代信息的应用，实现园区整体运行，具备自我组织、自我运行、自我优化的能力，最终以实现园区运行状态最优化为目的。

1. 从基础条件来看

智慧园区的建设需要人才、技术、资源等各个方面的支持。智慧园区的建设是以管理者所具有的前瞻性信息化应用意识为指导，以新一代信息化技术为支撑，以园区所拥有与能提供的各类资源为保障的系统化工程。

2. 从整体结构来看

智慧园区需要开发和利用各类信息资源，通过推进基础型和应用型两大类信息系统开发建设，并提供统一的应用平台，来实现资源的利用和整合。其中，基础型信息系统建设具有典型的泛在性特点，需要提供广泛的信息服务支撑能力，具体集中在云计算能力、云存储能力和网络接入能力等方面，这类信息系统是智慧园区建设的系统基础。应用型信息系统建设具有多样性和专业性的特点，重点专注于各个不同领域的具体应用，如园区管理、电力管理、交通管理、生产管理、安全管理等众多方面，这类信息系统是智慧园区建设的系统主体。

3. 从服务对象来看

政府、企业、个人、社会组织是园区活动的主体参与者。建设智慧园区要随时随地以尽可能低的成本，在最短的时间内，为其提供优质的服务，最终实现园区整体科学、高效、绿色、和谐、便捷地运行与发展。

10.6.3 智慧园区特征

1. 智慧园区总体特征

一个成熟的智慧园区需要具备包括完全可控制的全面感知能力、各个子系统的互联互通能力、园区数据信息集中共享的整合能力、与内外部系统的协同与优化能力、基于主动学习和智能响应的智慧化运行能力在内的五种主要能力，这五种能力概括智慧园区应用系统从具体到整体、从底层到顶层的主要特征。

（1）全面的感知与控制。包含对园区组织、企业、基础资源、设施设备的管理、规划、控制与优化。

（2）通信的互联互通。实现园区运行中所包含的各类子系统间互联互通，满足园区内各类数据信息的有效传递。

（3）信息的共享与整合。一方面实现不同组织之间的业务整合，另一方面实现园区资源的有效整合，最后实现从数据到系统的优化整合，使园区成为一个有机的整体，实现各类资源的最优化配置。

（4）系统的协作与优化。首先实现园区运营管理内部的部门协作、工作协同，后期实现园区、企业、服务部门等不同机构的协调统一。

（5）主动学习智慧化运行。使园区具备自我学习、智能响应的能力，实现园区管理运行从被动式的滞后管理运行，向基于数据资源的主动式学习、智能挖掘分析、提前预测预防式管理方式的转变。

2. 智慧园区基础信息设施

采用物联网技术，通过传感器、摄像机、手持终端等实现对化工园区内安全生产、环境管理、应急管理、封闭管理、能源管理、运输管理、园区办公、公共服务等信息的感知、采集和控制，把整个园区系统的状态转变成定量数据，使园区内每个物体和系统都可以被感知并控制，从而使整个园区系统具有可计量性，能够进行数字化展示，为控制和预测分析提供数据基础。

通过身份、位置、图像和状态等感知网络的全面建设，形成覆盖整个园区办公、基础建设、运输管理、环境控制、企业生产运营等重点区域和设施的智能互联感知网络，为园区的管理与服务、安全与应急、交通运输、公共设施、环境安全、企业生产等部门提供智慧化物联网网络基础平台。将物联网与现有的互联网有机互联，从信息汇聚阶段向协同感知阶段和泛在融合阶段迈进，实现人-人、人-物、物-物的智慧化融合，发展智慧化园区的物联网应用，利用物联网技术有效促进工业化和信息化的两化融合，促进生产管理、园区管理、商业流通管理、交通运输管理等向精细化、动态化和全面感知的方向发展。

3. 智慧园区安全生产

1）安全生产监管

对园区内重大危险源安全相关的物理量参数进行实时在线监测并设定报警阈值，能实现超出阈值报警和多参数关联报警，并能记录处置结果，实现化工园区内重点监管化工工艺、危险源及重大危险源，重点监管化学品、油气输送管道高后果区、管廊管线、重点装置、重点设备、重点场所等的基础信息管理。结合智能视频分析，对视频监控区域内重点监管对象的运行状态、环境状况及人员安全行为进行识别、监测、报警，对基础信息、监测信息、报警信息等进行多维度数据统计与分析，通过图表方式展示。

2）风险分级管控

在科学辨识园区内风险的基础上，对风险信息进行管理与维护，并能进行多维度的统计分析，风险信息包括但不限于所属企业、位置、风险名称、类型、级别、安全责任人等；能选取适应的安全评估方法与风险指标体系对风险进行评估与分级，按照从高到低的原则划分为重大风险、较大风险、一般风险和低风险，分别用红橙黄蓝四种颜色标识，依据风险等级可智能匹配管理资源、岗位职责、防控措施，自动生成并输出风险管控措施列表，并能动态跟踪、管理与更新；依据风险类型及级别对风险防控措施进行管理与维护，并对防控措施进行备案与更新；对园区进行综合风险评估，生成一张风险图并自动输出风险管控措施列表。

3）隐患排查治理

对园区与企业的一般隐患和重大隐患信息进行分类管理，并完成自查、检查、上报、治理、核查、督办等动态闭环管理；通过巡检终端设备在现场进行隐患的自查与检查，实时上报或批量上报隐患；隐患自查与检查过程能智能匹配对应的法规库、知识库及案例库，为巡检工作提供辅助支持；多维度统计与分析隐患数据，分析隐患发生和发展趋势，自动生成与输出相关报表，智能匹配隐患治理措施，生成隐患治理任务清单，自动跟踪记录隐患治理过程且能匹配责任人进行提醒与督办。

4. 智慧园区封闭化管理

在园区周界设置入侵和紧急报警系统、视频监控系统，园区周界监控能形成闭合区域，入侵和紧急报警、视频监控系统的建设应符合国家标准 GB 50348—2018 的规定；在园区公共区域与重点区域布设高清视频监控，且能接入企业在关键生产区域、物资储存区、危化品储存区等布设的高清视频，在园区内设置高点监控，高点监控仪能有效覆盖园区全域，支持 360°旋转监控；建立电子巡查系统，巡查过程能在二维或三维电子地图上实时跟踪、展示与记录；

对人员与车辆的基础信息进行管理，能进行分级别、分权限和分区域的管理，在企业人员与车辆进出口设置门禁系统，对出入人员与车辆的身份进行识别，出入记录能自动永久保存与统计分析；对入侵和紧急报警系统、视频监控系统与人员定位系统进行统一管理且能实现区域划分和级别管理，并在电子地图显示监测点位置，实时显示各监测点数据、状态及监控图像；联动入侵和紧急报警系统、视频监控系统、门禁系统、人员与车辆信息管理系统、访客在线管理系统、人员定位系统等，对人员与车辆按照时间线进行记录跟踪、查询展示，自动调阅视频监控记录。

5. 智慧园区环境管理

1）环境质量监测

对环境质量检测关键区域实现在线视频监测，智能识别河道侵占、乱填乱弃固体废物等现象并报警，录入园区地下水环境、土壤监督性监测结果，并能统计分析与报警，地下水环境监测技术、土壤监测技术应符合 HJ/T 164—2004 和 HJ/T 166—2004 的要求；对重点企业厂界、园区边界、园区内和园区周边敏感目标空气环境质量进行在线监测与监测数据统计分析，超过监测阈值时能及时报警，引导相关规范处理处置流程；对园区敏感水体、企业污水排口、污水厂进水口和总排口以及园区外影响地表水环境质量区域水体等的水质进行在线监测与监测数据统计分析，超过监测阈值时能及时报警，引导相关规范处理处置流程。对园区内重点区域进行噪声在线监测与监测数据统计分析，存在噪声污染超阈值时报警；在园区选择合适点位布点气象观测站，观测需涵盖风向、风速、温度、湿度、气压、雨量等常规气象要素，自动记录气象数据，气象站的观测需符合 GB/T 33703—2017 的要求。

2）污染源监测

对园区重点排污单位、化工企业的废气排口实现在线监测，超标排放能及时报警并留样备查，引导超标排放规范处理，对监测数据进行统计分析；园区内的企业能在线填报固体废物的产生、暂存、资源化利用、安全处理处置、委托处置等信息，可进行类型、总量变化及其与企业生产情况的关联分析，实现对偏离度超出相关规范的行为及时预警。

3）环境管理

在环境质量实时监测数据和污染源实时监测数据基础上，结合园区企业档案数据、特征、污染物名录库、水质指纹库，实现水环境污染的溯源追踪；结合气象数据、园区企业档案数据、特征污染物名录库，通过适用的科学模型计算实现大气环境污染的溯源追踪。现场执法人员通过移动终端获取执法任务并开展现场执法工作，对违法行为进行录像、录音、拍照及采样记录等取证工作，录入相应的环保问题，纳入企业档案，并持续跟踪、核查环保问题。

6. 智慧园区应急管理

1）应急准备

对应急资源进行信息管理和统计分析，并在电子地图上显示，应急资源标绘符号应符合 GB/T 35649—2019 的要求；对应急预案进行编制管理、备案管理、电子保存、综合查询等数字化管理，对应急预案进行结构化管理，对园区建设竣工以来或近 5 年发生的突发事件应急处置案例进行信息化管理。

2）应急处置救援

根据现场人员上报的各类突发事件信息，系统实时接收现场上报的各类突发事件信息，能够及时向上级部门报送突发事件信息及对同一事件的多次上报信息进行自动关联，对上报信息进行管理、汇总、检索、定位等；指挥中心与现场之间进行多方视频会商与协同标绘，同时召开多个相互独立的语音或视频会议，实现对应急队伍与应急人员的统一指挥调度。通过适配的科学模型，对突发事件的态势进行分析与研判，依据分析研判结果自动生成综合研判报告、指挥方案、救援方案和保障方案，一键执行应急预案，自动进行任务管理、任务派发、任务跟踪、情况汇总等，根据突发事件当前态势进行任务更新与调整；查询显示突发事件，实现周边范围内应急资源、危险源、防护目标、避难场所的分布，实行事件链与预案链综合分析；对事件的发生、发展、综合研判和处置等信息进行汇总，自动生成总结报告，对总结报告自动存档、上报和分发。

7. 能源管理

对化工园区内能源品种的使用情况信息进行数据采集与实时监测，通过人工录入报送方式对无法完成采集的能源数据进行实时采集；汇总分析采集报送的能源数据，实时获取化工园区内以及园区内企业的能源使用情况；对园区公辅工程的能源设备，如变电站、能源站、锅炉、燃气轮机等，配备运行状态监测仪表，进行数据采集与实时监测，根据管理要求设置超阈值报警。对能源数据按规定的方法进行统计，为数据进一步分析提供基础，并生成各类不同需求的能源报表，包括对指标数据进行同比、对比、环比及对标，从横向和纵向角度了解数据对象的能源运行情况，利用需求模型分析等手段，对能源数据趋势进行预测、分析，利用系统实现化工园区内能源的统一管理和优化。

8. 运输管理

建设园区危化品运输车辆实时定位监控系统，在电子地图上对车辆在园区内的行驶轨迹进行实时监测，具有查询和统计车辆出入台账功能，对进出园区的运输车辆基本信息进行管理；对于物流运单，企业和园区能在线申请、审核、批准，运单信息包括但不限于委托人、接收人、承运人、车辆牌照、物资种类及数量、运输时间等，且在运单批准后将运输车辆进出权限自动下发至车辆门禁系统；对危化品运输车辆在园区内行进路线与停放区域进行实时在线监测，超出范围、时间和行驶速度的危化品运输车辆能发出报警，并联动园区报警系统；自动匹配识别危化品运输是否符合国家相关管理规定，对于违反规定的运输车辆自动报警。

9. 公共服务

通过电子显示屏、数字广播、门户网站、微信公众号等方式发布通知公告、新闻信息、政策法规、政务公开、园区动态等信息；建立产品的交易平台，为园区企业及其客户提供产品销售、产品预订、产品订单、产品交易等服务；通过门户网站、微信公众号、移动APP等多种渠道受理公众建议、投诉举报，并进行跟踪和反馈；在线支持园区和企业各类人员的知识培训、模拟练习、考试及结果自动生成等远程培训与管理。

传统园区的发展是以生产要素为驱动的规模化扩张，忽略了对园区发展质量与效率的提升，而智慧园区则是以信息、知识和智力资源为支撑，强调均衡有效地提高园区运行和管理效率，跨越式提升园区发展的创新性、有序性和持续性。

未来，智慧园区的建设可带来的直接效应是，园区运转高效有序、产业经济充满活力、环境绿色节能、生产品质高效、社区生活尽在掌握。智慧园区的愿景是：以智慧园区建设构建完善可靠的信息基础设施和安全保障体系，为园区丰富的信息化应用奠定全方位基础；使信息资源得到有效利用，信息应用覆盖社会、经济、环境、生活的各个层面；使智慧化的生产、生活方式得到全面普及，人人都能享受到信息化带来的成果和实惠。

10.6.4 智慧园区发展目标

智慧园区的成功实施，将推动园区内生产、生活、管理方式和经济社会发展观发生前所未有的变化，在很大程度上减少和节约园区中各种物质和能源的投入，减少资源和能源的消耗，减少环境污染，并使市场配置资源的效果进一步改善，劳动生产率进一步提高，走出一条科技含量高、经济效益好、资源消耗低、环境污染少、人力资源优势得到充分发挥的全新发展形态的经济发展道路。

建设智慧园区，有利于加快经济转型升级、有利于提升园区政府服务能力、有利于创新园区管理方式、有利于提高资源配置效率，是各地园区抢占未来制高点、争创发展新优势、把现代化园区建设全面推向新阶段的战略举措。

智慧园区的建设在公共管理、基础配套、经济发展、生态保护、安全保障、社会服务六个最主要方面对园区的发展具有巨大的促进作用。

1. 提升园区政府服务能力，建设效能园区

政府由管理型向服务型转变的过程中，政府信息化处在关键和核心的位置。在我国，各级园区政府不仅在园区管理和经济发展中扮演着管理者和协调员的重要角色，而且其为企业和社会服务的职能作用日益凸显。一方面，园区政府拥有政策法规、经济运行到园区规划、产业扶持等大量宝贵的信息资源；另一方面，公众、企业和社会对获取政府有关政策法规、各类统计信息、企业扶持政策信息等的快捷和透明程度的要求日益提高，对园区职能部门的办事效率、服务水平等的要求也越来越高，同时对园区管理职能的监督需求日益强化，园区管理的信息化应用水平在相当大的程度上影响着园区经济发展和园区整体信息化进程。

1）园区信息化的应用有效推动政府职能转变，构建服务型园区政府

在服务方面：园区政府通过门户网站对外宣传发布和管理系统使公众迅速了解园区管理机构的组成、职能和办事章程、各项政策法规，增加办事的透明度，园区政府管理服务部门和规划建设部门的各种资料、档案、数据库的上网使园区的服务更加完善，更好地为园区企业服务。

在管理方面：园区信息化系统的作用之一就是实现网上办公，园区通过网上的园区与企业数据共享，获得真实、全面、准确、及时的企业信息，由园区建立大型的专门数据库，对数据进行汇总、处理、加工，并建立决策支持系统，应用统计模型进行分析、计算，帮助园区进行决策，来调节园区政策，实现其调控作用。

在市场方面：园区政府利用统一的电子商务平台发布政府采购信息和企业采购信息，通过网络进行电子招标，完成采购过程，大量地节省了工作时间和精力，提高了工作效率，并在网上实现政府采购的国际化。

2）园区信息化的应用，将极大地提高园区政府工作效率和决策的科学性

园区信息化为园区管理工作人员提供了现代化的办公手段和应用工具，降低了信息传输的时间成本和人力成本，节约了原来靠人脑和文件处理信息所消耗的大量时间和精力，将园区工作人员从常规的事务性工作中解脱出来。网上办公、远程会议、数据共享的产生，打破了园区管理工作的时空界限，加强了管理部门之间以及政府与企业之间的信息沟通和互动，使以前无法想象、无法实现的政府服务成为现实，使政府管理和服务更加精干高效。

同时，园区信息化在一定程度上打破了传统的职能部门之间条块分割、等级森严的格局，园区信息化使各个职能部门拥有了统一的服务平台。企业与公众在这个统一的服务平台上，面对的是一个一体化的园区政府，大大提高了政府服务的效率，为企业节省了大量的时间和金钱；此外，政府信息化使决策实施情况的及时反馈与互动成为可能，园区职能部门可以将拟推行的重大举措放在网上征求公众的意见、决策后，政府机关也可以通过网络及时获得决策实施过程中的反馈信息，了解和掌握发展变化的最新信息，并据此完善或追踪决策。

3）智慧园区有效推动政府职能转变，构建服务型政府

园区信息化系统的建设，为园区政府政务公开奠定了技术基础；国家制定的各种法律法规、产业发展规划政策、经济发展统计数据、园区规划与建设情况、重大工程的酝酿决策、园区企业扶植政策、各种企业发展扶植基金等企业关心的信息，都能通过现代化的政府信息网络，第一时间传达到企业管理者手中。园区政府管理运作成阳光化作业，在最大限度上保证了园区政府管理的公开性，保护了企业的利益；政府信息化还可以增加政府办公的透明度，实施政府信息化后，由于所有审批的程序流程都是可视的，每一个部门的办事情况都可以被看到，所用时间也都可以被查询，有利于领导与企业的监督，并且将办事流程规范化，人为因素被大大减少，降低了不确定因素，增加了政府办事的透明度。

2. 提供高效的园区基础设施管理，建设可靠园区

园区基础设施包括供水、能源、交通、通信、环境、防灾和办公生产场地等子系统，它是园区实现工业生产和居民生活的先决条件，在园区基础设施建设中一般称之为“九通一平”（指土地在通过一级开发后，使其达到具备上水、雨污水、电力、暖气、电信和道路通以及场地平整的条件，使二级开发商可以进场后迅速开发建设。主要包括：通给水、通雨水、通污水、通电、通讯、通路、通有线电视、通燃气、通热力及场地平整）。

园区通过智慧技术的应用，能够实现园区基础设施在其生命周期内的高可用性、高效率高负荷、高安全性和高可靠性的运转。同时，对于基础设施正常的损耗和可能故障，智慧技术能够做到提前预警、实时监控、自动反馈，甚至可以做到自动处理或者提前处理，最终实现园区整体的可靠运转。

3. 促进园区经济增长，建设实力园区

通过园区智慧技术的建设与应用无疑会大大提高园区整体的信息化程度，对园区土地占用、能源消耗、环境污染等各方面的资源利用作最优化配置，实现园区运营发展的精细化管理，促进园区经济的高速发展，并保障经济发展的可持续性。

一方面，园区通过搭建统一的电子商务平台和统一的物流平台，可以有效降低园区企业整体的经营成本，提高运作效率，并给企业提供新的发展机会；另一方面，通过园区整体的

智慧型系统建设，将显著提高园区发展对各类资源的利用效率，进一步发挥信息资源在经济发展中的作用。

最后，园区信息化建设，尤其是信息化技术在企业管理经营与工业生产过程中，有助于企业自身经营管理的科学性，并在生产环节进一步提高企业生产效率。

1）建设智慧型园区，促进产业升级与转型

随着科学技术的迅速发展，以计算机、自动化、网络化及现代管理思想为核心的高新技术使传统企业的生产方式与管理模式发生了翻天覆地的改变，现代企业若想在全球一体化的经济大潮中生存和发展，信息化是必然的选择。众多企业通过信息系统的建设来加强管理，全面提高企业的竞争力，应用于各类工业企业、商贸企业。

充分利用信息技术，对传统产业升级改造、产业链的优化再造及生产型服务业的发展：一方面，促进园区产业向高附加值、资本密集型、知识密集型产业转变；另一方面，通过对园区资源的整合优化，降低园区运营的整体成本，进一步提升园区企业的竞争能力。

2）促进制造能力与生产效率的提升

通过将信息技术应用于工业生产过程，对从订单下达到产品完成的整个生产过程进行优化管理，当生产过程中有实时事件发生时，信息系统能对此及时做出反应、报告，并用当前准确的数据对它们进行约束和处理。这种对状态变化的迅速响应使得信息系统应用于生产过程，能够减少企业内部没有附加值的活动，有效地指导企业的生产运作，同时提高了工厂及时交货的能力，改善了物料的流通性能，提高了生产回报率。

例如，一家在美国上市的某光电元器件制造商，在我国几大城市设有制造基地，该公司制造工艺过程所采用的机械化程度不高，主要还是靠员工加工水平和能力。由于光电元器件的加工工艺仍不成熟，其成品率仅为50%左右。

在该公司对于其生产过程进行详细分析之后，启动了生产过程信息化项目，通过该项目的成功实施，结果显示，该公司物料减少了40%，成品率提高了20%，存货周转率提高了20%。

在降低库存、提高库存周转率方面，公司在未上系统时，存货资金占用率高达50%～60%，公司需要非定额人员三十多人（仓库工人），库存准确度无法统计（基本都不准确），生产供料及时性无法保证，生产供料准确性无法保证，先进先出符合率比较差，顾客订单完成率无法统计，进货检验及时性较差，顾客满意度75分，低于安全库存次数基本每天都存在，技术文件差错次数每月在5次左右甚至更高，工单成本准确率无法统计，报价及时准确性无法保证。而在企业上线了ERP、MES、PDM等系统，并将多个系统进行系统集成之后，存货资金占用率下降到30%，公司仓库人员减少5人，库存准确度在90%，生产供料及时性95%，生产供料准确性99%，先进先出符合率90%，顾客订单完成率95%，进货检验及时性99%，顾客满意度85分，低于安全库存次数每月10次，技术文件差错次数每月3次，工单成本准确率98%，报价及时准确性98%。

据统计，以上几方面，由于信息系统的使用每年为该公司挽回损失500万～600万元。

3）促进产业升级与技术革新，有利于提升自主创新能力

通过将信息技术引入企业科技研发与产品设计，有利于提升研发设计信息化水平，增强我国工业自主创新能力。利用信息化手段，研发设计人员可以在虚拟环境中进行协同设计、优化分析、性能测试、过程仿真和虚拟装配等，把计算机运算的快速性、准确性同研发设计人员的创新思维、综合分析能力有机地结合在一起，模拟和预测产品功能、性能及可加工性，缩短研发周期，降低试制成本和研发风险。

例如，东方电机公司通过虚拟设计、仿真试验技术的应用，成功研制设计出 700MW 级巨型混流水电、1000MW 级核电、1000MW 级火电等代表业务高端技术的产品，年设计制造能力提高了一倍，设计水平和产品质量显著提高。此外，两化融合还可以促进企业业务流程优化和商业模式创新。

4）促进新兴产业发展，并实现企业商业模式创新

随着物联网、云计算、虚拟化等新一代信息技术的发展和园区、企业经营方式的转变，将诞生一批新的信息技术产品应用模式和企业商业模式的创新。

例如，物联网技术在节能环保方面的应用，诞生了以为客户提供节能技术应用的服务性产业——节能服务产业。近年来，我国十分重视节能问题，国家各相关部门先后制定了若干政策措施以鼓励节能服务行业的发展，《国务院关于加快发展节能环保产业的意见》要求，通过推广节能环保产品，有效拉动消费需求；通过增强工程技术能力，拉动节能环保社会投资增长，有力支撑传统产业改造升级和经济发展方式加快转变；《“十三五”节能环保产业发展规划》要求，到 2020 年，节能环保产业快速发展、质量效益显著提升，高效节能环保产品市场占有率明显提高，节能环保产业成为国民经济的一大支柱产业；《工业节能诊断服务行动计划》要求，遵循企业自愿的原则，按照制造业高质量发展和“放管服”改革要求，在持续加强企业能源消费管理、加大节能监察力度的基础上，不断强化节能服务工作，完善市场化机制。近年来，节能服务产业总产值不断增长，呈逐年上涨趋势。中国节能协会数据显示，2019 年我国节能服务产业总产值达 5222 亿元，同比增长 9.38%。根据《“十三五”节能环保产业发展规划》，到 2020 年节能服务业总产值达到 6000 亿元。我国节能服务行业潜力巨大。

由此可见，新一代信息技术在园区的应用，将有力促进包括节能服务、第三方物流服务、电子商务服务、信息技术服务等在内的新型生产型服务业的发展，并以此促进服务企业新型商业模式的创新。

4. 促进节能减排、保护园区环境，建设美丽园区

对于现代园区发展，综合考虑环境影响和资源效率，推行绿色制造技术，走绿色发展的道路，是其发展的必由之路。

随着信息技术的飞速发展，信息化为节能减排工作提供了新的手段。例如，在炼铁、炼钢、轧钢等工艺中，利用计算机控制技术，可以实现自动化、精确化生产作业，减少能源、原材料的消耗和污染物排放。在建材生产设备上安装变频装置，可以有效节煤、节电、节水，减少污染物排放。例如，在火力发电厂，利用计算机仿真技术对燃料掺烧比例、煤种等进行优化配置，可以使煤炭燃烧得更充分。

实践表明，通过对钢铁、石化、有色、建材等高能耗行业的主要耗能设备和工艺流程进行信息化改造，对企业能源、资源的消耗情况进行实时监测、精确控制和集约利用，引导工业企业建立能源管理中心，推广能耗合同管理、节能设备租赁等新机制，工业领域的节能减排可以取得显著成效。

例如，上海杨浦区政府采用西门子的楼宇自动化技术对其办公楼进行升级改造，改善供暖和空调系统、照明和楼宇自动化系统。为了保证每年的节能额度，西门子与杨浦区政府签订了能效保证合同（能源管理合同）。杨浦区政府办公楼每年可节约 16%的能源成本，减排二氧化碳 600t。

一般办公楼宇，其照明能耗占楼宇总能耗的 50%左右。通过实施智慧型照明控制系统，不仅能节约能源和资金，而且还能有效地保护环境；广州国际金融中心（广州西塔）通过实施照明节能管理系统，有效降低照明能耗 80%以上。

总之，大力推进园区内新型信息系统应用，有利于发展资源能源节约型、环境友好型的新型工业，有利于发展循环经济、低碳经济、绿色经济，有利于加快形成低消耗、可循环、低排放、可持续的产业结构和生产方式，有利于保障我国能源、资源安全。

5. 实现高度的安全保障，建设平安园区

对于园区的安全保障，主要包含社会的公共安全保障、企业生产经营安全保障、消防安全保障和针对自然灾害的防灾减灾工作。

在社会公共安全保障领域，通过遍布整个园区的监控网络和对于监控信息的智能化分析能力，可以实现针对社会犯罪、危害公共安全行为、群体事件的提早发现、及时响应、提前预防。对于企业的生产安全保证，不仅强化了园区政府的行政管理能力，也能促进企业自身生产效率和管理水平的提高；而对于消防安全和减灾防灾工作，智慧技术中的感知能力和智能分析能力，将提供更加强有力的保证，最终实现一个社会稳定、生产安全、灾害预防准确、救治及时的平安园区。

复习思考题

10-1　化学工业企业信息化的层次关系是什么？化学工业企业重要的信息集成技术有哪些？

10-2　传感器可按照几种类型分类？分别是什么？

10-3　化工常用传感器类型有哪些？

10-4　计算机控制技术的特点是什么？

10-5　简述安全仪表系统的设计原则。

10-6　安全信息平台的基本功能有哪些？

10-7　DCS、FCS、CIPS 的体系结构与特点各是什么？

参考文献

白颐. 2020. “十四五”我国石化和化工行业高质量发展思路及内涵[J]. 化学工业, 38(1): 1-12.

蔡凤英, 王志荣, 李丽霞. 2017. 危险化学品安全[M]. 北京: 中国石化出版社.

丁晓晔, 蒋军成, 黄琴. 2007. 液氨储罐事故性泄漏扩散过程模拟分析[J]. 中国安全生产科学技术, (3): 7-11.

管来霞. 2010. 化工设备与机械[M]. 北京: 化学工业出版社.

和丽秋. 2014. 消防燃烧学[M]. 北京: 机械工业出版社.

霍然, 杨振宏, 柳静献, 等. 2017. 火灾爆炸预防控制工程学[M]. 北京: 机械工业出版社.

霍然. 2001. 工程燃烧概论[M]. 合肥: 中国科学技术大学出版社.

吉旭. 2015. 化工信息化技术概论[M]. 北京: 化学工业出版社.

纪红兵, 康德礼, 刘利民, 等. 2016. 化工园区循环经济发展的规划构建[J]. 化工进展, 35(7): 2279-2284.

纪红兵, 佘远斌. 2007. 绿色化学化工基本问题的发展与研究[J]. 化工进展, (5): 605-614.

简新. 2014. 安全生产本质论[M]. 北京: 气象出版社.

景鑫. 2017. 绿色化学工业的现状与前景分析[J]. 当代化工研究, (7): 65-66.

康德礼, 刘利民, 纪红兵. 2016. 石化园区应急救援体系的构建[J]. 化工进展, 35(3): 963-969.

康德礼, 刘利民, 纪红兵. 2017. 化工园区智能化应急救援平台框架构建[J]. 化工进展, 36(4): 1544-1549.

李战国, 王斌锐. 2013. 美国高校工学学科结构变动的特点及成因分析[J]. 中国高教研究, (5): 50-56.

宇德明. 2000. 易燃、易爆、有毒危险化学品储运过程定量风险评价[M]. 北京: 中国铁道出版社.

冉景煜. 2014. 工程燃烧学[M]. 北京: 中国电力出版社.

王洪德, 丛波. 2012. 化工园区安全风险评价理论及技术研究[M]. 北京: 中国石化出版社.

王晶, 樊运晓, 高远. 2018. 基于 HFACS 模型的化工事故致因分析[J]. 中国安全科学学报, 28(9): 81-86.

王守信. 2004. 环境污染控制工程[M]. 北京: 冶金工业出版社.

王卫东, 邵辉. 2011. 危险化学品安全生产管理与监督实务[M]. 北京: 中国石化出版社.

王文静, 丁洁, 方光静. 2017. 化工生产技术[M]. 青岛: 中国海洋大学出版社.

王艳华, 陈宝智, 林彬. 2018. 科学构建化工园区安全生产长效机制的关键要素[J]. 中国安全科学学报, (2): 50-55+177.

魏伴云. 2004. 火灾与爆炸灾害安全工程学[M]. 武汉: 中国地质大学出版社.

闫宏伟. 2014. 危险源泄漏与应急封堵技术[M]. 北京: 国防工业出版社.

杨健. 2010. 危险化学品消防救援与处置[M]. 北京: 中国石化出版社.

杨永杰, 康彦芳. 2008. 化工工艺安全技术[M]. 北京: 化学工业出版社.

叶继红. 2016. 石油化工防火防爆技术[M]. 北京: 海洋出版社.

喻健良. 2009. 化工设备机械基础[M]. 大连: 大连理工大学出版社.

苑丹丹, 李世刚, 黄义聪, 等. 2013. 石油化工气体泄漏扩散模型研究进展[J]. 化学工业与工程技术, 34(2): 21-26.

曾明荣, 魏利军, 高建明, 等. 2008. 化学工业园区事故应急救援体系构建[J]. 中国安全生产科学技术, 4(5): 58-61.

张彩慧, 张采凤, 宁昭凯. 2017. 石油库安全评价方法研究的现状[J]. 石油库与加油站, 26(1): 13-18+5.

张海峰, 曹永友, 赵永华. 2010. 危险化学品事故应急处置技术[M]. 北京: 煤炭工业出版社.

张乃禄. 2016. 安全评价技术[M]. 3 版. 西安: 西安电子科技大学出版社.

张培红, 尚融雪. 2020. 防火防爆[M]. 北京: 冶金工业出版社.

赵庆贤, 邵辉. 2005. 危险化学品安全管理[M]. 北京: 中国石化出版社.

赵一姝, 范小花. 2011. 化工企业安全评价技术[M]. 北京: 中国劳动社会保障出版社.

郑艳琼, 王忠波, 王冰. 2007. 火灾安全评价方法研究[J]. 武警学院学报, (2): 42-47.

周宁, 袁雄军, 刘晅亚. 2015. 化工园区风险管理与事故应急辅助决策技术[M]. 北京: 中国石化出版社.

朱大滨, 安源胜, 乔建江. 2014. 压力容器安全基础[M]. 上海: 华东理工大学出版社.

Buxton R. 2011. Nitrate and nitrite reduction test protocols[J]. American Society for Microbiology, 1-20.

Englund S M. 1982. Chemical processing-Batch or continuous. Part I[J]. Journal of Chemical Education, 59(9): 766.

Hendershot D C. 1995. Conflicts and decisions in the search for inherently safer process options[J]. Process Safety Progress, 14(1): 52-56.

Overton T, King G M. 2006. Inherently safer technology: an evolutionary approach[J]. Process Safety Progress, 25(2): 116-119.

Suvanich V, Jahncke M L, Marshall D L. 2000. Changes in selected chemical qualitycharacteristics of channel catfish frame mince during chill and frozen storage[J]. Journal of Food Science, 65(1): 24-29.

附　　录

附录一　108 种物质的燃烧爆炸安全参数

序号	名称	爆炸危险度	最大爆炸压力/10^5 Pa	爆炸下限/%	爆炸上限/%	蒸气相对密度（空气为 1）	闪点/℃	自燃点/℃
1	氢	17.9	7.4	4.0	75.6	0.07	气态	560
2	一氧化碳	4.9	7.3	12.57	74.0	0.97	气态	605
3	二硫化碳	59.0	7.8	1.0	60.0	2.64	<−20	102
4	硫化氢	9.9	5.0	4.3	45.5	1.19	气态	270
5	呋喃	5.2	—	2.3	14.3	2.35	<−20	390
6	噻吩	7.3	—	1.5	12.5	2.90	−9	395
7	吡啶	5.2	—	1.7	10.6	2.73	17	550
8	尼古丁	4.7	—	0.7	4.0	5.60	—	240
9	萘	5.5	—	0.9	5.9	4.42	80	540
10	顺萘	6.0	—	0.7	4.9	4.77	61	260
11	四乙基铅	—	—	1.6	—	11.10	80	—
12	城市煤气	6.5	7.0	4.0	30.0	0.50	气态	560
13	标准汽油	5.4	8.5	1.1	7.0	3.20	<−20	260
14	照明煤油	12.3	8.0	0.6	8.0	—	≥40	220
15	喷气机燃料	10.7	8.0	0.6	7.0	5.00	<0	220
16	柴油	9.8	7.5	0.6	5.0	7.00	—	—
17	甲烷	2.0	7.2	5.0	15.0	0.55	气态	595
18	乙烷	3.2	—	3.0	12.5	1.04	气态	515
19	丙烷	3.5	8.6	2.1	9.5	1.56	气态	470
20	丁烷	4.7	8.6	1.5	8.5	2.05	气态	365
21	戊烷	4.6	8.7	1.4	7.8	2.49	<−20	285
22	己烷	4.8	8.7	1.2	6.9	2.79	<−20	240
23	庚烷	2.1	8.6	1.1	6.7	3.46	−4	215
24	辛烷	5.0	—	0.8	6.5	3.94	12	210

续表

序号	名称	爆炸危险度	最大爆炸压力 / 10^5 Pa	爆炸下限/%	爆炸上限/%	蒸气相对密度（空气为 1）	闪点/℃	自燃点/℃
25	壬烷	7.0	—	0.7	5.6	4.43	31	205
26	癸烷	6.7	7.5	0.7	5.4	4.90	46	205
27	硝基甲烷	7.9	—	7.1	63.0	2.11	36	415
28	一氯甲烷	1.6	—	7.1	18.5	1.78	气态	625
29	二氯甲烷	0.7	5.0	13.0	22.0	2.93	—	605
30	一氯乙烷	3.1	—	3.6	14.8	2.22	气态	510
31	二氯乙烷	1.6	—	6.2	16.0	3.42	13	440
32	正氯丁烷	4.5	8.8	1.8	10.1	3.20	−12	245
33	甲基戊烷	4.8	—	1.2	7.0	2.97	<−20	300
34	二乙基戊烷	7.1	—	0.7	5.7	4.43	—	290
35	环丙烷	3.3	—	2.4	10.4	1.45	气态	495
36	环丁烷	—	—	1.8	—	1.93	气态	—
37	环已烷	5.9	8.6	1.2	8.3	2.90	−18	260
38	环氧乙烷	37.5	9.9	2.6	100.0	1.52	气态	440
39	乙烯	9.6	8.9	2.7	28.5	0.97	气态	425
40	丙烯	4.9	8.6	2.0	11.7	1.49	气态	455
41	丁烯	4.8	—	1.6	9.3	1.94	气态	440
42	戊烯	5.2	—	1.4	8.7	2.42	<−20	290
43	丁二烯	8.1	7.0	1.1	10.0	1.87	气态	415
44	苯乙烯	4.5	6.6	1.1	6.1	3.59	32	490
45	氯丙烯	2.6	—	4.5	16.0	2.63	<−20	—
46	顺式二丁烯	4.7	—	1.7	9.7	1.94	气态	—
47	乙炔	53.7	103.0	1.5	82.0	0.90	气态	335
48	丙炔	—	—	1.7	—	1.38	气态	—
49	丁炔	—	—	1.4	—	1.86	<−20	—
50	苯	57.0	9.0	1.2	8.0	2.70	−11	555
51	甲苯	4.8	6.8	1.2	7.0	3.18	6	535
52	乙苯	6.8	—	1.0	7.8	3.66	15	430
53	丙苯	6.5	—	0.8	6.0	4.15	39	450
54	丁苯	6.3	—	0~8	5.8	4.62	—	410
55	二甲苯	5.4	7.8	1.1	7.0	3.66	25	525
56	三甲苯	5.4	—	1.1	7.0	4.15	50	485
57	三联苯	3.9	—	0.7	3.4	5.31	113	570
58	甲醇	7.0	7.4	5.5	44.0	1.10	11	455

续表

序号	名称	爆炸危险度	最大爆炸压力 / 10^5 Pa	爆炸下限/%	爆炸上限/%	蒸气相对密度（空气为 1）	闪点/℃	自燃点/℃
59	乙醇	3.3	7.5	3.5	15.0	1.59	12	425
60	丙醇	5.4	—	2.1	13.5	2.07	15	405
61	丁醇	6.1	7.5	1.4	10.0	2.55	29	340
62	异戊醇	5.7	—	1.2	8.0	3.04	-30	—
63	乙二醇	15.6	—	3.2	53.0	2.14	111	410
64	氯乙醇	2.2	—	5.0	16.0	2.78	55	425
65	甲基丁醇	4.5	—	1.2	8.0	3.04	34	340
66	甲醛	9.4	—	7.0	73.0	1.03	气态	—
67	乙醛	13.3	7.3	4.0	57.0	1.52	< -20	140
68	丙醛	8.1	—	2.3	21.0	2.00	< -20	—
69	丁醛	7.9	6.6	1.4	12.5	2.48	< -5	230
70	苯甲醛	—	—	1.4	—	3.66	64	190
71	丁烯醛	6.4	—	2.1	15.5	2.41	13	230
72	糠醛	8.2	—	2.1	19.3	3.31	60	315
73	甲酸甲酯	3.0	—	5.0	20.0	2.07	< -20	450
74	甲酸乙酯	4.0	—	2.7	13.5	2.55	20	440
75	甲酸丁酯	3.7	—	1.7	8.0	3.52	18	320
76	甲酸异戊酯	4.9	—	1.7	10.0	4.01	22	320
77	乙酸甲酯	4.2	8.8	3.1	16.0	2.56	-10	475
78	乙酸乙酯	4.5	8.7	2.1	11.5	3.04	4	460
79	乙酸丙酯	3.7	—	1.7	8.0	3.52	-10	—
80	乙酸丁酯	5.3	7.7	1.2	7.5	4.01	25	370
81	乙酸异戊酯	9.0	—	1.0	10.0	4.49	25	380
82	丙酸甲酯	4.4	—	2.4	13.0	3.30	-2	465
83	异丁烯酸甲酯	5.0	7.7	2.1	12.5	3.45	10	430
84	硝酸乙酯	—	> 10.5	3.8	—	3.14	10	—
85	二甲醚	5.2	—	3.0	18.6	1.59	气态	240
86	甲乙醚	4.1	8.5	2.0	10.1	2.07	气态	190
87	乙醚	20.0	9.2	1.7	36.0	2.55	< -20	170
88	二乙烯醚	14.9	—	1.7	27.0	2.41	< -20	360
89	二异丙醚	20.0	8.5	1.0	21.0	3.53	< -20	405
90	二正丁基醚	8.4	—	0.9	8.5	4.48	25	175
91	丙酮	4.2	5.5	2.5	13.0	2.00	< -20	540

续表

序号	名称	爆炸危险度	最大爆炸压力 / 10^5 Pa	爆炸下限/%	爆炸上限/%	蒸气相对密度（空气为 1）	闪点/℃	自燃点/℃
92	丁酮	4.3	8.5	1.8	9.5	2.48	−1	505
93	环己酮	4.2	—	1.3	9.4	3.38	43	430
94	氯	43.0	—	6.0	32.0	1.80	气态	—
95	氢氰酸	7.6	9.4	5.4	46.6	0.93	< −20	535
96	乙腈	—	—	3.0	—	1.42	2	525
97	丙腈	—	—	3.1	—	1.90	2	—
98	丙烯腈	9.0	—	2.8	28.0	1.94	< −20	—
99	氨	0.9	6.0	15.0	28.0	0.59	气态	630
100	甲胺	3.1	—	5.0	2.07	1.07	气态	475
101	二甲胺	4.1	—	2.8	14.4	1.55	气态	400
102	三甲胺	4.8	—	2.0	11.6	2.04	气态	190
103	乙胺	3.0	—	3.5	14.0	1.55	气态	—
104	二乙胺	4.9	—	1.7	10.1	2.53	< −20	310
105	丙胺	4.2	—	2.0	10.4	2.04	< −20	320
106	二甲基联胺	7.3	—	2.4	20.0	2.07	−18	240
107	乙酸	3.3	54.0	4.0	17.0	2.07	40	485
108	樟脑	6.5	—	0.6	4.5	5.24	66	250

附录二 生产与储存物品的火灾危险性参数

1. 生产火灾危险性分类及举例

<table>
<tr><th rowspan="2">类别</th><th colspan="2">火灾危险性特征</th></tr>
<tr><th>项别</th><th>使用或产生下列物质的生产</th></tr>
<tr><td rowspan="7">甲</td><td>1</td><td>闪点小于28℃的液体
1. 闪点小于28℃的油品和有机溶剂的提炼、回收或洗涤部位及其泵房，橡胶制品的涂胶和胶浆部位，二硫化碳的粗馏、精馏工段及其应用部位，青霉素提炼部位，原料药厂的非那西丁车间的烃化、回收及电感精馏部位，皂素车间的抽提、结晶及过滤部位，冰片精制部位，农药厂乐果厂房，敌敌畏的合成厂房，磺化法糖精厂房，氯乙醇厂房，环氧乙烷、环氧丙烷工段，苯酚厂房的磺化、蒸馏部位，焦化厂吡啶工段，胶片厂片基厂房，汽油加铅室，甲醇、乙醇、丙酮、丁酮异丙醇、乙酸乙酯、苯等的合成或精制厂房，集成电路工厂的化学清洗间（使用闪点小于28℃的液体），植物油加工厂的浸出厂房</td></tr>
<tr><td>2</td><td>爆炸下限小于10%的气体
2. 乙炔站，氢气站，石油气体分馏（或分离）厂房，氯乙烯厂房，乙烯聚合厂房，天然气、石油伴生气、矿井气、水煤气或焦炉煤气的净化（如脱硫）厂房压缩机室及鼓风机室，液化石油气灌瓶间，丁二烯及其聚合厂房，乙酸乙烯厂房，电解水或电解食盐厂房，环已酮厂房，乙基苯和苯乙烯厂房，化肥厂的氢氮气压缩厂房，半导体材料厂使用氢气的拉晶间，硅烷热分解室</td></tr>
<tr><td>3</td><td>常温下能自行分解或在空气中氧化能导致迅速自燃或爆炸的物质
3. 硝化棉厂房及其应用部位，赛璐珞厂房，黄磷制备厂房及其应用部位，三乙基铝厂房，染化厂某些能自行分解的重氮化合物生产部位，甲胺厂房，丙烯腈厂房</td></tr>
<tr><td>4</td><td>常温下受到水或空气中水蒸气的作用，能产生可燃气体并引起燃烧或爆炸的物质
4. 金属钠、钾加工厂房及其应用部位，聚乙烯厂房的一氯二乙基铝部位，三氯化磷厂房，多晶硅车间三氯氢硅部位，五氧化磷厂房</td></tr>
<tr><td>5</td><td>遇酸、受热、撞击、摩擦、催化以及遇有机物或硫磺等易燃的无机物，极易引起燃烧或爆炸的强氧化剂
5. 氯酸钠、氯酸钾厂房及其应用部位，过氧化氢厂房，过氧化钠、过氧化钾厂房，次氯酸钙厂房</td></tr>
<tr><td>6</td><td>受撞击、摩擦或与氧化剂、有机物接触时能引起燃烧或爆炸的物质
6. 赤磷制备厂房及其应用部位，五硫化二磷厂房及其应用部位</td></tr>
<tr><td>7</td><td>在密闭设备内操作温度大于或等于物质本身自燃点的生产
7. 洗涤剂厂房石蜡裂解部位，冰醋酸裂解厂房</td></tr>
<tr><td rowspan="6">乙</td><td>1</td><td>闪点大于或等于28℃，但小于60℃的液体
1. 闪点≥28℃至<60℃的油品和有机溶剂的提炼、回收、洗涤部位及其泵房，松节油或松香蒸馏厂房及其应用部位，乙酸酐精馏厂房，已内酰胺厂房，甲酚厂房，氯丙醇厂房，樟脑油提取部位，环氧氯丙烷厂房，松针油精制部位，煤油罐桶间</td></tr>
<tr><td>2</td><td>爆炸下限大于或等于10%的气体
2. 一氧化碳压缩机室及净化部位，发生炉煤气或鼓风炉煤气净化部位，氨压缩机房</td></tr>
<tr><td>3</td><td>不属于甲类的氧化剂
3. 发烟硫酸或发烟硝酸浓缩部位，高锰酸钾厂房，重铬酸钠（红钒钠）厂房</td></tr>
<tr><td>4</td><td>不属于甲类的化学易燃危险固体
4. 樟脑或松香提炼厂房，硫磺回收厂房，焦化厂精萘厂房</td></tr>
<tr><td>5</td><td>助燃气体
5. 氧气站、空分厂房</td></tr>
<tr><td>6</td><td>能与空气形成爆炸性混合物的浮游状态的粉尘、纤维、闪点大于或等于60℃的液体雾滴
6. 铝粉或镁粉厂房，金属制品抛光部位，煤粉厂房、面粉厂的碾磨部位，活性炭制造及再生厂房，谷物筒仓工作塔，亚麻厂的除尘器和过滤器室</td></tr>
</table>

续表

类别	火灾危险性特征	
	项别	使用或产生下列物质的生产
丙	1	闪点大于或等于 60℃的液体 1. 闪点大于或等于 60℃的油品和有机液体的提炼、回收工段及其抽送泵房，香料厂的松油醇部位和乙酸松油脂部位，苯甲酸厂房，苯乙酮厂房，焦化厂焦油厂房，甘油、桐油的制备厂房，油浸变压器室，机器油或变压油灌桶间，柴油灌桶间，润滑油再生部位，配电室（每台装油量大于 60kg 的设备），沥青加工厂房，植物油加工厂的精炼部位
	2	可燃固体 2. 煤、焦炭、油母页岩的筛分、转运工段和栈桥或储仓，木工厂房，竹、藤加工厂房，橡胶制品的压延、成型和硫化厂房，针织品厂房，纺织、印染、化纤生产的干燥部位，服装加工厂房，棉花加工和打包厂房，造纸厂备料、干燥厂房，印染厂成品厂房，麻纺厂粗加工厂房，谷物加工厂房，卷烟厂的切丝、卷制、包装厂房，印刷厂的印刷厂房，毛涤厂选毛厂房，电视机、收音机装配厂房，显像管厂装配工段烧枪间，磁带装配厂房，集成电路工厂的氧化扩散间、光刻间，泡沫塑料厂的发泡、成型、印片压花部位，饲料加工厂房
丁	1	对不燃烧物质进行加工，并在高温或熔化状态下经常产生强辐射热、火花或火焰的生产 1. 金属冶炼、锻造、铆焊、热轧、铸造、热处理厂房
	2	利用气体、液体、固体作为燃料或将气体、液体进行燃烧作其他用的各种生产 2. 锅炉房，玻璃原料熔化厂房，灯丝烧拉部位，保温瓶胆厂房，陶瓷制品的烘干、烧成厂房，蒸汽机车库，石灰焙烧厂房，电石炉部位，耐火材料烧成部位，转炉厂房，硫酸车间焙烧部位，电极煅烧工段配电室（每台装油量小于或等于 60kg 的设备）
	3	常温下使用或加工难燃烧物质的生产 3. 铝塑材料的加工厂房，酚醛泡沫塑料的加工厂房，印染厂的漂炼部位，化纤厂后加工润湿部位
戊	1	常温下使用或加工不燃烧物质的生产 1. 制砖车间，石棉加工车间，卷扬机室，不燃液体的泵房和阀门室，不燃液体的净化处理工段，金属（镁合金除外）冷加工车间，电动车库，钙镁磷肥车间（焙烧炉除外），造纸厂或化学纤维厂的浆粕蒸煮工段，仪表、器械或车辆装配车间，氟利昂厂房，水泥厂的轮窑厂房，加气混凝土厂的材料准备、构件制作厂房

同一座厂房或厂房的任一防火分区内有不同火灾危险性生产时，该厂房或防火分区内的生产火灾危险性分类应按火灾危险性较大的部分确定。当符合下述条件之一时，可按火灾危险性较小的部分确定：

（1）火灾危险性较大的生产部分占本层或本防火分区面积的比例小于 5%或丁类、戊类厂房内的油漆工段小于 10%，且发生火灾事故时不足以蔓延到其他部位或火灾危险性较大的生产部分采取了有效的防火措施。

（2）丁类、戊类厂房内的油漆工段，当采用封闭喷漆工艺，封闭喷漆空间内保持负压、油漆工段设置可燃气体自动报警系统或自动抑爆系统，且油漆工段占其所在防火分区面积的比例小于或等于 20%。

2. 储存物品的火灾危险性分类及举例

仓库类别	项别	储存物品的火灾危险性特征
甲	1	闪点小于 28℃的液体 1. 己烷，戊烷，石脑油，环戊烷，二硫化碳，苯，甲苯，甲醇，乙醇，乙醚，乙酸甲酯，硝酸乙酯，汽油，丙酮，丙烯，乙醚，乙醛，38 度以上的白酒
	2	爆炸下限小于 10%的气体，以及受到水或空气中水蒸气的作用，能产生爆炸下限小于 10%气体的固体物质 2. 乙炔，氢，甲烷，乙烯，丙烯，丁二烯，环氧乙烷，水煤气，硫化氢，氯乙烯，液化石油气，电石，碳化铝

续表

仓库类别	项别	储存物品的火灾危险性特征
甲	3	常温下能自行分解或在空气中氧化能导致迅速自燃或爆炸的物质 3. 硝化棉，硝化纤维胶片，喷漆棉，火胶棉，赛璐珞棉，黄磷
	4	常温下受到水或空气中水蒸气的作用，能产生可燃气体并引起燃烧或爆炸的物质 4. 金属钾、钠、锂、钙、锶，氢化锂，四氢化锂铝，氢化钠
	5	遇酸、受热、撞击、摩擦以及遇有机物或硫磺等易燃的无机物，极易引起燃烧或爆炸的强氧化剂 5. 氯酸钾，氯酸钠，过氧化钾，过氧化钠，硝酸铵
	6	受撞击、摩擦或与氧化剂、有机物接触时能引起燃烧或爆炸的物质 6. 赤磷，五硫化磷，三硫化磷
乙	1	闪点大于或等于 28℃，但小于 60℃的液体 1. 煤油，松节油，丁烯醇，异戊醇，丁醚，乙酸丁酯，硝酸戊酯，乙酰丙酮，环己胺，溶剂油，乙酸，樟脑油，甲酸
	2	爆炸下限大于或等于 10%的气体 2. 氨气，液氯
	3	不属于甲类的氧化剂 3. 硝酸铜，铬酸，亚硝酸钾，重铬酸钠，铬酸钾，硝酸，硝酸汞，硝酸钴，发烟硫酸，漂白粉
	4	不属于甲类的化学易燃危险固体 4. 硫磺，镁粉，铝粉，赛璐珞板（片），樟脑，萘，生松香，硝化纤维漆布，硝化纤维色片
	5	助燃气体 5. 氧气，氟气
	6	常温下与空气接触能缓慢氧化，积热不散引起自燃的物品 6. 漆布及其制品，油布及其制品，油纸及其制品，油绸及其制品
丙	1	闪点大于或等于 60℃的液体 1. 动物油、植物油，沥青，蜡，润滑油，机油，重油，闪点≥60℃的柴油，糠醛，大于 50 度、小于 60 度的白酒
	2	可燃固体 2. 化学、人造纤维及其织物，纸张，棉、毛、丝、麻及其织物，谷物，面粉，天然橡胶及其制品，竹、木及其制品，中药材，电视机、收录机等电子产品，计算机房已录数据的磁盘储存间，冷库中的鱼、肉间
丁	1	难燃烧物品 1. 自熄性塑料及其制品，酚醛泡沫塑料及其制品，水泥刨花板
戊	1	不燃烧物品 1. 钢材，铝材，玻璃及其制品，搪瓷制品，陶瓷制品，不燃气体，玻璃棉，岩棉，陶瓷棉，硅酸铝纤维，矿棉，石膏及其无纸制品，水泥，石，膨胀珍珠岩

同一座仓库或仓库的任一防火分区内储存不同火灾危险性物品时，该仓库或防火分区的火灾危险性应按其中火灾危险性最大的类别确定。

丁类、戊类储存物品的可燃包装质量大于物品本身质量 1/4 或可燃包装体积大于物品本身体积的 1/2 时，其火灾危险性应按丙类确定。

附录三 相关法律、法规、标准及文件

火灾统计管理规定（公通字〔1996〕82号）
职业病分类和目录（国卫疾控发〔2013〕48号）
生产安全事故报告和调查处理条例（中华人民共和国国务院令第493号）
道路危险货物运输管理规定（中华人民共和国交通运输部令2019年第42号）
危险化学品安全管理条例（中华人民共和国国务院令第645号）
放射性同位素与射线装置安全和防护条例（中华人民共和国国务院令第709号）
中华人民共和国安全生产法
中华人民共和国职业病防治法
职业病危害因素分类目录（国卫疾控发〔2015〕92号）
中华人民共和国劳动法
GB/T 4968—2008 火灾分类
GB 12158—2006 防止静电事故通用导则
GB 50057—2010 建筑物防雷设计规范
GB 50016—2014 建筑设计防火规范
GB 6944—2012 危险货物分类和品名编号
GB 2893—2008 安全色
GB 2894—2008 安全标志及其使用导则
GB 30000—2013 化学品分类和标签规范系列标准
GB 12268—2012 危险货物品名表
GB 15603—2022 危险化学品仓库储存通则
GB 190—2009 危险货物包装标志
GB 13690—2009 化学品分类和危险性公示 通则
GB 17914—2013 易燃易爆性商品储存养护技术条件
GB 17915—2013 腐蚀性商品储存养护技术条件
GB 17916—2013 毒害性商品储存养护技术条件
GB 12463—2009 危险货物运输包装通用技术条件
GB 18265—2019 危险化学品经营企业安全技术基本要求
GB/T 17519—2013 化学品安全技术说明书编写指南
GB 18218—2018 危险化学品重大危险源辨识
GB 3838—2002 地表水环境质量标准
GB 5749—2022 生活饮用水卫生标准
GB/T 7144—2016 气瓶颜色标志
GB 50160—2008 石油化工企业设计防火标准
GB 50187—2012 工业企业总平面设计规范

GB 30000.18—2013 化学品分类和标签规范 第 18 部分：急性毒性
GB/T 6441—1986 企业职工伤亡事故分类
GB/T 45001—2020 职业健康安全管理体系 要求及使用指南
GBZ1—2010 工业企业设计卫生标准
GBZ/T 277—2016 职业病危害评价通则
GB/T 12801—2008 生产过程安全卫生要求总则
GB/T 13861—2022 生产过程危险和有害因素分类与代码
GB/T 15326—1994 旋转轴唇形密封圈外观质量
GB/T 16758—2008 排风罩的分类及技术条件
GB/T 11651—2008 个体防护装备选用规范
GB/T 18664—2002 呼吸防护用品的选择、使用与维护
GB 50058—2014 爆炸危险环境电力装置设计规范
GB/T 16180—2014 劳动能力鉴定 职工工伤与职业病致残等级
NB/T 47013.1～13—2015 承压设备无损检测
TSG 21—2016 固定式压力容器安全技术监察规程
HG/T 20660—2017 压力容器中化学介质毒性危害和爆炸危险程度分类标准
GBZ 230—2010 职业性接触毒物危害程度分级
TSG R0006—2014 气瓶安全技术监察规程
GB/T 15236—2008 职业安全卫生术语
JT/T 617—2018 危险货物道路运输规则
GB/T 39218—2020 智慧化工园区建设指南
GB 39800.2—2020 个体防护装备配备规范 第 2 部分：石油、化工、天然气
GB 11806—2019 放射性物质安全运输规程